JN109771

わかりやすい！

第4類 消防設備士試験

―出題内容の整理と，問題演習―

工藤政孝　編著

弘文社

まえがき

　本書の初版が出版されたのは平成17年6月であり，それまでの消防設備士試験にはない一風変わったテキストであったにもかかわらず，実に大勢の方にご愛顧いただき，また，合格のお知らせや感謝のお便りをいただき，紙面の上からではありますが，深く感謝いたします。

　さて，そのように大勢の方に支えられてきた本書ですが，法改正や最新の出題傾向に対応するため，おおむね2年に1回くらいの割合で，大幅に加筆，修正して，問題を編集，あるいは，新しい問題に替えたりいたしました。

　今回，さらに，本文の内容および問題を充実させるべく，読者や企業の方からいただいたアドバイスや本試験情報のほか，第4類消防設備士に関する最新の資料をも総動員して，さらにリニューアルし，パワーアップをはかりました。

　その主な内容については，前2回の大改訂同様，これまで培ってきたノウハウや「こうすればよい」と思える部分については改良点などを加え，さらに最新の出題傾向に合わせて問題を編集し，あるいは，新しい問題に替えたりして，より充実した内容へと改訂しました。

　その詳細については，次のとおりです。

1．わかりやすい解説

　加筆，修正した部分においても，解説は従来どおり，できるだけ詳細かつ，わかりやすく解説するように努めました。特に本試験に関係ありそうな部分には，できるだけその注意を喚起するよう，一筆書き加えてあります。

2．暗記事項について

　本書は，第4類消防設備士における必須暗記事項を「ゴロ合わせ」にすることにより，丸暗記する際の精神的労力を少なくし，さらに，その「ゴロ合わせ」をイラスト化することで暗記力の増大をはかってきましたが，この部分については，従来どおりの内容を継続しています。

3．不要な部分の削除

　ここ10年ほどの出題傾向を調査した結果から，ほとんど，あるいは全く出題されていない部分については，今回，大幅に縮小，あるいは削除をいたしました。

　これにより，読者の方が無駄な時間を費やす労力が大幅に減り，より学習時間を効率的に使用することができるようになりました。

４．問題の充実

　冒頭にも触れましたが，今回も出題範囲をできるだけ網羅するよう，最新の出題傾向に沿った多くの練習問題を可能な限り取り入れ，しかも，問題部分に入りきらない部分は，本文にその出題ポイントを注意書きするように対処しました。

５．実技試験の充実

　鑑別等については，前２回の大改訂での改良を，さらに改良し，かつ，写真も一回り大きくして見やすくし，より，本試験での出題に対応できるよう改善をいたしました。

　また，製図についても，問題の見直しをはかり，最新の情報に基づいて，問題をリニューアルしました。

　したがいまして，全くの初心者の方にも十分理解できる内容になったものと自負いたしております。

　以上のような大改訂を行いましたので，受験科目をよりわかりやすく，また，より実戦的に学習ができる内容に，さらなる発展を遂げることができたものと思っております。

　従って，本書を十二分に活用いただければ，"短期合格"も夢ではないものと確信しております。

　最後になりましたが，本書を手にされた方が一人でも多く「試験合格」の栄冠を勝ち取られんことを，紙面の上からではありますが，お祈り申しあげております。

本書の使い方

　本書を効率よく使っていただくために，次のことをよく理解しておいて下さい。

1．乙種を受験される方へ

　本書は甲種，乙種兼用の内容になっておりますので，乙種を受験される方は第6編の製図を省略して下さい。ただし，P.344の問題1のような警戒区域数を答える問題ですが，従来は製図の分野で出題されていたものが近年においては鑑別でも出題されているので，本書でも鑑別の中にいれてあります。

2．表について

　初学者を悩ますものに「表の羅列」があります。
　「はたしてこの表はすべて覚える必要があるのか？」
　「一部だけ覚える必要のある表なのか？」
　「それとも，単なる参考資料なのか？」
　誰しも受験テキストを使った経験がある人なら，一度は疑問に思ったことがあるのではないでしょうか？
　本書ではそのような心理的負担を軽減するため，資料としては必要であるが，すべて覚える必要のない表には「参」または「参考資料」と記しました。

3．重要な部分

　重要という意味では本書の内容は全て重要なのですが，その中でも特に重要な部分には，背景に色を付けたりして，わかりやすいように表示しております。
　また，ポイントとなる用語や数値などには，重要マークを入れて枠で囲むようにして強調しております。
　更に，太字で示してある数値や語句なども，試験に出やすい重要なところですので，できる限り暗記するよう努めて下さい。

4．注意を要する部分

　注意を要する部分には　　　　　　　というように表して，注意を喚起しています。
　また☆印も（注）とほぼ同じ意味で使用しています。

5．用語や数値などが似ていてまぎらわしい場合

下線を引いたり，両者を並べて解説することにより，その違いを確認できるようにしてあります。

6．問題の解説について

本書には，本試験に十分に対応できるよう，問題数も豊富に収録してありますが，その解説の方もできるだけ詳しく解説するよう努めました。

従って，その分ページ数が多くなりましたが，初学者の方にも十分満足いただける内容になっているものと思っております。

7．略語について

本書では，本文の流れを円滑にするために次のように略語を一部使用しています（第2編の冒頭にも表示してあります）。
・特防：特定防火対象物
・特1：特定1階段等防火対象物
・自火報：自動火災報知設備
・消防用設備等：消防用設備等又は特殊消防用設備等
・(参)：参考資料

この表記のあるものは，原則としてすべて覚える必要のない表であるか，または参考程度に目を通す資料であることを表しています。

8．図と表の番号について

そのページに複数の図や表がある場合に，1，2…と付してあります。

9．権限と権原について

"ケンゲン"という場合，一般的には「権限（公的に職権や権能が及ぶ範囲）」の方を用いますが，消防法上では，防火対象物の正当な管理権をいう場合に「権原」の方を用います。(P.71，防火管理者など) この場合，管理権原者は，建物の所有者，管理者，占有者（賃借人）などがこれに該当します。

10．試験科目の免除を受けられる方へ

電気に関する部分を免除で受けられる方は，第1編と第4編の電気に関する部分を省略していただいて結構ですが，第4編の電気に関する部分については，

本試験では，この電気に関する部分と法令の4類に関する部分が重複して出題されることがありますので，電気に関する部分を免除で受験される場合でも，次の部分だけは，学習する必要があります。

法令の類別部分でも出題される部分	本文のページ	問題のページ
・警戒区域	210〜212	264（問題1）
・感知器を設置しなくてもよい場合	215	265（問題3）
・煙感知器を設置しなければならない場合	218	266（問題6）
・感知器の取り付け面の高さ	223〜225	268（問題9〜11）
・受信機の設置台数等に関する規定	238の⑥と⑦	278（問題26, 27）
・地区音響装置の区分鳴動に関する規定	239，③のイ	280（問題29, 30）
・消防機関へ通報する火災報知設備の設置基準	263	289（問題46）

＊個別の科目免除のお問合わせについてはお答えできません。

　なお，「感知区域（P.212）」と「感知器の設置上の原則（P.214）」はじめ，「電気に関する部分（P.209）」については，鑑別でも出題される可能性があるので，電気に関する部分免除で受験される場合であっても，できるだけ目を通されることをおすすめいたします（特に試験，点検）。

11. 第4類消防設備士 Q&A について

　本文の所々に，表題のようなコーナーを設けてあります。

　これは，もし自分が受験者ならどのような事項に疑問を持つだろうか？　という形式で追加したものです。

　従って，直接，本試験とつながる内容ではありませんが，知っておくと理解が深まるのでは，という期待感から追加しましたので，余裕があれば軽く目を通しておいてください。

　（注：あくまでも参考資料です）

12. 最後に

　本書では，学習効率を上げるために（受験に差しさわりがない範囲で）内容の一部を省略したり，または表現を変えたり，あるいは図においては原則として

原理図を用いているということをあらかじめ断っておきます。

> 注意：本書につきましては，常に新しい問題の情報をお届けするために
> 問題の入れ替えを頻繁に行っております。従いまして，新しい問
> 題に対応した説明が本文中でされていない場合がありますので，
> 予めご了承いただきますようお願い申し上げます。

CONTENTS

第1編　電気に関する基礎的知識

第1章　電気理論

第2章　計測

第3章　電気機器，材料

第3編　規格に関する部分（構造，機能・工事，整備）

第 *1* 章　　　　自動火災報知設備（規格）

第2章　　ガス漏れ火災警報設備（規格）

第4編　電気に関する部分（構造，機能・工事，整備）

第 *1* 章　　　　　自動火災報知設備（設置基準）

受験案内

1. 消防設備士試験の種類

　消防設備士試験には，次の表のように甲種が特類および第1類から第5類まで，乙種が第1類から第7類まであり，甲種が工事と整備を行えるのに対し，乙種は整備のみ行えることになっています。

表1

	甲種	乙種	消防用設備等の種類
特 類	○		特殊消防用設備等
第1類	○	○	屋内消火栓設備,屋外消火栓設備,スプリンクラー設備,水噴霧消火設備
第2類	○	○	泡消火設備
第3類	○	○	不活性ガス消火設備，ハロゲン化物消火設備，粉末消火設備
第4類	○	○	自動火災報知設備，消防機関へ通報する火災報知設備，ガス漏れ火災警報設備
第5類	○	○	金属製避難はしご，救助袋，緩降機
第6類		○	消火器
第7類		○	漏電火災警報器

2. 受験資格

　　（詳細は消防試験研究センターの受験案内を参照して確認して下さい）

(1) **乙種消防設備士試験**

　　受験資格に制限はなく誰でも受験できます。

(2) **甲種消防設備士試験**

　　甲種消防設備士を受験するには次の資格などが必要です。

　＜国家資格等による受験資格（概要）＞

① （他の類の）甲種消防設備士の免状の交付を受けている者。

② 乙種消防設備士の免状の交付を受けた後2年以上消防設備等の整備の経験を有する者。

③　技術士第2次試験に合格した者。

④　電気工事士

⑤　電気主任技術者（第1種〜第3種）

⑥　消防用設備等の工事の補助者として，5年以上の実務経験を有する者。

⑦　専門学校卒業程度検定試験に合格した者。

⑧　管工事施工管理技術者（1級または2級）

⑨　工業高校の教員等

⑩　無線従事者（アマチュア無線技士を除く）

⑪　建築士

⑫　配管技能士（1級または2級）

⑬　ガス主任技術者

⑭　給水装置工事主任技術者

⑮　消防行政に係る事務のうち，消防用設備等に関する事務について3年以上の実務経験を有する者。

⑯　消防法施行規則の一部を改定する省令の施行前（昭和41年1月21日以前）において，消防用設備等の工事について3年以上の実務経験を有する者。

⑰　旧消防設備士（昭和41年10月1日前の東京都火災予防条例による消防設備士）

＜学歴による受験資格（概要）＞

（注：単位の換算はそれぞれの学校の基準によります）

①　大学，短期大学，高等専門学校（5年制），または高等学校において機械，電気，工業化学，土木または建築に関する学科または課程を修めて卒業した者。

②　旧制大学，旧制専門学校，または旧制中等学校において，機械，電気，工業化学，土木または建築に関する学科または課程を修めて卒業した者。

③　大学，短期大学，高等専門学校（5年制），専修学校，または各種学校において，機械，電気，工業化学，土木または建築に関する授業科目を15単位以上修得した者。

④　防衛大学校，防衛医科大学校，水産大学校，海上保安大学校，気象大学校において，機械，電気，工業化学，土木または建築に関する授業科目を15単位以上修得した者。

⑤　職業能力開発大学校，職業能力開発短期大学校，職業訓練開発大学校，または職業訓練短期大学校，もしくは雇用対策法の改正前の職業訓練法

による中央職業訓練所において，機械，電気，工業化学，土木または建築に関する授業科目を 15 単位以上修得した者。

⑥ 理学，工学，農学または薬学のいずれかに相当する専攻分野の名称を付記された修士または博士の学位を有する者。

3．試験の方法

(1) 試験の内容

試験には，甲種，乙種とも筆記試験と実技試験があり，表 2 のような試験科目と問題数があります。

試験時間は，甲種が 3 時間 15 分，乙種が 1 時間 45 分となっています。

表 2　試験科目と問題数

試　　験　　科　　目		問題数		試　験　時　間
		甲種	乙種	
筆記	基礎的知識	電気に関する部分	10	5	甲種：3 時間 15 分 乙種：1 時間 45 分
	消防関係法令	各類に共通する部分	8	6	
		4 類に関する部分	7	4	
	構造機能および工事又は整備の方法	電気に関する部分	12	9	
		規格に関する部分	8	6	
	合　計		45	30	
実技	鑑別等		5	5	
	製図		2		

(2) 筆記試験について

解答はマークシート方式で，4 つの選択肢から正解を選び，解答用紙の該当する番号を黒く塗りつぶしていきます。

(3) 実技試験について

実技試験には鑑別等試験と製図試験があり，写真やイラスト，および図面などによる記述式です。

なお，**乙種の試験には製図試験はありません**。

4．合格基準

①　筆記試験において，各科目ごとに出題数の 40 ％以上，全体では出題数の 60 ％以上の成績を修め，かつ

②　実技試験において 60 ％以上の成績を修めた者を合格とします。

（試験の一部免除を受けている場合は，その部分を除いて計算します。）

5．試験の一部免除

　一定の資格を有している者は，筆記試験または実技試験の一部が免除されます。

(1)　筆記試験の一部免除

①　他の国家資格による筆記試験の一部免除

　　次の表の国家資格を有している者は，○印の部分が免除されます。

表 3

試験科目 ＼ 資格		電気電子部門の技術士	電気主任技術者	電気工事士
基礎的知識	電気に関する部分	○	○	○
消防関係法令	各類に共通する部分			
	4 類に関する部分			
構造機能及び工事，整備	電気に関する部分	○	○	○
	規格に関する部分	○		

②　消防設備士資格による筆記試験の一部免除

　＜甲種消防設備士試験での一部免除＞

○　他の類の甲種消防設備士免状を有している者

　⇒　消防関係法令のうち，「各類に共通する部分」が免除

　＜乙種消防設備士試験での一部免除＞

○　他の類の甲種消防設備士，または乙種消防設備士免状を有している者

　⇒　消防関係法令のうち，「各類に共通する部分」が免除

　　なお，乙種 7 類の消防設備士免状を有している者が乙種 4 類の消防設備士試験を受験する際には，上記のほか更に「電気に関する基礎的知識」も免除されます。

(2) 実技試験の一部免除

電気工事士の資格を有する者は，鑑別等試験のうち第1問（電気工事に用いる計測器や工具など）が免除されます。

6．受験手続き

試験は(一財)消防試験研究センターが実施しますので，自分が試験を受けようとする都道府県の支部の他，試験の日時や場所，受験の申請期間，および受験願書の取得方法などを調べておくとよいでしょう。

一般財団法人 消防試験研究センター 中央試験センター
〒151-0072
東京都渋谷区幡ヶ谷1－13－20
電話　03-3460-7798
Fax　03-3460-7799
ホームページ：https://www.shoubo-shiken.or.jp/

7．受験地

全国どこでも受験できます。

8．複数受験について

試験日，または試験時間帯によっては，4類と7類など，複数種類の受験ができます。詳細は受験案内を参照して下さい。

※本項記載の情報は変更される場合があります。試験機関のウェブサイト等で必ずご確認下さい。

電気に関する基礎的知識

さぁ がんばって
登るぞぉ〜

第1章

電気理論

学習のポイント

　　この分野で最も多く出題されているのは，**抵抗またはコンデンサの合成問題**です。毎回のように出題されているので，必ずマスターしてください。

　　次に多いのが交流回路の計算です。**合成インピーダンスや実効値，平均値，最大値の相互関係，回路内を流れる電流値**を求める問題などが出題されます。

　その次に多いのは抵抗回路を流れる電流（**オームの法則**）やインピーダンスなどの**電気抵抗及び磁気**（フレミングの法則など）などです。ほかは，**電力と熱量，電力と力率**がたまに出題される，といった程度です。

　これらのポイントをよく押えながら学習を進めてください。

電気の単位

電気に関する主な単位は次のとおりです（〔　〕内はその記号です）。
- アンペア　〔A〕：電流の単位
- ボルト　　〔V〕：電圧の単位
- ワット　　〔W〕：電力の単位
- ジュール　〔J〕：仕事量の単位で抵抗に電流が流れた時に発生する熱量をあらわします。
- オーム　　〔Ω〕：電気抵抗の単位
- ファラド　〔F〕：コンデンサの静電容量の単位。これの小単位である 1〔μF〕は 1 F の 100 万分の 1，すなわち 10^{-6}〔F〕のことで，一般的にはこちらの単位を使います。

$$1\,〔\mu F（マイクロファラド）〕=\frac{1}{10^6}〔F〕=10^{-6}〔F〕$$

- ヘンリー　〔H〕：コイルのインダクタンスの単位
- ヘルツ　　〔Hz〕：周波数の単位

オームの法則

電気回路において電流の流れを妨げる働きをするものを**抵抗**といい，記号 R で表します。（写真は P. 316，H の下参照）。
その抵抗 R に電圧 V を加えた場合，流れた電流を I とすると，

$$V = IR〔V〕，または　I = \frac{V}{R}〔A〕$$

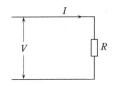

の関係が成り立ちます。
すなわち，抵抗に流れる電流はその電圧に比例します。これを**オームの法則**と言います。
これは水に例えるとわかりやすいと思います。つまり，電流を水流，電圧を水圧に，それぞれ置き換えるわけです。
今，ホースの中を水が自然に流れているとした場合，大きな水圧をかければそれに比例して水流も大きくなります。すなわち水流は水圧に比例します（⇒電流 I は電圧 V に比例）。しかし，ホース内に汚れが付着して抵抗が大きく

なると水流は減少します。すなわち水流は抵抗の大きさに反比例する（電流 I は抵抗 R に反比例），ということになるわけです。

③　抵抗の接続

1. 直列接続

　抵抗を図のように直列に接続した場合，その合成抵抗（R）はそれぞれの抵抗値をそのまま足した値となります。

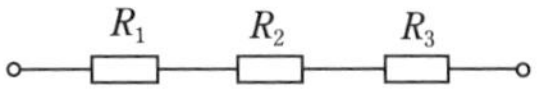

$$R = R_1 + R_2 + R_3 〔Ω〕 \quad （1-1 式）$$

図 1

　なお，直列接続に電圧をかけた場合，各抵抗にかかる電圧は各抵抗値に比例します（⇒**分圧の法則**という）。

2. 並列接続

　1 車線の道路より 3 車線の道路の方が，すいすい走れるように，電流も並列にすると抵抗が小さくなり，流れやすくなります。その合成抵抗の求め方は，それぞれの抵抗値の逆数をとってその和を求め（1-2 式の分母），さらにその逆数をとったものが合成抵抗（R）となります。

$$R = \cfrac{1}{\cfrac{1}{R_1} + \cfrac{1}{R_2} + \cfrac{1}{R_3}} 〔Ω〕 \quad （1-2 式）$$

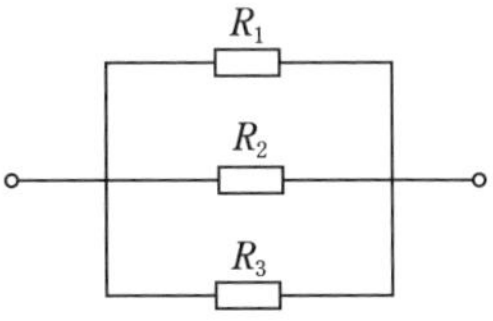

図 2

たとえば，$R_1 = 1〔Ω〕$
$R_2 = 2〔Ω〕$
$R_3 = 3〔Ω〕$

とした場合，合成抵抗 R はまず上式の分母の値，すなわちそれぞれの抵抗値の逆数の和を求めます。

$$\frac{1}{1} + \frac{1}{2} + \frac{1}{3} = \frac{6}{6} + \frac{3}{6} + \frac{2}{6} = \frac{11}{6}$$

　合成抵抗 R はこれの更に逆数ですから，

$$R = \frac{6}{11}〔Ω〕 \quad となります。$$

　なお，抵抗の数が次の図のように 2 個の場合は，次式のようになります。

<分流の法則について>
R_1 と R_2 の並列に I が流れる時，
R_1 には $I \times R_2 / (R_1 + R_2)$
R_2 には $I \times R_1 / (R_1 + R_2)$
が流れます
（R_1 と R_2 の逆数比で流れる）

$$\text{(重要)} \quad R = \frac{R_1 \times R_2}{R_1 + R_2} \text{(Ω)} \quad (1-3\text{式})$$

これは，1−2式から導かれる式（和分の積という）で，
たとえば，$R_1 = 1$〔Ω〕，$R_2 = 2$〔Ω〕なら

$$R = \frac{1 \times 2}{1 + 2} = \frac{2}{3} \text{(Ω)}$$

となります。

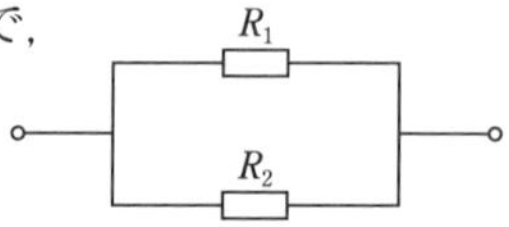

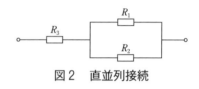

図1

3．直並列接続

　図2のような場合は，まず R_1, R_2 の
並列接続の合成抵抗を求め，それと直
列接続の抵抗値 R_3 を足します。

$$\text{(重要)} \quad R = \frac{R_1 \times R_2}{R_1 + R_2} + R_3 \text{(Ω)}$$

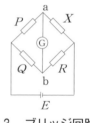

図2　直並列接続

4．ブリッジ回路

　抵抗を図3のように接続した回路をブリッジ
回路といい，ab間に検流計（G）を接続した場合
に電流が流れない状態，すなわちabの電位が同
じ状態を「平衡」といい，次の条件の時に成り
立ちます。

$$\text{(重要)} \quad P \times R = X \times Q$$

図3　ブリッジ回路

　従って，ブリッジ回路が平衡状態にある場合
において，どれか一つの抵抗，たとえば X の値が未知の場合は

$$X = \frac{P \times R}{Q}$$

として求めることができます。

④ 電気抵抗に関すること

1．抵抗率

　次ページの図のように，長さ l〔m〕，断面積 s〔m²〕の電線があった場合，

その電気抵抗 R は長さ l と定数 ρ（ロー）に比例し，その断面積 s に反比例します。

式で表すと

 $R = \rho \dfrac{l}{s}$〔Ω〕　　（1−7式）

となります。この定数 ρ を抵抗率と言い電流の流れにくさを表す定数で，単位は〔Ω·m〕です。

なお，本試験では，断面積 s〔m²〕ではなく，直径 D〔m〕で出題されることもあります。

その場合は，半径を r とすると，$s = \pi r^2 = \dfrac{\pi D^2}{4}$ より，

$$R = \rho \dfrac{l}{\dfrac{\pi D^2}{4}} = \rho \dfrac{4\,l}{\pi D^2}$$〔Ω〕

となるので，「抵抗は直径 D の2乗に反比例する」ということになります。

2．導電率

抵抗率の逆数（$1/\rho$）を導電率（σ）といい，電気の通しやすさを表し，単位は〔S/m（ジーメンス毎メートル）〕です。

5 電力と熱量

1．電力

電流が単位時間にする仕事量を電力（P）といい，電流（I）と電圧（V）の積で表されます。すなわち，

$P = IV$〔W〕　　$\begin{pmatrix} P：電力 \\ I：電流 \\ V：電圧 \end{pmatrix}$

となり，単位は〔W〕（ワット）で表します。

また，オームの法則より，上式の V に，$V = IR$ を代入すると，$P = IV = I\,(IR) = I^2R$〔W〕となり，さらに $I = \dfrac{V}{R}$ を代入すると，$P = IV = \dfrac{V^2}{R}$ となります。

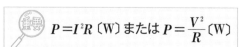 $P = I^2R$〔W〕または $P = \dfrac{V^2}{R}$〔W〕

一方, P〔W〕が t 秒間（または t 時間）にする仕事を**電力量**といい, W〔W·s〕（ワット秒）または W〔W·h〕（ワット時）で表します。

$$W = Pt \ \text{〔W·s〕} \ \text{または} \ W = Pt \ \text{〔W·h〕} \quad \left(\begin{array}{l} \text{W·s：電力×秒} \\ \text{W·h：電力×時間} \end{array} \right)$$

2. 熱量

　電熱器のニクロム線のように, 抵抗のある電線に電流を流すと熱を発生します。これを**ジュール熱**〔単位：J（ジュール）〕といい, 抵抗 R に電圧 V を加え, 電流 I が t 秒間流れた時に発生する熱量 H は, 次式で表されます。

$$H = I^2Rt \ \text{〔J〕}$$

すなわち, $H = Pt$ となり, 電力量の式と同じになりますが単位は異なります。

⑥ 静電気とコンデンサ

1. クーロンの法則

　電気を帯（お）びた物体を**帯電体**といい, その帯電体の有する電気量を**電荷**といいます。単位は**クーロン**〔C〕で表します。

　今, 下図のように, q_1, q_2〔C〕という二つの点電荷が距離 r〔m〕離れてある場合, 両者には F〔N〕（ニュートン）という**クーロン力**（**静電力**, **静電気力**ともいう）が働き, その大きさは次式で表されます（注：q は Q の小文字）。

$$F = K\frac{q_1 \times q_2}{r^2} \ \text{〔N〕} \quad （K：比例定数で \ 9 \times 10^9 \ となる）$$

　すなわち, **静電力 F は両電荷の積に比例し, 電荷間の距離の2乗に反比例**します（⇒出題例があります）。

　これを**クーロンの法則**といい, 電荷が同種の場合（たとえば, q_1, q_2 とも正の電気を帯びた帯電体か, または両者とも負の電気を帯びた帯電体の場合）, F は**反発力**となり, 異種の場合は**吸引力**となります。

　また, その力の働く方向は二つの電荷を結ぶ**直線上**にあります。

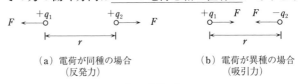

　　（a）電荷が同種の場合　　　　　（b）電荷が異種の場合
　　　　（反発力）　　　　　　　　　　　（吸引力）

クーロン力

2．コンデンサとは

コンデンサとは，図のように平行な2枚の金属板（極板という）を並べたもので，これに直流電圧を加えると，一方の金属板にはプラス，もう一方の金属板にはマイナスの電気（電荷）が蓄えられます。

コンデンサ　　　　　時間の経過と電流の関係（⇒出題例あり）

いわば，蓄電池のように電気を貯蔵する働きをするもので，極板に電荷が蓄えられる間だけは電流が流れ，電荷が満杯状態，すなわち，フル充電されると右図の@のように電流は流れなくなります（ⓑはコイルの場合）。

この蓄えられる電気の量を静電容量（記号Cで表す）といい，単位はF（ファラド）またはその100万分の1の単位である μF（マイクロファラド）を用います（さらにその100万分の1の単位である pF も出題例がある）。

$$1\,\mathrm{F}=10^6\mu\mathrm{F}=10^{12}\mathrm{pF}$$

また，静電容量は，極板間の距離 l に反比例し，極板の面積 A に比例し，次式より求めることができます。

$$C=\varepsilon\frac{A}{l}$$

ε は誘電率といい，極板間に入れる物質それぞれが持つ固有の値です。

一方，そのコンデンサの極板間に加わる電圧を V とすると，コンデンサに蓄えられる電気量 Q は，次式より求めることができます。

$$Q=C\times V\ \mathrm{(C)}$$

また，コンデンサに蓄えられる電気エネルギー W は，次式より求めることができます。

$$W=\frac{1}{2}Q\times V\ \mathrm{(J)}$$

（$Q=CV$ なので代入して，$W=1/2\,CV^2$ とも表せる）

3．コンデンサの接続

　静電容量の合成抵抗の場合とは逆の計算方法になります。

　すなわち，直列の場合は抵抗の並列と同じ計算をし，逆に並列の場合は抵抗の直列と同じ計算をします。

① 直列接続

　合成静電容量 (C) は次のようになります。

$$C = \cfrac{1}{\cfrac{1}{C_1} + \cfrac{1}{C_2} + \cfrac{1}{C_3}} \ \text{〔F〕}$$ 　（1-4式）

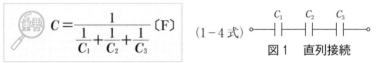

図1　直列接続

　計算方法は抵抗の場合と全く同じで，$C_1 \sim C_3$ に静電容量の数値〔F〕をそのまま入れればよいだけです。

　なお，2個だけの直列の場合は2個だけの抵抗の並列の場合と同じ形になります。

$$C = \frac{C_1 \times C_2}{C_1 + C_2} \ \text{〔F〕}$$ 　　（1-5式）

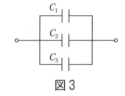

図2

② 並列接続

　抵抗の直列接続と同じで，数値をそのまま足せばよいだけです。

$$C = C_1 + C_2 + C_3 \text{〔F〕}$$ 　（1-6式）

図3

7 電流と磁気

　まず，磁気の説明に入る前に，**磁力線，磁束，磁界**という用語の概要を説明しておきます。**磁力線**というのは，磁石のN極からS極に向かって通っていると仮想した磁気的な線で，**磁束**というのは，その磁力線の一定量を束ねたもので，単位はWb（ウェーバ）で，1Wbは1本の磁束になります。また単位面積あたりの磁束の量を**磁束密度 B**〔単位はT（テスラ）〕といい，そして，**磁界**は，これら磁気的な力が作用する空間（場所）のことをいいます。

　（なお，本試験では，たまに，「**磁化**」という用語も出題されていますが，この磁化というのは，金属の針を磁石でこすると，それ自体が磁石の性質を持

つように，物質が磁気的性質を持つことをいいます。)

　その他，電気力を仮想的な線で表した電気力線もたまに出題されており，その主な性状等は，「正の電荷から出て，負の電荷へ入る。」「任意の点における電界の方向は，電気力線の接線と一致する。」「任意の点における電気力線の密度は，その点の電界の大きさを表す。」となりますが，電気力線は，**導体内部には存在しない**ので，注意してください。

1. アンペアの右ねじの法則

　電線に電流を流した場合，その周囲には磁界（磁束）が発生します。

　その発生する方向は，同じ方向にねじを進めた場合と同じく右回りで，これを**右ねじの法則**といい，その磁界の大きさ H は電線からの距離 r に反比例し**電流 I に比例**します。

すなわち，　$\boxed{H = \dfrac{I}{2\pi r}}$　となります。

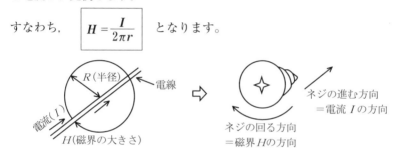

図1　右ねじの法則

　また，図のようなコイルに電流を流すと，右ねじの法則による磁界（磁束）が合成されてコイル内を図のような方向に貫きます。

　（右手の人差指から小指までを上から電流の流れる方向に沿わせた場合，親指側の方向が磁界の方向になります）

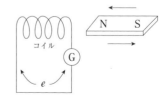

図2

2. 電磁誘導

　1では，コイルに電流を流してコイル内に磁束を発生させましたが，逆に，電源のないコイルに棒磁石を出し入れすると，コイル内を貫通する磁束が変化することによりコイルに起電力 e が発生します。

　これを**ファラデーの電磁誘導の法則**といい，

図3　電磁誘導の法則

その大きさは**磁束の変化する速さに比例**します。つまり，磁石を速く動かすほど発生する起電力も大きくなる，というわけです。

　また，その誘導起電力 e の向きは，その誘導電流の作る磁束が，もとの磁束の増減を妨げる方向に生じます。これをレンツの法則といいます。

　従って，磁石をコイルの中に入れたときと出したときでは，磁束の増加する方向が異なるため，誘導される起電力 e の方向も逆になり，検流計Ⓖの針の振れも逆になります。

　なお，磁石を速く動かすほど発生する起電力も大きくなり，その分検流計Ⓖの針も大きく振れます。

３．フレミングの法則

①　フレミングの左手の法則

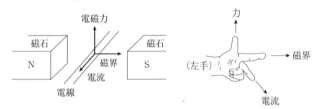

図１　フレミングの左手の法則

　図のように，磁界内で電線に電流を通すと，電線には磁界と直角な方向（図では上向き）に力が発生します。これを**電磁力**といい，その「力」と「磁界」，および「電流」の方向は図のように左手の親指，人指し指，中指をそれぞれ直角に開いた時の方向になります。これを**フレミングの左手の法則**といいます。

②　フレミングの右手の法則

　図１の電線を単なる導体とした場合，これを磁界と直角な方向（図では上または下方向）に動かすと，導体内に起電力が生じ電流が流れます。

　その「運動方向」と「磁界」，および「電流」の方向は図のように右手の親指，人指し指，中指をそれぞれ直角に開いた時の方向になります。これを**フレミングの右手の法則**といいます。

　すなわち，左手の法則が「電流を流すと電磁力が生じる」，という現象に対して右手の法則は，「動かすと起電力が生じる」という現象になります。

図２　フレミングの右手の法則

●左手の法則 ⇒ 電流を流すと電磁力が生じる現象
●右手の法則 ⇒ 動かすと起電力が生じる現象

こうして覚えよう!　＜フレミングの法則＞

運動の「う」，磁界の「じ」，電流の「でん」から「うじでん」と覚えます（実際には存在しませんが，京都の宇治にある電力会社「宇治電」とでも理解しておいて下さい）。

これは左手の法則の場合にもそのまま使えます。その場合，「運動」を「力」と置き換えます。（「う」→「力」）。

う・じ・でん
運動 磁束 電流

左手の法則の場合は?

「運動」を「力」に置き換えればいいんだよ

フレミングの法則 ＝ うじでん

＜参考資料＞長さ l 〔m〕の導体を磁束密度が B〔T または Wb/m²〕である磁界の方向と直角に置き，磁界に対して θ の角度で v〔m/s〕の速度で移動させた場合フレミングの右手の法則より起電力が生じ，その大きさは，$e=Blv\sin\theta$ となります。なお，真上に移動の場合は $\sin90°=1$ より，$e=Blv$ となります（⇒出題例あり）。たとえば，$l=0.4$〔m〕の導体が $B=0.3$〔T〕の磁界内を垂直（⇒ $\sin90°=1$）に $v=50$〔cm/s〕（＝0.5 m/s）で動けば，$e=Blv\sin\theta=0.3×0.4×0.5×1=0.06\,V$（＝60 mV）の起電力が発生することになります。☞ 出た!

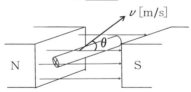

⊗手前から奥に向かって電流が流れていることを表している

8 交流

たとえば，次頁，図1のような抵抗負荷に直流電源を接続した場合，電圧の大きさおよび方向は同図bのように変化せずに一定です。

しかし，次頁図2のように交流電源を接続した場合は，時間の経過ととも

に大きさが図bのように正弦波状に変化し，また方向も逆転します。この場合，図2の①から②の波形1個分に要する時間を周期（T）といい，この周期を1秒間に繰り返す数のことを**周波数（f）**といいます＊（単位は〔Hz〕）。

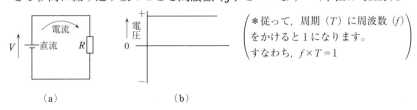

＊従って，周期（T）に周波数（f）
をかけると1になります。
すなわち，$f×T=1$

（a）　　　　　　　　　　　（b）

図1　直流電源

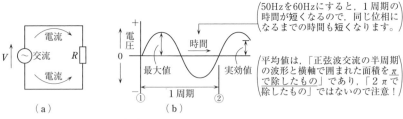

50Hzを60Hzにすると，1周期の
時間が短くなるので，同じ位相に
なるまでの時間も短くなります。

平均値は，「正弦波交流の半周期
の波形と横軸で囲まれた面積をπ
で除したもの」であり，「2πで
除したもの」ではないので注意！

（a）　　　　　　　　　　　（b）

図2　交流電源

　また，各時刻の電圧や電流の大きさを**瞬時値**，それが最大の時の値を**最大値**，「同じ抵抗に対して同じ電力を消費する直流の電圧や電流に換算した値」を**実効値**といい，それぞれの関係は次のようになっています。

　なお，図2のように抵抗だけの回路の場合は，電流は電圧と同時に変化します（右図）。

　このことを「電流は電圧と位相が同じである」または「電流と電圧は同相である」といいます。

　しかし，コイルやコンデンサを接続した場合は，次のように波形に時間差を生じます。

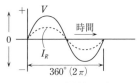

図3　抵抗回路

1. コイルだけの回路

　電流（I_L）は，電圧（V）より1/4周期，すなわち90度（正弦波の山一つが（※）180度なので，90度は山半分）遅れて変化します。

　この「交流の変化の時間的なずれ」を**位相差**といいます。

　また，このコイルが交流に対して示す抵抗を**誘導リアクタンス**（$=X_L$）といい，周波数をf，コイルの**インダクタンス**（そのコイル固有の抵抗を表す係数）

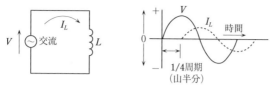

図1　コイルのみの回路

を L とすると，X_L は次のようになります。

――――― この式を求める出題例がある。

$$X_L = 2\pi f L \ (\Omega)$$

従って，**誘導リアクタンス X_L は周波数 f とインダクタンス L に比例**します。

また，電流 I_L は $I_L = \dfrac{V}{X_L} = \dfrac{V}{2\pi f L}$ となります（⇒ I_L と f は反比例関係）。

（※）　半径1の円周（360度）は 2π ですが，この 2π で360度を表す方法を弧度法といい，単位は〔rad：ラジアン〕を用います。従って，180度は π〔rad〕，90度 $=\pi/2$〔rad〕となり，本試験では，一般的にこの〔rad〕で出題されています。

2．コンデンサだけの回路

　コンデンサの場合，コイルとは逆に電流 (I_C) は，電圧 (V) より1/4周期，すなわち90度 $\left(=\dfrac{\pi}{2}\ [\mathrm{rad}]\right)$ 進んで変化します。

　この場合，コンデンサが交流に対して示す抵抗を**容量リアクタンス**（$=X_C$）といい，次式で表されます。

$$X_C = \frac{1}{2\pi f C} \ (\Omega)$$

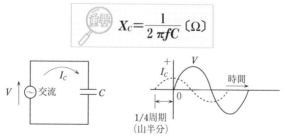

コンデンサのみの回路

従って，**容量リアクタンス X_C は周波数 f と静電容量 C に反比例**します。

また，電流 (I_C) は　$I_C = \dfrac{V}{X_C} = 2\pi f C V$ となります（I_C と f は比例関係）。

3. $R-L-C$ 回路

　抵抗とリアクタンス（コイルとコンデンサ）が混在している回路の場合，その交流に対して示す抵抗を**インピーダンス**（$=Z$）といい，図のような直列の場合，次のようにして求めます。

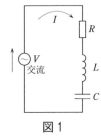

図1
$R-L-C$ 回路

$$Z=\sqrt{R^2+(X_L-X_C)^2}\,(\Omega)$$

　よって，そこに流れる電流 I は，次式より求まります。

$$I=\frac{V}{Z}\,(A)$$

　この場合，たとえば $R-L$ のみの回路であるなら，上式の Z の式の X_C を 0 にすればよく，また $L-C$ のみの回路であるなら $R=0$ として Z を求めればよいのです。

〔例〕　Z の式より $R-L$ 回路のインピーダンス Z を求めてみよう。

　　⇒R と X_L のみの回路なので容量リアクタンス $X_C=0$ とおきます。

$$Z=\sqrt{R^2+(X_L-0)^2}=\sqrt{R^2+X_L^2}\,(\Omega)$$

　　となります。

・ちなみに，消費電力は直流同様，I^2R で求めます。

⑨　電力と力率

　コイルやコンデンサが存在する交流回路においては，一般に電流は電圧より位相が遅れており，これをベクトル図で表すと図2のようになります（ちなみに R，L，C 各々単独の回路の場合は次頁のベクトル図になります）。

（a）　　　　　　　　　　　　（b）電流 I を有効分と無効分に分解した場合

図2　一般的な交流回路

　ベクトル図というのは，矢印を用いて大きさと方向を表したもので，上図
(a) の場合，V を基準として I の位相が θ 遅れている状態を表しています。
　従って，P.33 の図 1 の場合は，I が 90 度遅れているので，下の図，(b) の
ようになります。
　また，電流を「電圧と同相分」と「90 度遅れた分」とに分けた場合，同相
分 ($I\cos\theta$) を「有効電流」，90 度遅れた分 ($I\sin\theta$) を「無効電流」といいま
す（前頁の図 2 の (b)）。
　そこで，有効電力を P，無効電力を Q，皮相電力を S とすると，それぞれ
次式で表されます。

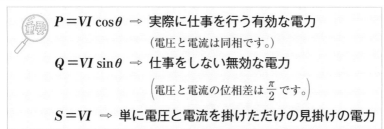

$P = VI\cos\theta$ ⇒ 実際に仕事を行う有効な電力

　　　　　　　　（電圧と電流は同相です。）

$Q = VI\sin\theta$ ⇒ 仕事をしない無効な電力

　　　　　　　　$\left(\text{電圧と電流の位相差は } \dfrac{\pi}{2} \text{ です。}\right)$

$S = VI$ ⇒ 単に電圧と電流を掛けただけの見掛けの電力

　この有効電力と皮相電力の比 (P/S)，すなわち $\cos\theta$ を力率といいます。
　なお，この力率は抵抗 R とインピーダンス Z の比としても求めることがで
きます。

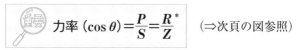

$$\text{力率}\,(\cos\theta) = \frac{P}{S} = \frac{R}{Z}^{*} \qquad (\Rightarrow 次頁の図参照)$$

（＊並列回路の場合は，Z/R で求めます）

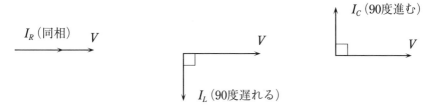

（a）R のみの回路　　　　（b）L のみの回路　　　　（c）C のみの回路

R，L，C 各単独回路のベクトル図

（注：V を基準にしたときの I の方向に注意！⇒出題例あり）

例題 消費電力 900 W の負荷を単相交流 100 V の電源に接続したところ，12 A の電流が流れた。このときの負荷の力率の値を求めよ。

解説

前ページの力率の式より，力率 $= \dfrac{P}{S}$

消費電力 $P = 900$ W

一方，皮相電力 $S = V \times I = 100 \times 12 = 1200$ VA
（VA は皮相電力の単位）。

よって，力率 $= \dfrac{P}{S} = \dfrac{900}{1200} = 0.75 \rightarrow 75$ ％

（力率は一般に百分率％で表す）となります。

[解答] 75 ％

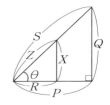

$P, Q, S (R, X, Z)$ の関係

コーヒーブレイク

スケジュールについて

　どんな試験でもそうですが，スケジュールを立てた方が立てないよりは効率のよい受験勉強ができるものです。私たちが今勉強しているこの4類消防設備士でもその法則は当てはまります。

　そのスケジュールですが，このテキストのように学習する部分と問題の部分がサンドイッチ式に交互になっている場合，全体を何か月で終了できそうであるかをまず考えます。ここでは仮に2か月とすると，普通，テキストは繰り返し学習，または解くことによって自分の身に付きますから，2回目に取り掛かることを前提に話を進めますと，2回目は内容を大分把握していますので，1回目に比べて少し短めの期間で終了できるのが通常です。ここではそれを1か月半だと予測すると，その次の3回目はもっと短くなって，約1か月と予測できます。

　つまり，最初のスタート地点から3回目を終了するまで4か月半かかるということになります。従って，試験が8月の中旬にあるなら遅くとも4月に入った時点ではすでに学習をスタートしている必要があります（もっと繰り返す必要性を感じている方なら，もっと前にスタートしている必要があります）。

　これらを大体想定して，スケジュールを立てておくと「時間が足りずに……」などという後悔をせずにすむわけです。

第1編
電気に関する基礎的知識

第2章

計　測

　　計測では，指示電気計器の**動作原理**や**構造**，及び**動作原理を表す記号**などの出題があります。また，指示電気計器が直流回路用か，または交流回路用か，それとも交流直流両回路用か，という「使用回路」も重要なポイントなので覚える必要があります。

　その他「抵抗値を測定する際の測定器の分類」，電流や電圧の測定範囲を拡大するための「分流器」や「倍率器」の接続方法などもたまに出題されているので，このあたりにも注意しながら学習を進めていって下さい。

指示電気計器の分類と構造

　指示電気計器とは，電圧や電流および電力等の値を指針などにより指示する計器です。

1. 指示電気計器の分類 （記号はぜひ覚えておこう！）

　指示電気計器の分類（注：2乗目盛は不平等目盛でもあります）

	種類	記号	動作原理
直流用	可動コイル形 （目盛：平等）		永久磁石間に可動コイルを置き，可動コイルに直流を流したときの電磁力により駆動トルクを得る（次頁の図を参照）。 （用途：電圧計，電流計）
交流用	可動鉄片形 （目盛：2乗）		可動鉄片に近接した固定コイルに電流を流すと，その磁界によって固定鉄片と可動鉄片が磁化され，両者間の電磁力により駆動トルクを得る。（用途：電圧計，電流計）
	誘導形 （目盛：不平等）		交流の磁界中に円盤を置くと誘導作用によって渦電流が流れ，その渦電流と磁界によって生じる電磁力により駆動トルクを得る。 （用途：電圧計，電流計，電力量計）
	整流形 （目盛：平等）		整流器で交流を直流に整流した後，可動コイル形計器で測定する。（用途：電圧計，電流計）
	振動片形		交流を加えると振動する振動片の共振作用を利用して周波数を測定する。（用途：周波数計）
交流直流両用	電流力計形 （目盛：2乗）		固定コイルと可動コイルの二つのコイルに電流を流した際の電磁力により可動コイルを動かし，指針を振らせる。 （用途：電圧計，電流計，電力量計）
	静電形 （目盛：不平等）		コンデンサの極板間に生じる静電力を利用して指針を振らせる。（用途：高圧用の電圧計）
	熱電形(熱電対形) （目盛：不平等）		（ゼーベック効果*により）熱電対に生じた熱起電力を可動コイル形計器で測定する。応答は速い。（用途：電圧計,電流計,熱電温度計）

（＊異種金属（熱電対）に温度差を与えると両金属間に起電力が生じる現象）

○交流を測定する計器 ⇒ 交流するのは
　角のない 整った 親　友 のみ
　可動鉄片　　整流　　　振動片 誘導形

○直流のみを測定する計器 ⇒ 可動コイル形
○これら以外が出てきたら ⇒ 交直両用

2．指示電気計器の構造

　指示電気計器の構造は駆動装置，制御装置および制動装置の3要素からなっています。

駆動装置	測定しようとする量に比例する駆動トルクを計器の可動部分に与えて，指針などを作動させる装置。
制御装置	（駆動装置の）駆動力を制御するトルクを与える装置。
制動装置	指示装置（指針）を停止させるための制動力を与える装置。

3．可動コイル形の原理

　可動コイル形の原理は，永久磁石による磁界と可動コイルの電流との間に働く電磁力により指針が振られるもので，その指針の振れは電流値に比例します。（注：電流の向きが逆になれば，指針の振れも逆になります）。

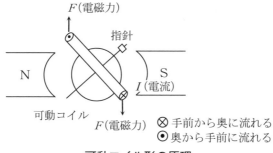

可動コイル形の原理

測定値と誤差 （参考資料）

　ある量を測定した場合，測定値を M，真の値を T，誤差を ε_0，百分率誤差（真の値に対する誤差の割合を％で表したもの）を ε とすると，次のような関係が成り立ちます。

$$\varepsilon_0 = M - T \qquad\qquad \varepsilon = \frac{\varepsilon_0}{T} \times 100 \ (\%)$$

　また，誤差を真の値に正すことを補正といい，それを α_0，百分率補正値を α とすると次式のようになります。

$$\alpha_0 = T - M \qquad (誤差とは逆) \qquad \alpha = \frac{\alpha_0}{M} \times 100 \ (\%)$$

 ## 抵抗値を測定する際の測定器，および測定法

　測定しようとする抵抗の値をその大きさから分類すると，用いる測定器，および測定法は次のようになります。

抵抗値の測定法，および測定器

低抵抗の測定 （1Ω 程度以下）	中抵抗の測定 （1Ω〜1MΩ 程度）	高抵抗の測定 （1MΩ 程度以上）
電位差計法 ダブルブリッジ法	ホイートストンブリッジ法 回路計（テスタ） 抵抗法	**絶縁抵抗計（メガー）** 直偏法

（注）　1 M（メグまたはメガ）Ω = 1000 kΩ = 10^6 Ω

重要　10⁶ 以上の抵抗を測定する方法⇒　絶縁抵抗計（メガー）

（注：「10 Ω の抵抗を測定する計器（⇒回路計など）」も出題例あります）

　なお，測定対象により分類すると，次のようになります。

① 　絶縁抵抗の測定：**メガー（絶縁抵抗計）**
② 　接地抵抗の測定：**接地抵抗計**[*]（アーステスタ），コールラウシュブリッジ法（＊デジタル式が鑑別で出題されているのでネット等で要確認）

　なお，**絶縁抵抗**は，電線相互間や電線と大地間が電気的に絶縁されているかを示す抵抗で，**接地抵抗**は，大地に電流を流す（逃がす）際の抵抗です。

　絶縁抵抗の測定時には開閉器を**開く（OFF にする）**必要があります。

測定範囲の拡大

電流や電圧などを測定するには，図のように電流計は回路と直列に，電圧計は回路と並列に接続します。

この場合，その最大目盛り以上の値を測定したい場合は分流器や倍率器というものを用います。

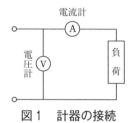

図1 計器の接続

1. 分流器

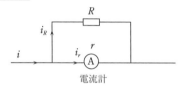

i：測定電流
i_R：分流器への電流
i_r：電流計の電流
R：分流器の抵抗
r：電流計の内部抵抗

図2 分流器

分流器というのは，図2のように電流計と並列に接続した抵抗 R のことで，測定電流の大部分を分流器 R に流すことにより測定範囲の拡大をはかったものです。図の場合，本来 i_r までしか計測できなかった電流計が i まで計測できるということで，i/i_r（$=m$ で表します）を分流器の倍率といい，次式のようになります。

$$i = i_r + i_R \cdots\cdots(1) \quad 一方，i_r \times r = i_R \times R \text{ より} \quad i_R = \frac{i_r \times r}{R} \cdots\cdots(2)$$

(2)式を(1)式に代入すると

$$i = i_r + \frac{i_r \times r}{R} = i_r\left(1 + \frac{r}{R}\right) \qquad よって，\frac{i}{i_r} = 1 + \frac{r}{R} = m$$

すなわち，電流計の測定範囲の m 倍の電流が測定可能，ということになるわけです。

この場合，逆に，最大目盛の m 倍の電流を測定したい場合，並列に接続する分流器 R の値は，上式の R を求めればよいので，

$$\frac{r}{R} = m - 1 \quad \Rightarrow \quad R = \frac{r}{m-1} \quad となります。$$

2. 倍率器

倍率器は，図のように電圧計と直列に抵抗（R）を接続して，その測定範囲の拡大をはかったもので，V/V_r を倍率器の倍率といいます。

この場合，倍率 n は次のようになります。

$$V = V_r + V_R \cdots (3) \quad \text{一方,} \quad i = \frac{V_R}{R} = \frac{V_r}{r} \text{ より, } V_R = \frac{V_r}{r} \times R \cdots (4)$$

(4)式を(3)式に代入すると

$$V = V_r + \frac{V_r}{r} \times R = V_r\left(1 + \frac{R}{r}\right) \cdots\cdots\cdots\cdots\cdots\cdots\cdots\cdots\cdots\cdots\cdots (5)$$

よって, 倍率 $\dfrac{V}{V_r}$ は $\dfrac{V}{V_r} = 1 + \dfrac{R}{r} = n$ となります。

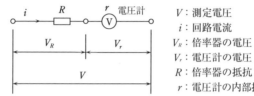

V：測定電圧
i：回路電流
V_R：倍率器の電圧
V_r：電圧計の電圧
R：倍率器の抵抗
r：電圧計の内部抵抗

図1　倍率器

この場合, 逆に, 最大目盛の n 倍の電圧を測定したい場合, 直列に接続する倍率器 R の値は, 上式の R を求めればよいので,

$$\frac{R}{r} = n - 1 \quad \Rightarrow \quad R = (n-1)r \quad \text{となります。}$$

● 分流器の倍率 $m = 1 + \dfrac{r}{R}$

● 倍率器の倍率 $n = 1 + \dfrac{R}{r}$

〈覚え方〉
流れ（分流器）は下（分母）の方が大きい
⇒分流器の分母（下）は大文字の R

倍率器に似たものに電池の内部抵抗に関する問題があります。図の場合, 電池部分が $2r$ の並列なので, 並列合成抵抗は r〔Ω〕となり, 起電力は $2E$ の並列なので $2E$ のままであり, よって, 回路電流 I は, $I = 2E/(r+R)$ となります。☞**出た！**

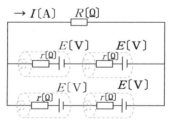

第1編
電気に関する基礎的知識

第3章

電気機器，材料

学習のポイント

　電気機器では，「変圧器」が学習の中心になります。

　「変圧比」や「変圧比と電圧，電流との関係」などをよく理解するようにして下さい。

　特に，変圧比を用いた計算問題（1次や2次の電流や電圧を変圧比を用いて求める問題）は，よく出題されているので注意する必要があります。

　蓄電池では，蓄電池全般についての知識のほか，鉛蓄電池の電解液など，少々細かい知識まで問う出題もあります。

　電気材料は，そう頻繁に出題される分野ではありませんが，たまに，導電材料，絶縁材料のほか半導体材料や磁気材料なども出題されており，おもな材料名などは覚えておいた方がよいでしょう。

　電動機については，出題例がほとんどありませんでしたが，最近，「三相誘導電動機の回転を逆にするにはどうすればよいか？」というような問題が出題されているので，注意してください（⇒(答)　電動機の任意の2端子の接続を入れ替える＝3線のうち2本の線を入れ替える）。

　なお，たまにPNP半導体などの難問が出題されることもあるので，注意が必要です。

変圧器

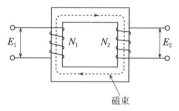

E_1：１次コイルに加える電圧
E_2：２次コイルに誘起される電圧
N_1：１次コイルの巻数
N_2：２次コイルの巻数

磁束

変圧器

1．原理

　変圧器というのは，図のように鉄心に二つのコイル（１次コイルと２次コイル）を巻きつけたもので，一方のコイルに交流電圧を加えると，それによって発生した鉄心内の磁束（磁気的な線）が他方のコイルを貫き，その磁束の変化に応じた起電力が誘起されます。

　その誘起起電力ですが，１次コイルと２次コイルの巻き数をそれぞれ N_1，N_2 とし，１次コイルに加える電圧を E_1，２次コイルに誘起される電圧を E_2 とすると，次式のようになります。

$$\frac{E_1}{E_2}=\frac{N_1}{N_2}=\alpha$$

$$\left(E_2\text{を求める形に変形すると，}\ E_2=\frac{N_2}{N_1}E_1\ \text{となります}\right)$$

　すなわち，電圧の比は巻き数の比となり，α を**変圧比**といいます。

　一方，それによって流れる電流の方は電圧とは逆に巻き数に反比例します。

$$\frac{I_1}{I_2}=\frac{N_2}{N_1}=\frac{1}{\alpha}$$

したがって，

$$\frac{E_1}{E_2}=\frac{N_1}{N_2}=\frac{I_2}{I_1}$$

となります。

2．変圧器の効率　（参考資料…ただし，出題例があるので注意）

　一般的に効率という時は，出力／入力の比をとりますが，入力には出力の分

の他に変圧器内で生じる損失の分も必要になります。

　つまり，「入力＝出力＋損失」となるので，効率を η（イータ）で表すと，

$$\boxed{\substack{\text{\scriptsize 重要}} \quad \eta = \dfrac{\text{出力}}{\text{入力}} \times 100 \text{〔\%〕} \\[2mm] \qquad = \dfrac{\text{出力}}{\text{出力＋損失}} \times 100 \text{〔\%〕}}$$

となります。

　また，この損失には**無負荷損**（＝鉄損*）と巻線に電流が流れることにより生じる**負荷損**（＝銅損，漂遊負荷損*）と呼ばれるものが含まれ，**鉄損＝銅損**の時に最高効率となります。

> ＊鉄損：鉄心内の損失で，ヒステリシス損①と渦電流損②からなる損失
> 　銅損：巻線の抵抗によって生じるジュール熱による損失
> 　漂遊負荷損：漏れ磁束によって生じる渦電流損
> ①ヒステリシス損：磁界を増加して減少する場合，磁束密度が増減する軌跡が
> 　　　　　　　　　異なることにより生じるエネルギー損失
> ②渦電流損：鉄心を通過した磁束によって発生する渦電流で生じるジュール熱
> 　　　　　　による損失

3．変圧器の三相結線　（参考資料）

　変圧器の巻線を三相結線するには，図のように Y 結線と Δ（デルタ）結線等があり，その 1 次巻線と 2 次巻線の組み合わせにより，Y—Y 結線（1 次巻線，2 次巻線とも Y 結線という意味），Y—Δ 結線，Δ—Δ 結線，Δ—Y 結線とがあります。

① Y 結線（図 a）

　　単相変圧器を図のように，120 度ずつ角度差をつけて配置し，片方のみを 1 点で接続した結線方法で，線間電圧を V とした場合，その一相あたりの電圧（相電圧）は $V/\sqrt{3}$ となります。

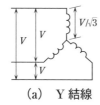
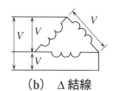

　　　　(a)　Y 結線　　　　　　(b)　Δ 結線

② Δ 結線（図 b）

　　単相変圧器を図のように，120 度ずつ△形に配置したもので，一相あたりの電圧は線間電圧と同じく V となります。

蓄電池

　電池には，乾電池のように一度放電すれば再使用できない一次電池と，車のバッテリーなどのように，充電すれば繰り返し使用できる**二次電池（蓄電池）**があります。

　ここでは，蓄電池のうち，車のバッテリーなどに使用されている鉛蓄電池を例にして説明します。

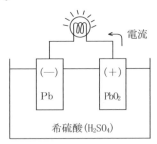

鉛蓄電池の原理（放電状態）

　鉛蓄電池は，図のように電解液として**希硫酸**（H_2SO_4）を用い，「正極（＋）に**二酸化鉛**（PbO_2），負極（－）に**鉛**（Pb）」を用いた二次電池です（正極と負極の物質名は重要！）。

　その両電極を導線で接続すると，電子が Pb から PbO_2 へと移動するので，電流は逆に PbO_2 から Pb に流れ，図のようにランプをつないでいると点灯します（この電子の移動は，極板における化学反応によるものですが，ここでは省略します）。このとき，正極と負極の電位差，つまり，起電力は約 2.1 V となります。

　このように放電していると，当然，起電力は低下してくるので，そこで，外部直流電源の＋端子を正極に，－端子を負極に接続して，電池の起電力とは反対方向に電流を流して電気エネルギーを注入すると，起電力が回復し，繰り返し使用することができます。

　以上の放電時と充電時の全体の反応は，次のようになります。

$$\underset{(負極)}{Pb} \;+\; \underset{(電解液)}{2\,H_2SO_4} \;+\; \underset{(正極)}{PbO_2} \overset{(放電)}{\underset{(充電)}{\rightleftarrows}} 2\,PbSO_4 \;+\; 2\,H_2O$$

なお，蓄電池の容量は，**アンペア時〔Ah〕**で表します。

③ 電気材料

(1) 主な電気材料（導体，半導体，絶縁体）

　導体というのは電気の流れやすい物質，すなわち抵抗値の低い物質のことを言い，それを用いた材料を導電材料といいます。

　一方，電気の流れにくい物質，すなわち抵抗値の高い物質のことを絶縁体（または不導体）と言い，それを用いた材料を絶縁材料といいます。

　これに対して，温度の上昇や光の照射などの条件によって抵抗値が変化する物質を半導体と言います。

(2) 導電材料（導体）

　主な導電材料を導電率の高い順（抵抗率だと低い順）に並べると，次のようになります（出題例があるので覚えておこう！）。

　銀，銅，金，アルミニウム，（タングステン），鉄，白金，鉛など

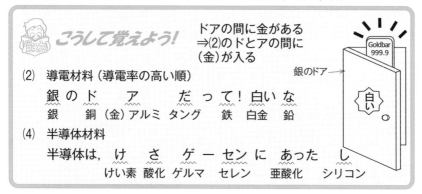

(3) 絶縁材料（絶縁体）

　ガラス，マイカ(雲母)，クラフト紙，磁器（セラミック，アルミナ磁器など），大理石，木材（乾燥）など

(4) 半導体材料

　主な半導体材料は次のとおりです。

　ゲルマニウム，けい素（シリコン），セレン，亜酸化銅，酸化チタンなど

＜参考資料＞

○　N型半導体とP型半導体（出題例がある）

　シリコンやゲルマニウムには価電子（最外殻の電子数）が4個あり，価電子が<u>5個</u>のヒ素やリンなどの不純物を加えると電子が1つ余り，価電子が<u>3個</u>のアルミニウム，インジウムなどを加えると<u>電子が1つ不足し</u>，その不足した場所をホール（正孔）といいます。この<u>電子がキャリア（電気を運ぶ役目をするもの）の半導体をN型半導体</u>といい，ホールがキャリアの半導体を<u>P型半導体</u>といい，P型とN型を結合すると，電流を一方向にしか流さなくなり，それを利用して整流作用（交流を直流にする）を行います。

(5)　磁性材料（磁化される物質）

　鉄，コバルト，フェライト，ニッケル，酸化クロムなど（金，銀，銅，鉛は反磁性体です！）

 電動機 （参考資料）

　誘導電動機は固定子の中に回転子があり，固定子巻線に三相交流を流すと磁石が回転するのと同様な回転磁界を生じて回転子が回転します。その回転速度を同期速度（N_s）といい，次式で求められます。

固定子

回転子

固定子巻線

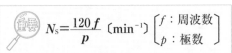

$$N_s = \frac{120f}{p} \text{（min}^{-1}\text{）} \begin{cases} f：周波数 \\ p：極数 \end{cases}$$

　しかし，実際は，次式で表されるすべりsというものがあり，回転子はこの同期速度より少し遅い回転数（N）で回転します。

$$s = \frac{N_s - N}{N_s} \Rightarrow N = N_s(1-s)$$

　また，始動方法には，**全電圧始動**（小容量機に用いる），**Y—Δ始動**（スターデルタ始動⇒始動時はY結線，運転時は△結線）などがあります。

　なお，たまに三相誘導電動機の接続図を用いて，これを逆回転させる方法についての出題例がありますが，3つの端子（RST端子）のうち，<u>いずれか2つの端子の接続を入れ替えればよいだけ</u>で，<u>RST端子すべて入れ替えているのが誤り</u>になります（⇒逆回転しない）。

問題にチャレンジ！

（第1編　電気に関する基礎的知識）

<抵抗の接続　→P.23>　　　　　　　【電気理論】

【問題1】　図の回路において，端子 A，B 間の電圧 V の値として，正しいもの
は次のうちどれか。

(1)　10 V

(2)　12 V

(3)　18 V

(4)　36 V

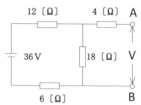

　　　図の AB 端子間の電圧を考える場合，4〔Ω〕の先には電流が流れる回路が
ないので電流は流れず，よって 4〔Ω〕の抵抗による電圧降下も生じないので，18
〔Ω〕の端子電圧が AB 間の端子に現れます。

　　　従って，回路電流 i は，

$$i = \frac{36}{12+18+6} = \frac{36}{36} = 1 〔A〕$$　　となるので，18〔Ω〕の端子電圧は，$1 \times 18 = 18$

〔V〕　となります。

【問題2】　問題1の回路において電源電圧が未知の場合，AB 間の端子電圧が
90〔V〕ならば，6〔Ω〕の端子電圧はいくらになるか。

(1)　15 V　　　　(2)　30 V　　　　(3)　45 V　　　　(4)　60 V

　　　直列接続の場合，抵抗の端子電圧は，各抵抗の比に比例します。

　　　従って，18〔Ω〕の端子電圧が 90〔V〕なので，（注：4〔Ω〕の電圧降下は
0）6〔Ω〕の端子電圧 x は，

$18 : 90 = 6 : x$　　$x = 30$〔V〕　となります。

───

| 解　答 |

解答は次のページの下欄にあります。

【問題3】　図の回路に流れる電流 I〔A〕の値で，正しいのは次のうちどれか。

(1)　2〔A〕　　(2)　4〔A〕　　(3)　6〔A〕　　(4)　10〔A〕

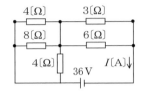

一見すると，接続が複雑そうに見え
ますが，図のように，二つの並列回路
を直列に接続した回路となっています。

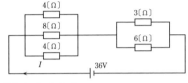

　従って，まずそれぞれの並列回路の
合成抵抗を求め，そのあとに直列の合成抵抗を求めます。

　左の回路の合成抵抗は　$\dfrac{1}{\dfrac{1}{4}+\dfrac{1}{8}+\dfrac{1}{4}}=\dfrac{1}{\dfrac{5}{8}}=\dfrac{8}{5}=1.6$〔Ω〕

　右の回路の合成抵抗は，P.24 の（1-3式）より　$\dfrac{3\times6}{3+6}=\dfrac{18}{9}=2$〔Ω〕

　よって，合成抵抗＝1.6＋2＝3.6〔Ω〕となるので，

電流 $I=\dfrac{V}{R}=\dfrac{36}{3.6}=10$〔A〕

となります。

　なお，右のような図で出
題されることもあるので注
意して下さい。

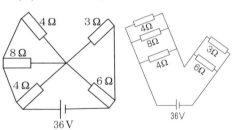

【問題4】　下図の回路の AB 間に 80 V の電圧を加えた場合，スイッチを閉じた
ときの電流計の指示値は，スイッチ S を開いたときの何倍になるか。

(1)　1.25 倍

(2)　1.5 倍

(3)　2 倍

(4)　3 倍

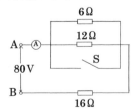

解　答

【問題1】　…(3)　　　　　　　　　　【問題2】　…(2)

① まず，スイッチを開いたときは，6Ω と 12Ω の並列接続となるので，合成抵抗は，

$$\frac{6 \times 12}{6+12} + 16 = \frac{72}{18} + 16 = 20\,Ω \quad となります。$$

従って，スイッチを開いたときの電流を I_1 とすると，

$I_1 = V/R = 80/20 = 4\,\text{〔A〕}$　となります。

② 一方，スイッチを閉じたときは，6Ω と 12Ω の並列接続部分が短絡（ショート）されるので 0Ω となり，結局，16Ω のみとなります。

従って，スイッチを閉じたときの電流を I_2 とすると，

$I_2 = V/R = 80/16 = 5\,\text{〔A〕}$　となります。

よって，$I_2/I_1 = 5/4 = 1.25$ 倍となります。

【問題5】　下図の回路において，抵抗 $R\,Ω$ の値を求めよ。また 10Ω の抵抗で消費される電力はいくらか。

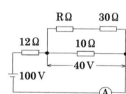

	抵抗値	電力
(1)	5Ω	40 W
(2)	10Ω	160 W
(3)	20Ω	320 W
(4)	25Ω	400 W

① まず，抵抗 $R\,Ω$ の値ですが，$R\,Ω$ に流れる電流 i_R の値がわかれば，$(R+30)\,Ω$ の両端には 40 V が加わっているので，(抵抗)$= V/I$ より，$(R+30) = 40/i_R$ として求めることができます。

そこで，まず，回路に流れる全電流 I を求めます。

図より，12Ω の抵抗には $100-40 = 60$ V の電圧が加わっているので，全電流 $I = 60/12 = 5$ A となります。

一方，10Ω の抵抗には，$40/10 = 4$ A の電流が流れているので，$R\,Ω$ に流れる電流 i_R は，全電流からその 4 A を引いた残りの分，つまり $i_R = I - 4$ $= 5 - 4 = 1$ A となります。

解　答

【問題3】 …(4)　　　　　　　　　【問題4】 …(1)

従って，先ほどの式，$(R+30)=40/i_R$ より，

$(R+30)=40/1=40$　⇒　$R=10\,\Omega$，となります。

② 次に，$10\,\Omega$ の抵抗で消費される電力ですが，電力 P は $P=I^2R$ として求められるので，$10\,\Omega$ の抵抗に流れる電流 4 A を式に代入して，$P=4^2\times10$ $=160\,\mathrm{W}$ となります。

なお，$P=I^2R=V^2/R$ でもあるので $(P=I^2R=(V/R)^2R=V^2R)$，

$P=V^2/R=40^2/10=160\,\mathrm{W}$　として求めることもできます。

【問題6】　図のブリッジ回路において，電圧 E〔V〕を加えた場合，検流計 G の振れがゼロであったという。未知抵抗 X の値は次のうちどれか。

(1)　2〔Ω〕　　(2)　6〔Ω〕

(3)　8〔Ω〕　　(4)　10〔Ω〕

検流計の触れがゼロなので，ブリッジ回路が平衡状態にあります。従って，相対する抵抗どうしを掛けた値が等しいので，$4\times1=2\times X$　⇒X=2Ω となります。

<類題>　この回路で，a，b 間の合成抵抗は c，d 間の合成抵抗の何倍か。

平衡しているので，c～d 間の検流計は無いものとして扱います。従って，a，b 間の合成抵抗は $(4+2)$ と $(2+1)$ の並列回路なので，$(6\times3)/(6+3)=2$。

c，d 間の合成抵抗は，$(2+1)$ と $(4+2)$ なので，$(3\times6)/(3+6)=2$。

よって，$2\div2=1$ 倍となります。　　　　　　　　　（答）　　1 倍

（注：合成抵抗を求める問題で，平衡状態の Ⓖ の代わりに抵抗を接続した出題がよくありますが，電流が流れないので c～d 間は未接続として計算すればよいだけなので注意してください。）

<コンデンサの接続　→P.28>

【問題7】　コンデンサを図のように接続した場合，その合成静電容量は次のうちどれか。

　解　答
【問題5】…(2)

(1)　2〔μF〕　　(2)　10〔μF〕

(3)　8〔μF〕　　(4)　12.4〔μF〕

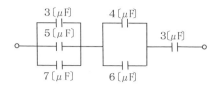

　　コンデンサを合成する時の計算方法は，抵抗の場合とは逆になります。すなわち，直列の場合は抵抗の並列と同じ計算をし，逆に並列の場合は抵抗の直列と同じ計算をします。問題の図の場合，まず並列の方はそのまま足して，$C_1 = 3+5+7 = 15\,\mu\text{F}$ と $C_2 = 4+6 = 10\,\mu\text{F}$ となります。次に直列の合成は，抵抗が並列の場合と同じ計算方法なので，$C_3 = 3\,\mu\text{F}$ とすると，

$$\frac{1}{\dfrac{1}{C_1}+\dfrac{1}{C_2}+\dfrac{1}{C_3}} = \frac{1}{\dfrac{1}{15}+\dfrac{1}{10}+\dfrac{1}{3}} = \frac{1}{\dfrac{2}{30}+\dfrac{3}{30}+\dfrac{10}{30}} = \frac{1}{\dfrac{15}{30}} = 2\,\mu\text{F}$$

となります。

<電気抵抗に関すること　→P.24>

【問題8】　ある導体の抵抗が 10〔Ω〕であるという。この導体の長さを 3 倍，直径を 1/2 にした場合，抵抗は何〔Ω〕になるか。

(1)　20〔Ω〕　　　(2)　40〔Ω〕　　　(3)　80〔Ω〕　　　(4)　120〔Ω〕

　　P.24 の抵抗率より，導体の長さを l〔m〕，断面積を s〔m²〕とすると，導体の抵抗 R は次式で表されます。

$$R = \rho\frac{l}{s}\,〔\Omega〕\quad (\rho \text{ は抵抗率})$$

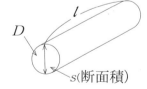

　　この式からもわかるように，長さ l を 3 倍にすれば R も 3 倍になります。しかし，断面積 s は分母にあるので，R と反比例の関係になります。

　　ここで直径を D とすると半径は $D/2$ だから，断面積 s は π×(半径)² = π×$(D/2)^2$ = $\pi D^2/4$ と表されます。

　　よって，直径が 1/2 になれば，断面積 $s = \pi(D/2)^2/4 = (\pi D^2/4)\times 1/4$ と，元

解　答

【問題6】 …(1)

の s の $1/4$ になります。

s は R と反比例するので，s が $1/4$ になると R は逆に4倍になります。

従って，l による3倍と s による4倍とで，$3 \times 4 = 12$ 倍となります。

式で表すと次のようになります（変化後の導体の抵抗を R' とします）

$$R' = \rho \frac{l \times 3}{s \times 1/4} = \rho \frac{l \times 3 \times 4}{s} = \rho \frac{l}{s} \times 12$$

<電力と熱量 →P.25>

【問題9】 5〔Ω〕の抵抗に2〔A〕の電流が10秒間流れた時，その電力〔W〕および発生するジュール熱〔J〕は次のうちどれか。

(1) 10〔W〕，100〔J〕   (2) 20〔W〕，100〔J〕

(3) 20〔W〕，200〔J〕   (4) 40〔W〕，200〔J〕

まず，電力を求めると $P = I^2 R = 2 \times 2 \times 5 = 20$〔W〕

次に熱量 H〔J：ジュール〕を求めると，$H = I^2 R t$〔J〕の式からもわかるように，P の式に t（秒）を掛けただけだから，よって

$H = I^2 R t = P t = 20 \times 10 = 200$〔J〕となります。

<静電気に関するクーロンの法則 →P.26>

【問題10】 真空中に 2×10^{-4}〔C〕と 5×10^{-6}〔C〕の二つの点電荷が3〔m〕離れてある場合，両電荷の間に働く力として，正しいものは次のうちどれか。ただし，$1/4 \pi \varepsilon_0$ は 9×10^9 とする。

(1) 1〔N〕   (2) 3〔N〕   (3) 5〔N〕   (4) 9〔N〕

問題の静電力 F は，静電気に関するクーロンの法則によって求めます。

それによると，力 F（クーロン力という）は点電荷 q_1 と q_2 の積に比例し，距離 r の2乗に反比例します（⇒出題例あり）。これを式で表すと

$\boldsymbol{F = K \dfrac{q_1 \times q_2}{r^2}}$〔N〕 となります。ここで $K = 1/4 \pi \varepsilon_0$ は 9×10^9 なので，

計算すると，$F = 9 \times 10^9 \ \dfrac{2 \times 10^{-4} \times 5 \times 10^{-6}}{9} = 9 \times 10^9 \ \dfrac{10 \times 10^{-4} \times 10^{-6}}{9}$

解 答

【問題7】 …(1)   【問題8】 …(4)

$=10^9 \times 10 \times 10^{-10} = 1$〔N〕　となります。

　なお，電荷の代わりに磁極の強さが m_1, m_2 の磁極を置けば，磁気に関する**クーロンの法則**となり，その際の力 F も同様な次式で求められます。

$$F = K \frac{m_1 \times m_2}{r^2}〔N〕 \left(\begin{array}{l}磁気力（磁極間に働く力）は磁極の強さの積に比\\例し，磁極間の距離の2乗に反比例する。\end{array}\right)$$

<電流と磁気　→P.28>

【問題11】　電流と磁気に関する説明で，次のうち誤っているものはどれか。

(1)　電磁誘導によって生じる誘導起電力の大きさは，コイル内を貫く磁束の時間的に変化する割合とコイルの巻数の積に比例する。これをファラデーの電磁誘導の法則という。

(2)　静止させた棒磁石にコイルを近づけるとコイルにつないだ検流計 G の針は振れ，コイルを棒磁石の中央まで移動させて静止させると針は触れたところで静止した。

(3)　磁界内にある電線を磁界とは直角な方向に動かすと，電線にはフレミングの右手の法則による向きに起電力が発生する。

(4)　コイル内を貫く磁束が変化することによって生じる誘導起電力の向きは，その誘導電流の作る磁束が，もとの磁束の増減を妨げる方向に生ずる。

(1)　コイルを貫く磁束を Φ（ファイ），巻数を N とすると，その磁束 Φ が Δt の間に $\Delta\Phi$ 変化した場合，コイルに誘導される起電力 e は，$e = \frac{\Delta N\Phi}{\Delta t}$ という式で表されます。$\Delta\Phi/\Delta t$ は，磁束が変化する割合（速さ）を表しているので，e は，その変化する割合（$\Delta\Phi/\Delta t$）と巻数 N に比例することになり，これを**ファラデーの電磁誘導の法則**といいます 重要。

(2)　棒磁石にコイルを近づけるとコイルを貫く磁束（$N\phi$）が変化するので，検流計 G の針は振れますが，磁石の中央で静止させればコイルを貫く磁束（$N\phi$）が変化しなくなるので，起電力が誘導されず，針は0に戻ります。

(4)　これを**レンツの法則**といい，P.29，図3のコイルに磁石を入れたときと出したときでは，磁束の増加する方向が異なるため，誘導起電力 e の方向も逆になり，検流計 G の針の振れも逆になります。

解　答

【問題9】…(3)　　　　　　　　【問題10】…(1)

<交流　→P.31>

【問題12】　最大値が 141 V であるという交流電圧の実効値はいくらか。ただし，$\sqrt{2}$ は 1.41 とする。

　　(1)　$141\sqrt{2}$〔V〕　　(2)　100〔V〕　　(3)　$141\sqrt{3}$〔V〕　　(4)　$100/\sqrt{2}$〔V〕

解説

　交流においては，その電圧，電流の大きさ，および方向は常に変化していますが，それが最大の時の値を最大値，それを（同等の仕事をする）直流に置き換えた場合の値を実効値といいます。

　その両者の関係は　**最大値＝$\sqrt{2}$×実効値**　であるので，式を変形して

　　実効値 $= \dfrac{最大値}{\sqrt{2}}$ となり，よって

　　　　$= 141/1.41 = 100$　となります。

【問題13】　コイルに交流電圧を加えた場合，電流の流れを妨げるものを誘導リアクタンス（X_L）というが，その場合，電圧と電流の関係はどうなるか。

　(1)　電流は電圧より 90 度 $\left(\dfrac{\pi}{2}\mathrm{rad}\right)$ 進む

　(2)　電流と電圧は同相である

　(3)　電流は電圧より 90 度 $\left(\dfrac{\pi}{2}\mathrm{rad}\right)$ 遅れる

　(4)　電流は電圧より 180 度（$\pi\mathrm{rad}$）進む

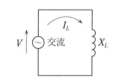

解説

　誘導リアクタンスの回路に交流電圧を加えた場合，その電圧と電流の波形は図のようになります。

　この図からもわかるように，電圧がプラス方向に加わる時と電流がプラス方向に流れる時の位相差は 90 度 $\left(\dfrac{\pi}{2}\mathrm{rad}:ラジアン\right)$ で，電流の方が遅れて流れているのがわかります。従って，

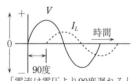

「電流は電圧より 90 度遅れる」

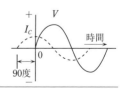

　解　答

【問題 11】　…(2)

「電流は電圧より 90 度 $\left(\dfrac{\pi}{2}\mathrm{rad}\right)$ 遅れる」というのが正解です。

なお，X_L の代わりに容量リアクタンス X_C （コンデンサ）が接続されている場合には，逆に，電流の方が 90 度 $\left(\dfrac{\pi}{2}\mathrm{rad}\right)$ 進んで流れます。

【問題 14】 図のような回路に交流 100 V を加えると 10 A 流れ，直流 80 V を加えると 10 A 流れた。X_L の値を求めよ。

(1) 2 Ω (2) 6 Ω

(3) 8 Ω (4) 10 Ω

まず，コイルは交流のみに電気抵抗を示し，直流には電気抵抗を示さないので，直流 80 V を加えて 10 A 流れたことより，$R = E/I = 80/10 = 8\,\Omega$。

次に，交流 100 V を加えると 10 A 流れたので，インピーダンス Z は，$Z = E/I = 100/10 = 10\,\Omega$。$Z = \sqrt{R^2 + X_L^2}$ より，両辺を 2 乗すると，$Z^2 = R^2 + X_L^2$ となり，$10^2 = 8^2 + X_L^2$ $X_L^2 = 10^2 - 8^2 = 36$ よって，$X_L = \sqrt{36} = 6\,\Omega$ となります。

なお，R と X_L の並列の場合は，i_r（R の電流）$\times R = i_L$（X_L の電流）$\times X_L$ となり，i_r と i_L の合成電流 I は，$I = \sqrt{i_r^2 + i_L^2}$ の式より求めます。

＜類題 1＞ 図の回路において，X_L の値を求めよ。

(1) 5〔Ω〕 (2) 10〔Ω〕

(3) 15〔Ω〕 (4) 20〔Ω〕

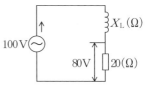

まず，抵抗の電圧が 80 V なので，回路電流 I は，$V/R = 80/20 = 4$ A。一方，誘導リアクタンス X_L の電圧 V_x は電流より 90 度位相が進むので（コイルの電流は電圧より 90 度遅れる⇒電圧は逆に電流より 90 度位相が進む），ピタゴラスの定理より，抵抗の電圧を V_R とすると $V_R^2 + V_x^2 = 100^2$ となります。

これより，$V_x^2 = 100^2 - V_R^2 = 10000 - 6400 = 3600$。よって，$V_x = 60$。

【問題 12】…(2)   【問題 13】…(3)

従って，$60 = 4$〔A〕$\times X_L$〔Ω〕$\Rightarrow$　$X_L = 15\,\Omega$ となります。　　　　　（答）　(3)

＜類題 2 ＞　　次の回路の R を求めよ。

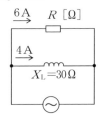

電圧は両者に共通で $4 \times 30 = 120\,\text{V}$ だから，$R = 120/6 = 20\,\Omega$（答）となります。

なお，X_L の代わりにコンデンサの容量リアクタンス (X_c) が $30\,\Omega$ であって
も計算は同じで，答も同じく，$R = 20\,\Omega$ になります。　　　　（答）　　$20\,\Omega$

＜指示電気計器　→P. 38＞　　　　**計　測**

【問題 15】　次の計器のうち，交流のみを測定する計器はどれか。

(1)　誘導形計器　　　　(2)　電流力計形計器

(3)　可動コイル形計器　(4)　静電形計器

交流を測定する計器は，可動鉄片形，整流形，振動片形，誘導形など。
　　（暗記法：交流するのは角のない整った親友）
電流力計形，静電形は交直両用，可動コイル形は直流用です。

【問題 16】　次の計器のうち，交直両用ではない計器はどれか。

(1)　熱電形計器　　　(2)　電流力形計器

(3)　静電形計器　　　(4)　整流形計器

交直両用の計器は，電流力計形，静電形，熱電形（熱電対形）などです。
従って，それ以外の整流形（交流回路用）が答です。

解　答

【問題 14】　…(2)

【問題 17】　最大目盛 50 mA，内部抵抗 9 Ω の電流計に分流器を接続して，最大目盛 500 mA の電流計をつくるのに必要な分流器の抵抗値で，次のうち正しいものはどれか。

  (1)　0.1 Ω　　(2)　1 Ω　　(3)　9 Ω　　(4)　90 Ω

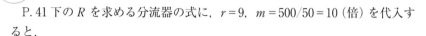

　P.41 下の R を求める分流器の式に，$r = 9$, $m = 500/50 = 10$（倍）を代入すると，

$$R = \frac{r}{m-1} = \frac{9}{10-1} = 1 \text{ Ω となります。}$$

【問題 18】　可動コイル形計器に関する説明で，次のうち誤っているものはどれか。

  (1)　可動コイル形計器は，直流回路に使用する計器である。

  (2)　指針の振れ角は，可動コイルの巻数に比例するものである。

  (3)　強力な永久磁石と可動コイルから構成されており，可動コイルに電流を流し，フレミングの左手の法則により働く電磁力により駆動トルクを発生させるもので極めて高感度である。

  (4)　駆動装置に生じるトルクは，コイルに流れる電流値の 2 乗に比例するものである。

  (2)　なお，微小な電流を測るために細い線を多く巻いたものは，内部抵抗が大きくなるので，注意してください（⇒「小さくなる」という出題例あり）。

  (4)　可動コイル形の駆動トルク T は，$T = kI$（k は比例定数），すなわち，コイルに流れる電流値に比例するので，2 乗は誤りです。

【問題 19】　可動鉄片形指示電気計器の構造について，次のうち誤っているものはどれか。

  (1)　可動鉄片形計器の目盛りは，原理的には 2 乗目盛りになる。

  (2)　可動鉄片形計器は，可動部分に電流が流れないので，構造が簡単で丈夫な計器である。

解　答

【問題 15】　…(1)　　　　　　　　　　【問題 16】　…(4)

(3)　可動鉄片が受けるトルクは，固定コイルに流れる電流の2乗に比例する。

(4)　可動鉄片形計器は，構造上，直流専用の計器であるため，感度のよいものを作ることができる。

(4)　可動鉄片形計器は，固定コイルに電流を流して磁界を作り，その中に可動鉄片を置いた時に働く電磁力を駆動トルクに利用した計器で，駆動トルクは電流および電圧の2乗に比例するので，**交流回路用**となり，**誤り**です。また，鉄片の磁気飽和などの影響のため，精密な測定には適しません。

【問題 20】　指示電気計器の目盛り板上に表示されている動作原理の記号で，可動鉄片形計器を示すものは，次のうちどれか。

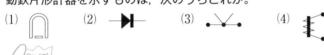

(1)　　　　　　(2)　　　　　　(3)　　　　　　(4)

(1)は可動コイル形計器，(2)は整流形計器，(3)は熱電形計器です。

【問題 21】　交流回路に接続されている負荷設備に電圧計や電流計を設ける方法として，次のうち正しいものはどれか。

(1)　電流計はその内部抵抗が小さいので，負荷に直列に接続する。

(2)　電圧計はその内部抵抗が小さいので，負荷に並列に接続する。

(3)　電流計はその内部抵抗が大きいので，負荷に並列に接続する。

(4)　電圧計はその内部抵抗が大きいので，負荷に直列に接続する。

電流計はその内部抵抗が**小さく**，負荷に**直列**に接続し，電圧計はその内部抵抗が**大きく**，負荷に**並列**に接続します。

＜測定範囲の拡大　→P.41＞

【問題 22】　次の文の（　）内に当てはまる語句の組み合わせとして正しいのはどれか。

| 解　答 |

【問題 17】…(2)　　　　　　　　　　【問題 18】…(4)

　　電流計の測定範囲を拡大するには，(a) と呼ばれる抵抗を電流計と (b) に接続すればよく，電圧計の測定範囲を拡大するには，(c) と呼ばれる抵抗を電圧計と (d) に接続すればよい。

	a	b	c	d
(1)	分流器	直列	倍率器	並列
(2)	分流器	並列	倍率器	直列
(3)	倍率器	直列	分流器	並列
(4)	倍率器	並列	分流器	直列

　　電流計の場合，電流計と並列に接続した抵抗に測定電流の大部分を流すことにより測定範囲の拡大をはかり，その場合の抵抗を**分流器**といいます。

　　一方，電圧計の場合は，電圧計と直列に抵抗を接続して，（測定電圧の大部分をその抵抗に分担させ）測定範囲の拡大をはかったもので，その場合の抵抗を**倍率器**といいます。

＜変圧器　→P.44＞　　　　**機　器**

【問題 23】　一次巻線 200 回巻，二次巻線 1000 回巻の変圧器の二次端子に 1500 V の電圧を取り出す場合，一次端子に加える電圧として，次のうち正しいものはどれか。ただし，この変圧器は理想変圧器とする。

(1)　300 V　　(2)　750 V　　(3)　1000 V　　(4)　7500 V

　　変圧器の一次コイルの巻き数を N_1，二次コイルの巻き数を N_2 とし，一次コイルに加える電圧を E_1，二次コイルに誘起される電圧を E_2 とすると，次式が成り立ちます。

$$\frac{E_1}{E_2} = \frac{N_1}{N_2} \quad 従って，\ E_1 = \frac{N_1}{N_2} E_2 = \frac{200}{1000} \times 1500 = 300 \ V$$

となります。

＜類題＞　　この変圧器の一次側に 20 A の電流が流れているとき，二次側の電流 I_2 はいくらになるか。

解　答

【問題 19】…(4)　　　　　　　【問題 20】…(4)　　　　　　　【問題 21】…(1)

電流の場合，電圧とは異なり，巻数比に**反比例**します。

すなわち，$\dfrac{I_2}{I_1}=\dfrac{N_1}{N_2}$　となります。

従って，$I_2=\dfrac{N_1}{N_2}I_1=\dfrac{200}{1000}\times 20 = 4\,A$，となります。　　　　（答）　4 A

<蓄電池　→P.46>

【問題24】　**蓄電池について，次のうち誤っているものはどれか。**

(1)　蓄電池は，アンペア時〔Ah〕でその容量を表わす。

(2)　蓄電池は，使用せず保存しておくだけでその残存容量が低下してくる。

(3)　蓄電池は，二次電池ともいい，充電することで何度も繰り返し使用できる。

(4)　鉛蓄電池は，正極に鉛，負極に二酸化鉛を使用し，電解液を蒸留水とし
たものである。

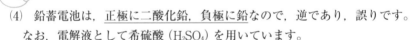

(4)　鉛蓄電池は，正極に二酸化鉛，負極に鉛なので，逆であり，誤りです。
なお，電解液として希硫酸（H_2SO_4）を用いています。

なお，蓄電池を放置した場合に，電解液中の硫酸鉛微粒子が極板に付着して，
鉛蓄電池の寿命を縮める原因となる現象のことを**サルフェーション**といいます。

<電気材料　→P.47>

【問題25】　**次の導電材料において，導電率の高い順に並べられているものは，**
どれか。

(1)　白金，銅，銀，金，鉛，アルミニウム，鉄

(2)　白金，銀，銅，金，鉄，アルミニウム，タングステン，鉛

(3)　金，タングステン，銀，銅，白金，鉄，アルミニウム，鉛

(4)　銀，銅，金，アルミニウム，タングステン，鉄，白金，鉛

P.47 参照

解　答

【問題22】…(2)　　　　　　　　　　【問題23】…(1)

【問題26】　次の材料の組合せのうち，**不適当な**ものはどれか。
　(1)　導体……………アルミニウム，金
　(2)　半導体…………ゲルマニウム，けい素
　(3)　絶縁体…………クラフト紙，ガラス，マイカ
　(4)　磁性材料………セラミック，軟銅

　　磁性材料とは，磁気的な性質を持つ金属のことで，鉄やニッケル，コバルトなどがあります。（セラミックは絶縁体（一部に半導体有），軟銅は導体。）

＜その他＞

【問題27】　次の（　　）内に当てはまる法則の名称として，正しいものはどれか。
　「電気回路網中の任意の分岐点に流れ込む電流の和は，流れ出る電流の和に等しい。これを（　）という。」
　(1)　アンペアの周回路の法則　　(2)　キルヒホッフの第2法則
　(3)　ファラデーの法則　　　　　(4)　キルヒホッフの第1法則

　　図のO点に流入する電流をI_1, I_2, O点から流出する電流をI_3, I_4とすると，次の式が成り立ちます。
　　$I_1 + I_2 = I_3 + I_4$　　これを**キルヒホッフの第1法則**といいます。

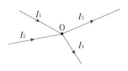

【問題28】　次の現象に該当する名称として，正しいものはどれか。
　「異なる二種類の金属の両端を接続して閉回路を作り，その両端の接合点に温度差をつけると閉回路に起電力が発生して電流が流れる。」
　(1)　ホール効果　　　(2)　過電流
　(3)　ゼーベック効果　(4)　ヒステリシス損

　　ゼーベック効果は，温度差が電圧に変換される現象で（熱電温度計の原理），逆に異なる金属を接合して電圧をかけると，接合点で熱の吸収・放出が起こる現象をペルチェ効果といい，冷蔵庫などの冷却装置に利用されています。

解　答
【問題24】…(4)　　　　　　　　【問題25】…(4)

　なお，**ホール効果**とは，電流に垂直に磁界を加えると，電流と磁界に垂直な方向に起電力が生じる現象のことで，**ヒステリシス損**は，鉄などを磁化していくときと減磁していくときの磁束密度のルートが異なることから生じるエネルギー損失のことをいいます。

【問題29】　三相誘導電動機の回転方向を逆にするには，どのような措置をとったらよいか。

(1)　電圧を変化させる。　　　(2)　電源配線の3線を入れ替える。
(3)　電源周波数を変化させる。　(4)　電源配線の2線を入れ替える。

　電源配線の2線を入れ替えると，回転磁界の方向が逆になるので，回転方向も逆になります。なお，誘導電動機の回転速度 N は次式で与えられます。

$$N = \frac{120f(1-s)}{p} \,[\text{min}^{-1}]\quad(p：極数,\ f：周波数,\ s：すべり)$$

（上記の式で $s=0$ としたときの N が**同期速度**になる。なお，回転速度 N と周波数 f は，上式より**比例**するので，50 Hz→60 Hz だと N は 1.2 倍になる）

【問題30】　図のように内部抵抗が $r\,\Omega$ の電池に 20 Ω の外部抵抗器を直列に接続した場合，内部抵抗 $r\,\Omega$ の値として，次のうち正しいものはどれか。

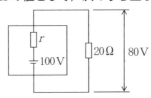

(1)　2 Ω　　(2)　4 Ω　　(3)　5 Ω　　(4)　10 Ω

　オームの法則の式を $r=$ の式に変形すると，$r=V/I$。r の両端には，100−80＝20 V の電圧がかかっており，また，回路電流は 20 Ω と 80 V より，$I=V/R=80/20=4$ A。よって，$r=V/I=20/4=5$ Ω となります。

━━━━━
解　答
━━━━━

第2編

消防関係法令

第1章

消防関係法令Ⅰ・（共通部分）

 学習のポイント

　　　よく出題されている項目について説明しますと，2の「用語」（P.66）については，**特定防火対象物**や**無窓階**についての説明や特定防火対象物に該当する防火対象物はどれか，という出題がよくあります。

　　　P.79の5の「既存の防火対象物に対する適用除外」については，「用途変更時の適用除外」とともに比較的よく出題されているので，**そ及適用される条件**などをよく覚えておく必要があります。

　P.82の7，「消防用設備等を設置した際の届出，検査」については，よく出題されているので，**届出，検査の必要な防火対象物**や**届出を行う者，届出期間**などについてよく把握するとともに，次の8，「消防用設備等の定期点検（P.83）」の方もよく出題されているので，こちらの方も全般についてよく把握しておく必要があります。

　10の「検定制度（P.85）」については，**型式承認，型式適合検定**ともよく出題されているので，これも全般についてよく把握しておく必要があります。

　11の「消防設備士制度（P.87）」については，消防設備士が行う**工事や整備**に関する出題，**消防設備士の義務**などのほか，P.89の**免状**については頻繁に出題されているので，**免状の書換え**や**再交付の申請先**などについて把握するとともに，工事整備対象設備等の工事又は整備に関する**講習**についても頻繁に出題されているので，**講習の実施者や期間**などを把握しておく必要があります。

　また，P.82の「工事整備対象設備等の着工届出義務」の方ですが，**届出を行う者**や**届出先，届出期間**などがよく出題されているので，こちらの方も注意が必要です。

凡例

法	：消防法	消防長等	：消防長（消防本部のない
令	：消防法施行令		市町村はその市町村長），
規則	：消防法施行規則		または消防署長
危政令	：危険物の規制に関する政令	自火報	：自動火災報知設備
危規則	：危険物の規制に関する規則	特防	：特定防火対象物

関係法令の分類

消防設備士に関係する法令およびその構成は次のようになっています。

　　（法律）　　　　　　（政令）　　　　　　（省令）

　　消防法 ┬── 消防法施行令 ── 消防法施行規則
　　　　　　└── 危険物の規制 ── 危険物の規制
　　　　　　　　 に関する政令　　 に関する規則

　このうち，政令や省令というのは消防法の内容を更に具体的な細則として定めたものです。

2 用語について

① **防火対象物と消防対象物**

　この両者は下線部以外は同じ文言なので，注意するようにして下さい。

(ア)　**防火対象物**

　　　　　　　　　　　ドックのこと
　山林または＊舟車，船きょ若しくはふ頭に繋留された船舶，建築物その他の工作物若しくはこれらに属する物をいう。

　⇒　(イ)とは下線部分のみ異なります。

(イ)　**消防対象物**

　山林または舟車，船きょ若しくはふ頭に繋留された船舶，建築物その他の工作物または物件をいう。

　⇒　(ア)とは下線部分のみ異なります。

> ＊舟車　船舶（一部除く）
> 　　　　や車両のこと

 こうして覚えよう！　＜防火対象物と消防対象物＞

　このケースのように，似たような二つのものを覚える場合，同時に二つ覚えるよりも片方を強調して覚えた方が暗記の効率がよい場合があります。

　このケースの場合，(イ)の「物件」に着目します。

　つまり，法律用語的な「物件」という，かた苦しい言い方をしている

方が「消防対象物」だと覚えるのです。

すなわち「防火」と「消防」では「消防の方がかた苦しい」と覚えるのです。

よって，「防火と消防」⇒「消防の方がかた苦しい」⇒

 「物件」の付いてる方が「消防対象物」

と，連想して思い出すわけです。

② 特定防火対象物

デパートや劇場など，**不特定多数の者が出入りする防火対象物**で，火災が発生した場合に，より人命が危険にさらされたり延焼が拡大する恐れの大きいものをいいます。

P.116の表でいうと，色アミの部分が特定防火対象物ですが，大勢の人が利用する施設であっても次の防火対象物は特定防火対象物には該当しないので，注意してください。

> 5項ロ：寄宿舎，下宿，共同住宅
> 7項　：学校（小，中，高，大学，専修学校など）
> 8項　：図書館，博物館，美術館
> 9項ロ：公衆浴場（蒸気浴場，熱気浴場以外）

⇒非特定防火対象物

なお，「特定用途」は<u>特定用途そのもの</u>を言うのに対し，「特定防火対象物」は<u>その特定用途が存する防火対象物</u>のことをいいます。

③ 特定1階段等防火対象物（⇒P.120の図参照）

避難がしにくい地下階または3階以上の階に**特定用途部分**があり，**屋内階段が一つしかない**建物のことをいいます。これは，屋内階段が一つしかない場合，火災時にはその屋内階段が煙突となって延焼経路となるので，その階段を使って避難ができなくなる危険性が高くなるため，そのような建物を面積に関係なく特定1階段等防火対象物として指定したわけです。

なお，煙突になって延焼経路となるのは屋内階段の場合なので，たとえ階段が1つであっても，屋外階段や特別避難階段（火や煙が入らないようにした避難階段）の場合は，この特定1階段等防火対象物には該当しません。

④ 複合用途防火対象物

法令で定める2以上の用途に供される防火対象物のことで，いわゆる「雑居ビル」のことをいいます。

　　この雑居ビルに，1つでも映画館や飲食店などの特定用途に供する部分があれば，16項イの**特定防火対象物**となり，逆に，まったくなければ16項ロの**非特定防火対象物**となるので，注意して下さい。

⑤　**関係者**（関係者に防火管理者は含まないので注意！）

　　防火対象物又は消防対象物の所有者，管理者又は占有者のことをいいます。

⑥　**無窓階**

　　建築物の地上階のうち，避難上または消火活動上有効な開口部が一定の基準に達しない階のことをいいます。（「窓が無い階」のことではない！）

⑦　**高層建築物**

　　高さ31 m を超える建築物のこと。

⑧　**主要構造部**

　　建築基準法では，「壁・柱・床・梁・屋根・階段」のことで，間仕切の壁や最下階の床などは含まれません。

⑨　**特殊消防用設備等**

　　通常用いられる消防用設備等に代えて同等以上の性能を有する新しい技術を用いた特殊な消防用設備等のこと。

⑩　**地下街と準地下街**

　　地下街が「地下道を介して複数の店舗若しくはそれらに類するもので構成されているもの」に対して，準地下街は「建築物の地階部分」が連続して地下道に面して設けられていて，あたかも地下街のように見えるその「建築物の地階部分と地下道を合わせたもの」をいいます。

❸　消防の組織について （参考資料）

　　消防法には消防長や消防署長，あるいは消防吏員や消防職員，消防団員などの名称が出てきて少々まぎらわしいので，次にまとめておきます。

1．消防の機関とその長，およびその構成員

　　市町村に設置される消防の機関としては，「消防本部」「消防署」および「消防団」があり，その長や構成員は次のようになっています。

（機関）	（機関の長）	（機関の構成員）
消防本部 ——	消防長 ——	消防吏員や消防職員
消防署 ——	消防署長 ——	消防吏員や消防職員
消防団 ——	消防団長 ——	消防団員

２．機関の設置義務

① 消防本部と消防署

一定規模以上の市町村には必ず設置する必要があります。

② 消防団

消防本部と消防署がない市町村には必ず設置する必要があります。

⇨ 逆にいうと，消防本部と消防署がある市町村では設置義務がないということですが，あくまでも設置義務がないというだけであり，設置されている場合もあります。

 # 火災予防について　（参考資料）

１．屋外における火災予防（法第 3 条）

次の者は，屋外における危険なたき火などの禁止や危険物の除去，および消火活動上支障がある物件の除去などを命じることができます。

○ 命令を発する者

消防長，消防署長若しくは消防吏員または消防本部を置かない市町村の長

２．立入り検査など（法第 4 条）

消防機関は防火対象物の関係者に対して，火災予防上適切な指導を行うとともに，万一出火しても被害を最小限度にとどめることができるよう，資料提出の命令や報告の要求および立入り検査権などが与えられています。

① 命令を発する者

消防長，消防署長，または消防本部を置かない市町村長

② 立入り検査を行う者

消防職員，または消防本部を置かない市町村にあっては，当該市町村の消防事務に従事する職員，または消防団員が行います。

③ 時間

制限はありません。

④ 事前通告

不要です。

⑤　証票の提示

　　関係者（アルバイトなどの従業員も含む）の請求があった場合のみ提示します。

消防同意 （法第7条）（参考資料）

　建築物の工事に着手しようとする者はその計画が適法であるということに関しての建築主事（または特定行政庁）の確認が必要で,そのために確認申請を提出しますが,それに対して建築主事（または特定行政庁）が許可や確認をする場合,その建築物の施工地または所在地を管轄する消防長などの同意が必要となります。

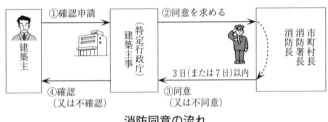

消防同意の流れ

⑴　同意を求める者

　　建築主事（または特定行政庁）

　　　（注）　建築主が直接同意を求めることはできません。

⑵　同意を行う者

　　消防長,消防署長または消防本部を置かない市町村の長

⑶　同意の期限

　　一般建築物については3日,その他は7日以内に同意または不同意を建築主事（または特定行政庁）に通知する必要があります。

⑥ **防火管理者** （法第8〜8条の2の2）

消防同意と防火管理者

　一定の防火対象物の管理について権原を有する者は，一定の資格を有する者のうちから防火管理者を選任して，防火管理上必要な業務を行わせなければなりません（注：この場合は権限ではなく権原なので念の為。なお，**管理権原者**とは，<u>防火対象物の正当な管理権を有する者</u>をいい，防火対象物の所有者や会社の代表者などが該当します。）。

1．防火管理者を置かなければならない防火対象物

① **防火管理者を置かなければならない防火対象物**

　令別表第1（P.116参照）に掲げる防火対象物のうち，次の収容人員（防火対象物に出入りし，勤務し，または居住する者の数）の場合に防火管理者を置く必要があります。

　(ｱ)　特定防火対象物　　：30人以上* 　（*：6項ロ及び6項ロの用途を含む複合

　(ｲ)　非特定防火対象物：50人以上　　用途防火対象物，地下街は10人以上）

　防火管理者を置く，置かないは<u>人数</u>によって決まるのであり，<u>面積</u>や<u>消防用設備</u>の設置の有無には関係ありません。

② **同じ敷地内に防火対象物が二つ以上ある場合**

　防火管理者は防火対象物1個につき1人置くのが原則ですが，同じ敷地内に「管理権原を有するものが同一の防火対象物」が二つ以上ある場合は，それらを一つの防火対象物とみなして収容人員を合計します。

一つの防火対象物とみなす場合

③ **防火管理者が不要な防火対象物**

　準地下街，アーケード（50m以上のもの），山林（市町村長が指定したもの），舟車（総務省令で定めたもの）

　以上の防火対象物は，人数に関係なく防火管理者は不要です。

2．防火管理者の業務内容

　防火管理者が行う業務の内容については，次のとおりになっています。
（下線部は，次の「こうして覚えよう」に使う部分です）

① 消防計画に基づく消火，通報および**避難訓練の実施**

② 火気の使用または取扱いに関する**監督**

③ **消防計画**の作成

④ **避難**又は防火上必要な構造及び設備の維持管理並びに収容人員の管理

⑤ 消防の用に供する設備，消防用水又は消火活動上必要な施設の**点検及び整備**

⑥ その他，防火管理上必要な業務（収容人員の整理など）

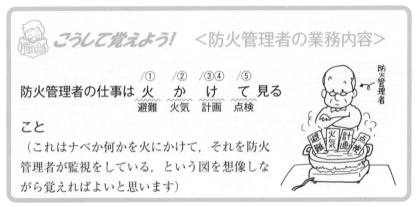

3．統括防火管理者

　次の防火対象物で管理権原者が複数いる場合は，協議して**統括防火管理者**を選任し，**消防長または消防署長**に届ける必要があります。

① 高さ31 m を超える建築物（＝高層建築物⇒消防長または消防署長の指定は不要）

② 特定防火対象物
　　地階を除く階数が3以上で，かつ，収容人員が＊30人以上のもの。
　　（＊⇒6項ロ（**養護老人ホーム**などの要介護老人ホーム等），6項ロの用途部分が存する複合用途防火対象物の場合は10人以上）

③ 特定用途部分を含まない複合用途防火対象物
　　地階を除く階数が5以上で，かつ，収容人員が50人以上のもの。

④ 準地下街

⑤ 地下街
　　ただし，消防長または消防署長が指定したものに限る。

⇒　指定が必要なのはこの地下街だけです。

　　従って，指定のない地下街には統括防火管理者は必要ありません。

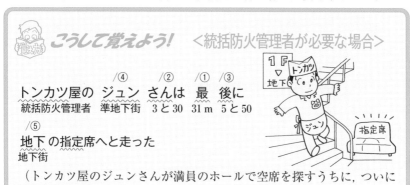

こうして覚えよう！　＜統括防火管理者が必要な場合＞

トンカツ屋の　ジュン　さんは　最　後に
統括防火管理者　準地下街　/④　/②　/① /③
　　　　　　　　　　　　　3と30　31m　5と50

地下 の指定席へと走った
地下街　/⑤

（トンカツ屋のジュンさんが満員のホールで空席を探すうちに，ついに地下の指定席へと走った，という意味です）

　　なお，統括防火管理者には，テナントごとに選任された防火管理者に対して必要な措置を講じるよう**指示する権限**が与えられており，また，建物全体の防火管理を推進するため，次のような業務を行う必要があります。

①　**全体についての消防計画の作成**

②　**全体についての消防計画に基づく避難訓練などの実施**

③　**廊下，階段等の共用部分の管理**

┌ 4．防火対象物の定期点検制度（法第8条の2の2）┐

　　一定の防火対象物の管理権原者は，**防火対象物点検資格者**に防火管理上の業務や消防用設備等，その他，火災予防上必要な事項について定期的に点検させ，その結果を**防火管理維持台帳**に記録，保存し，かつ，**消防長または消防署長**に報告する必要があります（この点検は，業務内容などソフト面に関する点検であり，P.83の消防用設備等のハード面に関する点検と混同しないように！）

①　防火対象物点検資格者について

　　防火管理者，消防設備士，消防設備点検資格者の場合は，3年以上の実務経験を有し，かつ，**登録講習機関**の行う講習を修了した者

②　防火対象物点検資格者に点検させる必要がある防火対象物

　　・特定防火対象物（準地下街は除く）で収容人員が300人以上のもの。

　　・特定1階段等防火対象物（屋内階段が1つで地階か3階以上に**特定用途**）

③　点検および報告期間：1年に1回

④　点検基準に適合している場合：利用者に当該防火対象物が消防法令に適合しているという情報を提供するために，点検済証を交付することができます。

防炎規制 （法第8条の3）（参考資料）

　防炎規制というのは，カーテンやどん帳など火災発生時に延焼の媒体となるおそれのあるものに対する規制で，これらのものには一定の防炎性能が要求されています。

1．防炎防火対象物（防炎規制を受ける防火対象物）

（下線部は「こうして覚えよう」に使う部分です）

① 特定防火対象物（地下街，準地下街含む）
　⇒　不特定多数の人が利用するからです。

② 高さ31mを超える建築物（高層建築物）
　⇒　①の地下街，準地下街や②は消火や避難活動が困難だからです。

③ 工事中の建築物やその他の工作物
　⇒　工事用シートを使用するからです。

④ テレビスタジオ，映画スタジオ
　⇒　多量の幕などを使用するからです。

こうして覚えよう！　＜防炎規制を受ける防火対象物＞

　　　①／　②／③／　④
望遠は　特に　最　高　ス
防炎　　特防　31 工事 スタジオ
（望遠レンズを使えば最高，というくらいの意味です）

2．防炎対象物品

　防炎規制の対象となる物品は次のとおりです。

① カーテン
② 布製のブラインド
③ 暗幕
④ じゅうたん等
⑤ 展示用の合板
⑥ どん帳，その他舞台において使用する幕
⑦ 舞台において使用する大道具用の合板
⑧ 工事用シート

8 危険物施設 (法第10〜11条等)

危険物施設の警報設備 (危政令第21条)

　指定数量の **10倍以上**の危険物を貯蔵し,または取り扱う危険物製造所等(移動タンク貯蔵所を除く)には次のような警報設備が**1種類以上**必要となります。

① 自動火災報知設備
② 拡声装置
③ 非常ベル装置*
④ 消防機関に報知ができる電話
⑤ 警鐘
(注)　P.77の表にある警報設備とは一部異なります(漏電火災警報器やガス漏れ火災警報設備などはないので,注意してください)。

こうして覚えよう!
(警報設備の種類)

警報の字　書く　秘　書　K
自火報　拡声　非常　消防　警鐘

何やってんの?

＊③は非常電話, 手動(または自動)サイレン, 発煙筒ではないので注意!

消防用設備等に関する規定 (法第17条)

1. 消防用設備等を設置すべき防火対象物

　P.116の表に「18項，アーケード（50m以上）」「19項，市町村長指定の山林」「20項，舟車（総務省令で定めたもの）」を加えたもの。

2. 消防用設備等の種類 （施行令第7条）

　上記1では消防用設備等を設置すべき防火対象物ということで防火対象物の方について説明しましたが，ここでは設置する方の消防用設備等について説明したいと思います。

　その消防用設備等ですが，大別すると次頁の表のように，「消防の用に供する設備」「消防用水」「消火活動上必要な施設」に分類され，「消防の用に供する設備」は，さらに消火設備，警報設備，避難設備に分かれています（なお，消防用設備等の「等」についてですが，単に消防用設備だけではなく「消防用水」と「消火活動上必要な施設」も含まれているという意味での「等」です）。

 こうして覚えよう！ ＜消防用設備等の種類＞

1. 消防の用に供する設備

　　要は　火　け　し
　　用　　避難 警報 消火

2. 消火活動上必要な施設

　　消火活動は　向　こう　　の　晴　れた
　　　　　　　　無線 コンセント　　排煙 連結

　　所でやっている

消防用設備等の種類

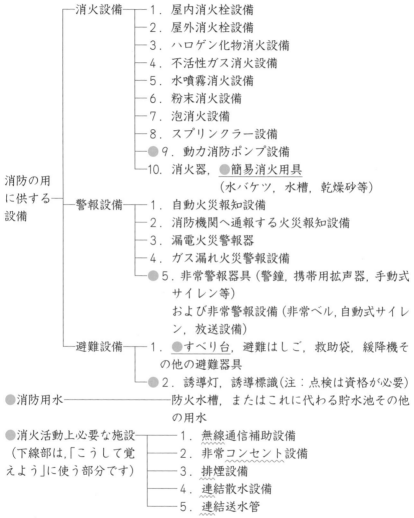

消防の用
に供する
設備

―消火設備―
- 1．屋内消火栓設備
- 2．屋外消火栓設備
- 3．ハロゲン化物消火設備
- 4．不活性ガス消火設備
- 5．水噴霧消火設備
- 6．粉末消火設備
- 7．泡消火設備
- 8．スプリンクラー設備
- ●9．動力消防ポンプ設備
- 10．消火器，●簡易消火用具
  （水バケツ，水槽，乾燥砂等）

―警報設備―
- 1．自動火災報知設備
- 2．消防機関へ通報する火災報知設備
- 3．漏電火災警報器
- 4．ガス漏れ火災警報設備
- ●5．非常警報器具（警鐘，携帯用拡声器，手動式サイレン等）
  および非常警報設備（非常ベル，自動式サイレン，放送設備）

―避難設備―
- 1．●すべり台，避難はしご，救助袋，緩降機その他の避難器具
- ●2．誘導灯，誘導標識（注：点検は資格が必要）

●消防用水―――防火水槽，またはこれに代わる貯水池その他の用水

●消火活動上必要な施設
（下線部は，「こうして覚えよう」に使う部分です）
- 1．無線通信補助設備
- 2．非常コンセント設備
- 3．排煙設備
- 4．連結散水設備
- 5．連結送水管

＊ 消火活動上必要な施設とは，消防隊の活動に際して必要となる施設のことをいいます。

　●印の付いたもの（注：下線のあるものはその設備のみが対象です）は消防設備士でなくても工事や整備などが行える設備等です（11の1．消防設備士の業務独占参照⇒P.87）。

（注）この消防用設備等における「警報設備」には，**手動式サイレン，自動式サイレン**が含まれますが，危険物施設の「警報設備（P.75）」の場合は含まれないので，注意！

３．消防用設備等の設置単位 （令第８～９条等）

　消防用設備等の設置単位は，特段の規定がない限り棟単位に基準を適用するのが原則です。しかし，次のような例外もあります。

① **開口部のない耐火構造の床または壁で区画されている場合 （令第８条）**

　⇒　その区画された部分は，それぞれ別の防火対象物とみなします。

　　従って，たとえ全体としては１棟の防火対象物であっても，その様な区画があれば，その区画された防火対象物ごとに基準が適用されることになります（⇒俗に「令八区画」という）。

　　たとえば，下図の場合，(b)のように開口部のない耐火構造の壁で区画されてしまうと，もはや $500 \, \text{m}^2$ の防火対象物ではなく $200 \, \text{m}^2$ と $300 \, \text{m}^2$ の別々の防火対象物とみなされる，というわけです。

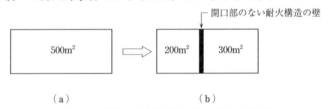

（a）　　　　　　　　　　　（b）

図１　１棟の防火対象物を区画した場合

② **複合用途防火対象物の場合 （令第９条）**

　　複合用途防火対象物の場合，その防火対象物内に２種類以上の用途部分が存在していますが，その場合も原則として同じ用途部分を１つの防火対象物とみなして基準を適用します（16項～20項は除く）。

共同住宅	5 F
共同住宅	4 F
料理店	3 F
マーケット	2 F
マーケット	1 F

図２　複合用途防火対象物の場合

　　たとえば，１階と２階がマーケットで３階が料理店，４階と５階が共同住宅の場合，マーケットだけで１つの防火対象物，料理店で１つの防火対象物，共同住宅だけで１つの防火対象物とみなして床面積を計算し，消防用設備等を設置します。

　　ただし，(参)下記の設備を設置する場合は，原則として，**１棟を単位として設置します。**

　・スプリンクラー設備　　・避難器具
　・自動火災報知設備　　　・非常警報設備
　・ガス漏れ火災警報設備　・誘導灯
　・漏電火災警報器（覚え方⇒夕陽(の)スジが廊下）
　　　　　　　　　　　誘避　スプ自ガス漏電

←これらは，いずれも警報や避難などの際に必要な設備で，防火対象物全体として配慮する必要があるためです。

③　地下街の場合

　　地下街の場合，いくつかの用途に供されていても全体を1つの地下街
　1つの防火対象物として基準を適用します。

④　特定防火対象物の地階で，地下街と一体を成すものとして，消防長また
　は消防署長が指定したもので(参)ある特定の設備の基準を適用する場合は，
　地下街の一部とみなして設置します(→百貨店の地階で出題されたことがある)。

　⎛(参)　ある特定の設備とは次の設備のことです。　　　　　　　　　⎞
　⎜　　　・スプリンクラー設備　　・ガス漏れ火災警報設備　　　　　⎟
　⎝　　　・自動火災報知設備　　　・非常警報設備　　　　　　　　　⎠

⑤　渡り廊下や地下通路などで防火対象物を接続した場合の取り扱い

　　原則として1棟として取り扱います。ただし，一定の防火措置を講じた
　場合は，別棟として取り扱うことができます。

4．附加条例　(法第17条第2項)

　　政令などの基準とは別に，その地方の気候や風土の特殊性を加味した基準
のことで，これを定めることができるのは市町村条例となっています。

　　なお，政令などの規定を緩和する規定を設けることはできません。

5．既存の防火対象物に対する適用除外　(法第17条の2の5)

　　この規定を簡単に言うと，防火対象物が作られたあとに法律が変わった場合，
その法律をさかのぼって(=そ及して)適用をするかしないか，ということに
関する規定です。

　　変わったあとの法律を「現行の基準法令」と言い，変わる前の法律を「従
前の基準法令」という言い方をします。

　　まず，既存の防火対象物(現に存在するかまたは新築や増築等の工事中であ
る防火対象物のこと)については，原則として従前の基準法令(改正前の基準
法令)に適合していればよいとされています。

　　これは，既存の防火対象物の場合，従前の基準法令に適合させて建築や工
事を行っており，これを現行の基準法令に適合させようとすると防火対象物
の構造自体に手を加える必要が出てくるし，また経済的負担も大きくなるか
らです。

　　ただ，次の防火対象物の場合は，たとえ既存の防火対象物であっても，常
に現行の基準法令に適合させる必要があります(⇒そ及適用されます)。

① 特定防火対象物
② 特定防火対象物以外で次の条件に当てはまるもの

1．**設置されたときの基準に違反している場合**
　⇒ つまり，改正前の基準法令に違反していたら，改正後の基準法令に従って設置しなさい，ということです。

2．基準が改正された後に，次のような増改築等をした場合
　ア．増改築
　　　床面積 1000 m² 以上，または
　　　従前の延べ面積の2分の1以上の増改築
　イ．大規模な修繕若しくは模様替えの工事
　　　主要構造部である壁について行う過半，つまり2分の1を超える修繕や模様替えの場合に限ります。従って屋根や階段等は含みません。

3．現行の基準法令に適合するに至った場合（関係者が自発的に設置したり変更した結果，改正後の基準に適合することとなった場合）

4．次の消防用設備等については，常に改正後の基準に適合させる必要があります（下線部は，「こうして覚えよう」に使う部分です）。
　○　漏電火災警報器
　○　避難器具
　○　消火器または簡易消火用具
　○　自動火災報知設備（特定防火対象物と重要文化財等のみ）
　○　ガス漏れ火災警報設備（特定防火対象物と法で定める温泉採取設備）
　○　誘導灯または誘導標識
　○　非常警報器具または非常警報設備

こうして覚えよう！
＜常に現行の基準に適合させる消防用設備等＞

新基準発令！
老　秘　書　爺（じい）が　ゆ　け
漏電 避難 消火 自火報　　ガス 誘導 警報
（新しい法律が発令されたので秘書に見に行ってもらう，という意味です）

例 題　次のうち，常に改正後の基準に適合させなければならない
のはどれか（解答は下）。
　(1)　工場の屋内消火栓設備　　(2)　事務所ビルのスプリンクラー設備
　(3)　倉庫の漏電火災警報器　　(4)　図書館の水噴霧消火設備

6. 用途変更の場合における基準法令の適用除外

　用途変更の場合も 5. 既存の防火対象物に対する適用除外 （以下「5」
と表記）と同様に取り扱います。

　すなわち，「原則として変更前の用途での基準法令に適合していればよい」
とされています。

＜そ及適用される場合＞

　ただし，これもまた 5 と同様，次の 1 から 5 の場合には常に現行の基準法
令に適合させる必要があります。すなわち，変更後の用途における基準法令
に適合させる必要があります（⇒　そ及適用をする）。

　(5 の条件を用途変更の場合で書き直したもの)
1．変更後の用途が特定防火対象物となる場合
2．用途変更前の基準に違反している場合
（⇒　変更前の基準に違反していたら変更後の用途の基準に従い設置する）
3．用途を変更後（変更時を含む）に 5 の②の 2 の工事を行った場合
4．用途変更後の基準法令に適合するに至った場合
5． 5 の 4 に同じです。

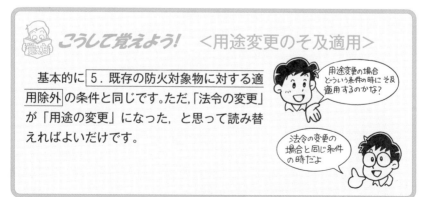

こうして覚えよう！　＜用途変更のそ及適用＞

　基本的に 5. 既存の防火対象物に対する適
用除外 の条件と同じです。ただ，「法令の変更」
が「用途の変更」になった，と思って読み替
えればよいだけです。

用途変更の場合
どういう条件の時にそ及
適用するのかな？

法令の変更の
場合と同じ条件
の時だよ

[例題]　解答　(3)（⇒前ページの 4. より）

⎡7．消防用設備等を設置した際の届出，検査⎤

（法第 17 条の 3 の 2）　⇒　P. 84 の表参照

① 消防用設備等を設置した時，届け出て検査を受けなければならない防火
　対象物（施行令第 35 条）

(a)特定防火対象物	延べ面積が 300 m² 以上のもの
(b)非特定防火対象物	延べ面積が 300 m² 以上で，かつ，消防長または消防署長が指定したもの
(c)・2 項ニ（カラオケボックス等）　（注：下線⇒覚え方で使う部分） ・5 項イ（旅館，ホテル等） ・6 項イ（病院，診療所等）で入院施設のあるもの ・6 項ロ（要介護の老人ホーム，老人短期入所施設等） ・6 項ハ（要介護除く老人ホーム，保育所等）で宿泊施設のあるもの ・上記の用途部分を含む複合用途防火対象物，地下街，準地下街 ・特定 1 階段等防火対象物 　（覚え方⇒ホテル から 病院へ行く老人は 全て 届出が必要（特 1 省略））	すべて

② 設置しても届け出て検査を受けなくてもよい消防用設備等
　　簡易消火用具および非常警報器具

③ 届け出を行う者
　　防火対象物の関係者（所有者，管理者または占有者）

④ 届け出先
　　消防長（消防本部を置かない市町村はその市町村長）または**消防署長**

⑤ 届け出期間
　　工事完了後 4 日以内

　［関連］　なお，設置をする際の設置工事については法第 17 条の 14 に規定が
　　　　　　あり，それによると，工事の着工 10 日前までに着工届けを甲種消防
　　　　　　設備士が消防機関に提出しなければならないことになっています。
　　　　　　その際の規定は次のとおりです。

　＜着工届について＞

① 届け出を行う者
　　甲種消防設備士

② 届け出先
　　消防長（消防本部を置かない市町村はその市町村長）または**消防署長**

③ 届け出期間：**工事着工 10 日前まで**
　　⇒　P. 84 の表を参照

8．消防用設備等の定期点検 （法第17条の3の3）

　防火対象物の関係者は消防用設備等についての点検結果を定期的に消防長等に報告する**義務**があります。

① **点検の種類および点検の期間**

表1

点検の種類	点検の期間	点検の内容
機器点検	6か月に1回	外観または簡易な操作による点検
総合点検	1年に1回	総合的な機能の確認

② **点検を行う者**

　㋐ **消防設備士または消防設備点検資格者が点検するもの**

表2　　　　　　　　（前頁の表と比較してみよう！）

(a)特定防火対象物	延べ面積が1000 m² 以上のもの
(b)非特定防火対象物	延べ面積が1000 m² 以上で，かつ，消防長または消防署長が指定したもの
(c)特定1階段等防火対象物（※）	すべて

　（※）特定用途部分が避難階以外の階にあり，その階から避難階または地上への階段が1つしかない防火対象物）

　⇒　火災時に，より人命危険が高い防火対象物なので有資格者に点検をさせるのです。

　（注）　この場合でも点検結果の報告は**防火対象物の関係者**が行います（③の㋒，および次ページの表参照）

　㋑　**防火対象物の関係者**（防火管理者など）**が点検を行うもの**

　　上記以外の防火対象物

●なお，点検できる消防用設備等の種類については，その免状の種類に応じて，「消防庁長官が告示により定める」となっています。

　例題　消防設備士は，すべての種類の消防用設備等の定期点検を行うことができる。○か×か。

　［解答］　その免状の種類に応じて，消防庁長官が告示により定める種類の消防用設備等についてのみ定期点検ができるので×です。

③　点検結果の報告　重要
　　(ア)　報告期間
　　　　・特定防火対象物　　　：1年に1回
　　　　・非特定防火対象物　　：3年に1回
　　(イ)　報告先
　　　　消防長（消防本部を置かない市町村はその市町村長）または消防署長
　　(ウ)　報告を行う者
　　　　防火対象物の関係者
●なお，報告するのは**義務**であり，「報告を求められたときに報告すればよい」
　というのではないので注意が必要です。⇒出題例あり

重要　　　　　　　　　届け出および報告のまとめ

	届け出を行う者	届け出先	期限
消防用設備等を設置した時	防火対象物の関係者	消防長等	工事完了後4日以内
工事の着工届け	甲種消防設備士	〃	工事着工10日前まで
消防用設備等の点検結果の報告	（報告を行う者）防火対象物の関係者	（報告先）同上	（報告期間）・特防　：1年に1回・非特防：3年に1回

④　点検およびその報告が不要な防火対象物
　　　舟 車。
　　　しゅうしゃ

┌──────────────────────────────────┐
│ 9．消防用設備等の設置維持命令 │（法第17条の4）　重要
└──────────────────────────────────┘
　<u>消防長又は消防署長</u>は，消防用設備等が技術上の基準に従って設置され，
または維持されていないと認めるときは，<u>防火対象物の関係者で権原を有す</u>
<u>る者</u>に対して，設置すべきことや維持のために必要な措置をなすべきことを
命ずることができます（⇒罰則※の適用有り）。
※

設置命令違反	罰金，懲役
維持命令違反	罰金，拘留

10 検定制度 (法第21条の2)

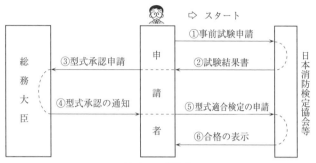

検定の手続き

　検定制度というのは，火災時に消防用機械器具等（ただし，検定の対象となっている品目のみ）が確実にその機能を発揮するということを国が検定して保証する制度であり，<u>型式承認を受け型式適合検定に合格した旨の表示がしてあるものでなければ販売したり販売の目的で陳列</u>，あるいは<u>設置等</u>（変更や修理など）<u>の請負工事に使用することが禁止</u>されています。

　その検定の方法ですが，型式承認と型式適合検定の2段階があります。

1．型式承認

① 型式承認とは

　　検定対象機器具等の型式に係る<u>形状等＊</u>が総務省令で定める検定対象機械器具等に係る技術上の規格に適合している旨の承認のことをいいます（⇒規格に適合しているかをそのサンプルや書類から確認して，適合していれば承認をする，ということ）。（＊形状等：形状や構造，および性能など）

② 承認をする人

　　総務大臣

　　ただし，承認を受けるためには，あらかじめ日本消防検定協会または法人であって総務大臣の登録を受けたもの（以後，登録検定機関と表示）が行う試験を受ける必要があります（その試験結果書と型式承認申請書を総務大臣に提出します。上図の①②③）。

2．型式適合検定 （上図の⑤⑥）

① 型式適合検定とは

検定対象機械器具等の形状等が型式承認を受けた検定対象機械器具等の型式

に係る形状等に適合しているかどうかについて総務省令で定める方法により
行う検定のことをいいます。

② 検定を行う者

日本消防検定協会（または登録検定機関）

③ 合格の表示

合格をした検定対象機械器具等には，日本
消防検定協会（または登録検定機関）が刻印や
ラベルの貼り付け等の表示を行います。

検定合格表示

$\left(\begin{array}{l}消火薬剤等は「合格之\\印」となっているので\\間違わないように\end{array}\right)$

３．効力の喪失

① 型式承認の効力

技術上の規格が変更されても，総務大臣が技術上の規格に適合しない旨
を認めない限り，その効力は失われません（⇨**自動的に失われない**）。

② 型式適合検定の効力

規格の改正等により型式承認の効力が失われた検定対象機械器具等につ
いては，防火対象物にすでに設置されているものであっても，**型式適合検
定の効力は失われます**（法第21条の10）

４．検定の対象となっている品目について

検定の対象となっている品目について参考までに表示しておきます。

検定対象機械器具等

1．消火器
2．消火器用消火薬剤（二酸化炭素を除く）
3．泡消火薬剤（水溶性液体用のものを除く）
4．感知器または発信機（火災報知設備用）
5．中継器または受信機（火災報知設備またはガス漏れ火災警報設備用）
6．住宅用防災警報器
7．閉鎖型スプリンクラーヘッド
8．流水検知装置
9．一斉開放弁（大口径のものを除く）
10．金属製避難はしご
11．緩降機

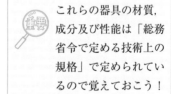

これらの器具の材質，成分及び性能は「総務省令で定める技術上の規格」で定められているので覚えておこう！

例題 「機器収容箱（P.315, 問題5のA）内の機器で検定の対象となっている
機器はどれか？」 （答）⇒（4の）発信機（出題例有り）

11 消防設備士制度 <small>(法第 17 条の 5 等)</small>

1. 消防設備士の業務独占　(注：点検は整備に準じます)

　下記の表における消防用設備等または特殊消防用設備等 (以下「工事整備対象設備等」という) の工事や整備は, 消防設備士でなければ行ってはならない, とされています (「電源や水源, および配管部分」および「任意に設置した消防用設備等」は除く。→対象とはならない)

消防設備士の業務独占の対象となるもの

区　分	工事整備対象設備等の種類 (色のついた部分は甲種, 乙種とも)		
特　類	特殊消防用設備等		
第 1 類	屋内消火栓設備, 屋外消火栓設備, 水噴霧消火設備, スプリンクラー設備, ㉟		
第 2 類	泡消火設備, ㉟		
第 3 類	ハロゲン化物消火設備, 粉末消火設備, 不活性ガス消火設備, ㉟		
第 4 類	自動火災報知設備, 消防機関へ通報する火災報知設備, ガス漏れ火災警報設備		
第 5 類	金属製避難はしご (固定式に限る), 救助袋, 緩降機		
第 6 類	消火器	第 7 類	漏電火災警報器

　(注：㉟はパッケージ型消火設備, パッケージ型自動消火設備を表し, 1, 2, 3 類にしかないので注意)

甲種消防設備士：特類及び第 1 類から第 5 類の**工事と整備**

乙種消防設備士：第 1 類から第 7 類の**整備のみ** (注：特類は含みません)

　但し, **消火器, 漏電火災警報器の設置**のほか, 軽微な整備 (**屋内消火栓設備の表示灯の交換やホース, ヒューズ, ネジの交換**など総務省令で定めるもの) は消防設備士でなくても行うことができます (令第 36 条の 2)。

注：第 1 類〜第 5 類の設備は「甲種, 乙種とも対象となる設備」であるとともに「**工事着工届が必要な設備**」であることに注意して下さい (注：工事着工届の場合「特類」も含む)。

こうして覚えよう！ ＜業務独占の対象外のもの（消防設備士でなくても工事や整備などが行える場合）＞

1．軽微な整備（総務省令で定めるもの）
2．電源や水源，および配管部分
3．任意に設置した消防用設備等
4．P.77 の表の●印の付いた設備等

（4 の 覚 え 方） ⇒

| 非常 | に | 滑りやすい | 階段 | へ | 誘導 | する |
| 非常警報器具 | | すべり台 | 簡易消火用具 | | 誘導灯 | |

努力 は不要
動力消防ポンプ

例題　消防設備士が行う工事又は整備について，次のうち消防法令上誤っているものはどれか。

(1) 甲種第5類の消防設備士免状の交付を受けているものは，緩降機及び救助袋の工事を行うことができる。

(2) 乙種第4類の消防設備士免状の交付を受けているものは，ガス漏れ火災警報設備の整備を行うことができる。

(3) 乙種第2類の消防設備士免状の交付を受けているものは，泡消火設備の整備を行うことができる。

(4) 乙種第1類の消防設備士免状の交付を受けているものは，水噴霧消火設備の工事を行うことができる。

解説

乙種消防設備士は整備のみしかできないので，(4)が誤りです。

2．免状について

① 免状の種類（法第17条の6）

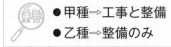
● 甲種⇒工事と整備
● 乙種⇒整備のみ

(ア) 甲種消防設備士

工事と整備の両方を行うことができ，特類，及び1類から5類までに分類されています。

(イ) 乙種消防設備士

整備のみ行うことができ，1類から7類に分類されています。

② 免状の交付（法第17条の7の1）

都道府県が行う消防設備士試験に合格したものに対し，都道府県知事が交付します。

 免状を交付する者⇒知事

なお免状は,その交付を受けた都道府県内に限らず**全国どこでも有効**です。

③ 免状の記載事項

1．免状の**交付年月日及び交付番号**　　2．**氏名**および**生年月日**

3．**本籍地の属する都道府県**　　　　　4．免状の種類

（その他総務省令で定める事項⇒現住所は含まれてないので注意！）

④ 免状の書換え（令第36条の5）

免状の記載事項に変更が生じた場合には,免状を交付した都道府県知事,または居住地若しくは勤務地を管轄する都道府県知事に書換えを申請します。

 免状の書換え⇒免状を交付した，または居住地か
勤務地を管轄する知事

⑤ 免状の再交付（令第36条の6）

免状を亡失*，滅失，汚損，破損したときは，免状の交付または書換えをした都道府県知事に再交付を申請をします。(注：**申請義務はありません。**)

⇨ ④の居住地または勤務地を管轄する知事は申請先ではないので注意！

免状の再交付⇒免状の交付または書換えをした知事

＊亡失して再交付を受けた者が，その後，亡失した免状を発見した場合は，これを**10日以内**に再交付を受けた都道府県知事に提出する義務がある。

⑥ 免状の不交付

消防設備士試験に合格しても，次のような場合は都道府県知事が免状を交付しないことがあります。

1．消防設備士免状の返納を命ぜられた日から1年を経過しない者
2．消防法令に違反して罰金以上の刑に処せられた者で，その執行が終わり，または執行を受けることがなくなった日から起算して2年を経過しない者

⑦　免状の返納命令

消防設備士が法令の規定に違反した場合は，免状を交付した都道府県知事が免状の返納を命じることができます(返納先も同じ知事)。なお，返納命令に違反した場合は，罰金や拘留に処せられることがあります。

3．消防設備士の責務など

① 消防設備士の責務 (法第17条の12)

「消防設備士は，その業務を誠実に行い，工事整備対象設備等の質の向上に努めなければならない」となっています。

② 免状の携帯義務 (法第17条の13)

「消防設備士は，その業務に従事する時は，消防設備士免状を携帯していなければならない」となっています (⇒仕事中は所持しなさいということ)。

③ 工事整備対象設備等の着工届出義務 (法第17条の14)

着工届については P.82 の⑤の [関連] で説明しておりますので，ここでは省略します。

④ 講習の受講義務 (法17条の10)　**重要**

免状の交付を受けた日以後における最初の4月1日から2年以内，その後は講習を受けた日以後における最初の4月1日から5年以内ごとに都道府県知事の行う講習を受講する必要があります。

重要	**＜重要＞……講習について**		
	・免状の交付を	受けた日以後における最初の4月1日から	2年以内
	・講習を		5年以内

なお，定められた期間内に受講しなかった場合は，消防設備士免状の返納を命ぜられることがあります。

⑤ 消防設備士の業務上の違反となる主な行為

講習の受講義務違反，免状の携帯義務違反，設置工事着手届出 (着工届出)違反。

問題にチャレンジ！
（第2編・第1章　法令共通部分）

<用語　→P.66>

【問題1】　消防法に規定する用語について，次のうち誤っているのはどれか。

(1)　関係者とは，防火対象物または消防対象物の所有者，管理者または占有者をいう。

(2)　防火対象物とは，山林または舟車，船きょ若しくはふ頭に繋留された船舶，建築物その他の工作物または物件をいう。

(3)　複合用途防火対象物とは，同じ防火対象物に政令で定める2以上の用途が存するものをいう。

(4)　消防用設備等とは，消防の用に供する設備，消防用水及び消火活動上必要な施設をいう。

---

　(2)の防火対象物は「山林または舟車，船きょ若しくはふ頭に繋留された船舶，建築物その他の工作物若しくはこれらに属する物」をいい，問の文は消防対象物の説明です。本文の〔こうして覚えよう〕から，「防火と消防」⇒「消防の方がかた苦しい」⇒「物件」の付いてる方が「消防対象物」，となります。

　なお，「規模によっては一戸建て住宅であっても防火対象物になる場合がある」という出題例もありますが，令別表第1（⇒P.116）に含まれていないので，×になります。

【問題2】　消防法に規定する用語について，次のうち正しいのはどれか。

(1)　高さ34mの建築物は，法令でいう高層建築物である。

(2)　図書館や博物館など，不特定多数の者が出入りする防火対象物を特定防火対象物という。

(3)　廊下に面する部分に有効な開口部のない階を無窓階という。

(4)　防火対象物に出入りする業者は，法令でいう「関係者」である。

[解　答]

解答は次ページの下欄にあります。

　(1)　高層建築物とは, 高さ31mを超える建築物のことなので正しい。(2)　デパートや劇場など, 不特定多数の者が出入りする防火対象物を特定防火対象物といいますが, 図書館や博物館などは含まれていません。(3)　無窓階とは, 建築物の地上階のうち, **避難上または消火活動上有効な開口部のない階**のことをいいます。(4)　出入りする業者は「関係者」ではありません (問題1の(1)参照)。

<火災予防について　→P.69>

【問題3】　次のうち, 消防職員などに立入り検査を命じることができる者として, 誤っているのはどれか。

(1)　消防長　　　(2)　消防署長

(3)　消防団長　　　(4)　消防本部を置かない市町村長

　消防機関は防火対象物の関係者に対して, 火災予防上適切な指導を行うとともに, 万一出火しても被害を最小限度にとどめることができるように, 資料提出命令権, 報告徴収権 (報告の要求), および立入り検査権が与えられています。その命令を発する者としては, **消防長, 消防署長**, または**消防本部を置かない市町村長**, となっており, 消防団長は含まれていません。

　なお, 屋外における火災予防については, この他, 消防吏員も命令を発することができます。

<消防同意　→P.70>

【問題4】　建築物を新築する際の確認申請について, 次のうち正しいのはどれか。

(1)　建築主は, 確認申請を行う前にあらかじめ消防同意を得ておく必要がある。

(2)　同意は, 消防長のほか消防団長も行うことができる。

(3)　消防本部を置かない市町村の長は, 消防同意を求められた場合, 7日以内に同意または不同意を建築主事 (または特定行政庁) に通知する必要があ

解　答

【問題1】…(2)　　　　　　　　　【問題2】…(1)

る。

(4) 確認申請は建築主事等に対して行うが，建築主事等がその確認を行うに
は，あらかじめ消防長等の消防同意を得ておく必要がある。

建築物を新築する際の確認申請については下図のような流れになります。

従って，(1) 消防同意を得るのは建築主ではなく建築主事等です。(2) 消
防同意を行うのは，消防長，消防署長または消防本部を置かない市町村の長
であり，消防団長は含まれていません。(3)はすべてが7日以内ではなく，一
般建築物については3日，その他が7日以内です。

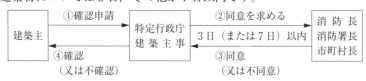

<防火管理者　→P.71>

【問題5】　防火管理について，次の文中の（　）内に当てはまる消防法令に定め
られている語句として，正しいものはどれか。

「(ア)は，消防の用に供する設備，
消防用水若しくは消火活動上必
要な施設の(イ)及び整備又は火気
の使用若しくは取扱いに関する
監督を行うときは，火元責任者
その他の防火管理の業務に従事
する者に対し，必要な指示を与
えなければならない。」

	(ア)	(イ)
(1)	防火管理者	点検
(2)	防火管理者	工事
(3)	管理について権原を有する者	点検
(4)	管理について権原を有する者	工事

本問は，消防法施行令第3条の2第4項をそのまま問題にしたものです。

<類題>　次の防火対象物のうち，防火管理者を選任する必要がない防火対象
物はどれか。

解　答

【問題3】…(3)

　A　収容人員が 40 名の幼稚園

　B　同じ敷地内に所有者が同じ２棟のアパート（収容人員が 20 名と 25 名）
　　がある場合

　C　収容人員が 30 名の養護老人ホーム

　　Aは特防で 30 名以上，Cの６項ロは 10 名以上で選任する必要があるので，
「必要」。Bは非特定で 50 名未満なので「不要」。

【問題６】　防火管理者が行う業務の内容として，次のうち誤っているのはどれ
か。

(1)　消防計画の作成

(2)　避難又は防火上必要な構造及び設備の維持管理並びに収容人員の管理

(3)　危険物の使用または取扱いに関する監督

(4)　消防計画に基づく消火，通報および避難訓練の実施

　　P. 72，２の①〜⑥に(3)の「危険物」というのが含まれていませんので，こ
れが誤りです（正解は 火気 の使用または取扱いに関する監督」）。

　　なお，(1)，(2)，(4)以外は P. 72 の２．の⑤，⑥参照。その他，「誰が」防火管
理者を選ぶかも出題例があるので，注意（⇒「管理について権原を有する者
（所有者等）」）。

＜統括防火管理者　→P. 72＞

【問題７】　管理について権原が分かれている（＝複数の管理権原者がいる）次
の防火対象物のうち，統括防火管理者を選任する必要があるものはどれか。

　　ただし，防火対象物は，高層建築物（高さ 31 m を超える建築物）ではないも
のとする。

　(1)　２階をカラオケボックスとして使用する地階を除く階数が２の複合用途
　　防火対象物で，収容人員が 50 人のもの。

　(2)　地階を除く階数が３の特別養護老人ホームで，収容人員が 20 人のもの。

　(3)　駐車場と共同住宅からなる複合用途防火対象物で，収容人員が 110 人で，

かつ，地階を除く階数が4のもの。

(4)　料理店と映画館からなる複合用途防火対象物で，収容人員が550人で，かつ，地階を除く階数が2のもの。

（P.72の3，統括防火管理者参照）(1)は②の条件より，階数が2では，選任する必要はありません。(2)は同じく②の条件の特例より，特別養護老人ホームなどの6項ロでは，収容人員が10人以上で選任する必要があります。(3)は駐車場と共同住宅なので，③の特定用途部分を含まない複合用途防火対象物ということになり，その場合，地階を除く階数が5以上で統括防火管理者を選任する必要があるので，4ではその必要はありません。(4)の料理店と映画館は特定用途部分なので，②の条件より，地階を除く階数が3以上である必要があるので，2では統括防火管理者を選任する必要はありません。

＜防火対象物の定期点検制度　→P.73＞

【問題8】　防火対象物の定期点検制度について，次のうち誤っているものはどれか。

(1)　報告先は，消防長または消防署長である。

(2)　消防設備士，消防設備点検資格者のほか，防火管理者も3年以上の実務経験があり，かつ，登録講習機関の行う講習を修了すれば，防火対象物点検資格者になることができる。

(3)　点検および報告の期間は1年に1回である。

(4)　点検の結果を報告するのは防火対象物点検資格者である。

(4)　点検の結果を報告するのは**防火対象物の管理権原者**です。

【問題9】　いずれも収容人員が550人の次の防火対象物において，防火対象物点検資格者が点検を行わなければならないものはどれか。

(1)　映画館　　　(2)　共同住宅　　　(3)　小学校　　　(4)　図書館

解　答

＜問題5の類題＞B　　　　　　　　【問題6】…(3)

> **解説**

　P.73の4の②より，防火対象物点検資格者が点検をするのは，収容人員が300人以上の特定防火対象物なので，(1)が正解となります。

　なお，「屋内階段が1で地階か3階以上に（店舗などの）**特定用途**がある防火対象物（⇒**特定1階段等防火対象物**）」も防火対象物点検資格者が点検を行う必要があります（屋内階段が2ならこれに該当しないが特防で300人以上なら点検が必要）。

【問題10】　消防計画に基づき実施される各状況を記載した書類として，消防法令上，防火管理維持台帳に保存しておくことが規定されていないものは，次のうちどれか。
　(1)　消防用設備等又は特殊消防用設備等の工事経過の状況
　(2)　消防用設備等又は特殊消防用設備等の点検及び整備の状況
　(3)　避難施設の維持管理の状況
　(4)　防火上の構造の維持管理の状況

> **解説**

　防火管理維持台帳に保存する必要がある項目については，規則第4条の2の4に規定があり，その2項第八号には，「消防計画に基づき実施される各状況を記載した書類」の規定があります。そのなかに(2)，(3)，(4)は含まれていますが，(1)は，防火管理維持台帳に保存しておくことが規定されてはいますが（同2項の九号），消防計画に基づき実施されるものではないので，これが正解です。

<危険物施設　→P.75>

【問題11】　次の文のA～Cに当てはまる語句の組み合わせにおいて，正しいのはどれか。
　「指定数量の（　A　）倍以上の危険物を貯蔵し，または取り扱う危険物製造所等（移動タンク貯蔵所を除く）には，次の警報設備から（　B　）種類以上を設置する必要がある。『自動火災報知設備，消防機関へ通報できる電話，拡声装置，警鐘，（　C　）』」」

解　答

【問題7】…(2)　　　　　　　【問題8】…(4)　　　　　　　【問題9】…(1)

	A	B	C
(1)	5	2	非常ベル装置
(2)	2	1	非常電話
(3)	10	1	非常ベル装置
(4)	100	2	非常電話

解説

【こうして覚えよう】より，**警　報　の　　字　　書く　秘　書　K**
　　　　　　　　　　　自火報　拡声　非常　消防　警鐘

ここで「非常」とあるのは，非常ベル装置のことです。

＜消防用設備等に関する規定　→P. 76＞

【問題 12】　消防用設備等の設置又は維持に関する命令について，次のうち消防法令上正しいものはどれか。

(1)　消防長又は消防署長は，防火対象物における消防用設備等が技術上の基準に従って維持されていないと認めるときは，当該工事に当たった消防設備士に対し，工事の手直しを命ずることができる。

(2)　消防用設備等の設置の命令に違反して消防用設備等を設置しなかった者は，罰金又は拘留に処せられることがある。

(3)　消防用設備等の維持の命令に違反して必要な措置をしなかった者は，懲役又は罰金に処せられることがある。

(4)　消防長又は消防署長は，消防用設備等が技術上の基準に従って設置され，又は維持されていないと認めるときは，当該防火対象物の関係者で権原を有する者に対し，技術上の基準に従って設置すべきこと，又は維持のために必要な措置をなすべきことを命ずることができる。

解説

(1)　命令の相手方は防火対象物の関係者であり，その関係者に工事に当たった消防設備士は含まれていないので，誤りです。

(2)と(3)は少々細かい規定なので，参考程度に目を通せばよいかと思いますが，設置命令に違反した場合は，「懲役又は罰金」で，維持命令に違反した場合は，「罰金又は拘留」に処せられることがあります。

解　答

【問題 10】…(1)

従って，(2)と(3)は逆なので，誤りです。

【問題13】　消防法第17条において，消防用設備等を設置し，維持する義務を負うものは次のうちどれか。
(1)　消防設備士
(2)　防火対象物の管理を行う者
(3)　危険物保安統括管理者
(4)　防火管理者

解説

　消防用設備等を設置し，維持する義務を負うのは，**防火対象物の関係者**（所有者，管理者，占有者）です。従って，(2)が正解となります。なお，(1)，(3)，(4)の場合でも防火対象物の関係者が兼任している場合は，義務を負う場合があります。

＜〜消防用設備等の種類　→P. 76＞

【問題14】　消防法第17条において規定されている「消防の用に供する設備」について，次のうち正しいのはどれか。
(1)　消防の用に供する設備には，大きく分けて消火設備，警報設備，消防用水があり，パッケージ型消火設備もこの中に含まれている。
(2)　動力消防ポンプ設備は，消防の用に供する設備には含まれていない。
(3)　ガス漏れ火災警報設備は，非常警報設備と同じく警報設備に含まれる。
(4)　水バケツや水槽は，消防用水のひとつである。

解説

　【こうして覚えよう】より，**要は　火　け　し**
　　　　　　　　　　　　　　用　避難　警報　消火

　(1)　消防の用に供する設備には，消火設備，警報設備，避難設備があり，消防用水は含まれておらず，また，パッケージ型消火設備も含まれていません。(2)　動力消防ポンプ設備は，消防の用に供する設備に含まれています（⇨P. 77の表参照）。(4)　**消火設備のひとつです**（簡易消火用具）。

解　答

【問題11】…(3)　　　　　　　　　　　【問題12】…(4)

【問題 15】　次のうち，消防法第 17 条において規定されている「消火活動上必要な施設」として不適当なものはどれか。

A　連結散水設備　　　B　無線通信補助設備　　　C　避難はしご

D　排煙設備　　　　　E　動力消防ポンプ設備

(1)　A，C　　　(2)　A，D　　　(3)　C，E　　　(4)　D，E

【こうして覚えよう】(P. 76) より，

消火活動は　向　　こう　の　晴　れ　た所でやっている

　　　　　　無線　コンセント　　　排煙　連結

　これより消火活動上必要な施設には「無線通信補助設備，非常コンセント設備，排煙設備，連結散水設備，連結送水管」があります。従って，C の避難はしご(避難設備)と E の動力消防ポンプ設備(消火設備)は含まれていません。

<～消防用設備等の設置単位　→P. 78>

【問題 16】　次のうち，消防法の基準を適用する場合において，1 棟の防火対象物であっても別の防火対象物とみなされる場合はどれか。

(1)　開口部に特定防火設備を設けたほかは不燃材料の床または壁で区画されている場合

(2)　開口部のない耐熱構造の床または壁で区画されている場合

(3)　開口部に網入りガラスを設け，不燃材料の床または壁で完全に区画されている場合

(4)　開口部のない耐火構造の床または壁で区画されている場合

　消防用設備等に関する基準は，原則として棟単位に適用しますが，「開口部のない耐火構造の床または壁で区画されている場合」は，それぞれ別の防火対象物とみなして扱います。

【問題 17】　消防用設備等の設置単位について，次のうち誤っているのはどれか。

A　複合用途防火対象物の場合，原則として各用途部分を 1 つの防火対象物とみなして基準を適用する。

解　答

【問題 13】 …(2)　　　　　　　　　　　【問題 14】 …(3)

B　１階がマーケットで２階以上が共同住宅の耐火建築物の場合，マーケットの出入り口部分と共同住宅の玄関入り口部分は共用であるが，その他の部分は耐火構造で区画されていれば別の防火対象物としてみなされる。

C　地下街の場合，いくつかの用途に供されていても全体を１つの地下街（１つの防火対象物）として基準を適用する。

D　複合用途防火対象物に自動火災報知設備の基準を適用する場合は，全体を１つの設置単位とみなして基準を適用する。

E　複合用途防火対象物に屋内消火栓設備と消火器を設置する場合，１棟を単位として基準を適用する。

(1)　A，C　　　(2)　A，E　　　(3)　B，E　　　(4)　C，D

A　正しい。用途部分が異なれば別の防火対象物と見なします。

B　別の防火対象物としてみなされる為には，「開口部のない床及び壁で完全に区画されている」必要があるので，「出入り口部分が共用」ということは完全に区画されておらず，よって誤りです。なお，D，Eの複合用途防火対象物の場合，原則として各用途部分を１つの防火対象物とみなして基準を適用しますが，自動火災報知設備など特定の消防用設備等の基準を適用する場合は，全体を１つの設置単位とみなして基準を適用します（⇒P.78の②）。

よって，Dは○で，Eは両方とも含まれておらず，×になります。

＜〜附加条例　→P.79＞

【問題18】　消防法施行令により定められている消防用設備等の技術上の基準について，次のうち正しいのはどれか。

(1)　消防長の認可を得れば技術上の基準とは別の基準を設けることができる。

(2)　市町村の条例によって技術上の基準以上の基準を設けることができる。

(3)　知事の認可を得れば技術上の基準とは別の基準を設けることができる。

(4)　市町村の条例によって技術上の基準以下の基準を設けることができる。

市町村は気候や風土の特殊性による政令で定める技術上の基準だけでは火災予防の目的を達し難い場合は，条例によって技術上の基準以上の基準を附

解　答

【問題15】…(3)　　　　　　　　　　【問題16】…(4)

加することができる，となっています。従って，(2)が正解となります。

　なお，<u>以上</u>，というのは，"強化する"という意味であり，政令の基準を強化する内容の規定を附加することはできますが，緩和する内容の規定を附加することはできません。

< 〜基準法令の適用除外　→P.79 >

【問題19】　消防用設備等の技術上の基準の改正と，その適用について，次のうち消防法令上正しいものはどれか。

(1)　現に新築中又は増改築工事中の防火対象物の場合は，すべて新しい基準に適合する消防用設備等を設置しなければならない。

(2)　現に新築中の特定防火対象物の場合は，従前の規定に適合していれば改正基準を適用する必要はない。

(3)　原則として既存の防火対象物に設置されている消防用設備等には適用しなくてよいが，政令で定める一部の消防用設備等の場合は例外とされている。

(4)　既存の防火対象物に設置されている消防用設備等が，設置されたときの基準に違反している場合は，設置したときの基準に適合するよう設置しなければならない。

(1)　新築中や増改築工事中の防火対象物は，既存の防火対象物（現に存在する防火対象物）の扱いを受けます。従って，既存の防火対象物の場合は，原則としては**従前の基準に適合していればよい**，とされているので，誤りです。

(2)　特定防火対象物の場合は，常に改正基準（現行の基準）に適用させる必要があるので，誤りです。

(3)　問題文の前半は，(1)の解説より正しく，また，P.80の4.の消防用設備等はその例外とされているので，これも正しい。

(4)　既存の防火対象物に設置されている消防用設備等が，設置されたときの基準に違反している場合は，「設置したときの基準」ではなく，「改正後の基準」に適合するよう設置しなければならないので，誤りです。

解　答

【問題17】…(3)　　　　　　　　　　【問題18】…(2)

【問題 20】　既存の防火対象物を消防用設備等の技術上の基準が改正された後に増築又は改築した場合，消防用設備等を改正後の基準に適合させなければならない増築又は改築の規模として，次のうち消防法令上正しいものはどれか。

(1)　延べ面積が 1100 m² の銀行を 1500 m² に増築した場合

(2)　延べ面積が 1500 m² の図書館を 2500 m² に増築した場合

(3)　延べ面積が 2000 m² の事務所のうち 800 m² を改築した場合

(4)　延べ面積が 3000 m² の工場のうち 900 m² を改築した場合

　　問題の防火対象物はすべて非特定防火対象物であり，その非特定防火対象物で現行の基準法令（改正後の基準）に適合させなければならない「増改築」は，

　　①　床面積 1000 m² 以上

　　②　従前の延べ面積の 2 分の 1 以上

のどちらかの条件を満たしている場合です。順に検討すると，

　(1)　増築した床面積は，1500 − 1100 = 400 m² なので①の条件は×で，また，400 m² は，従前の延べ面積 1100 m² の 2 分の 1 以上でもないので，②の条件も×です。（銀行は令別表第 1 第 15 項の防火対象物です。）

　(2)　増築した床面積は，2500 − 1500 = 1000 m² なので①の条件が○なので，これが正解です。なお，1000 m² は，従前の延べ面積 1500 m² の 2 分の 1 以上でもあるので，こちらの条件でも○です。

　(3)　改築した床面積は，800 m² なので①の条件は×で，また，800 m² は従前の延べ面積 2000 m² の 2 分の 1 以上でもないので，②の条件も×です。

　(4)　改築した床面積は，900 m² なので①の条件は×で，また，900 m² は従前の延べ面積 3000 m² の 2 分の 1 以上でもないので，②の条件も×です。

【問題 21】　既存の防火対象物を消防用設備等の技術上の基準が改正された後に大規模な修繕若しくは模様替えをした場合，消防用設備等を改正後の基準に適合させなければならない修繕若しくは模様替えに該当するものとして，次のうち消防法令上正しいものはどれか。

(1)　延べ面積が 2000 m² の共同住宅の主要構造部である壁を 3 分の 1 にわたって模様替えをする。

解　答

【問題 19】　…(3)

(2)　延べ面積が 1200 m² の倉庫の屋根を 3 分の 2 にわたって模様替えをする。

(3)　延べ面積が 3300 m² の図書館の階段を 3 分の 2 にわたって修繕をする。

(4)　延べ面積が 2500 m² の工場の主要構造部である壁を 3 分の 2 にわたって修繕する。

　　　そ及適用される「大規模な修繕若しくは模様替え」は，過半，つまり，「2 分の 1 を超える修繕若しくは模様替え」であり，また，対象となるのは，「主要構造部である**壁**」について行った場合です。

　従って，(1)は，主要構造部である壁ではありますが，3 分の 1 は過半ではないので，誤り。(2)の屋根と(3)の階段は主要構造部ではあっても「壁」ではないので，これも誤り。(4)は，主要構造部である壁であり，また，3 分の 2 は過半なので，これが正解です。

[問題 22]　既存の防火対象物において，消防用設備等の技術上の基準が改正された場合に改正後の基準が適用される場合として，次のうち誤っているのはどれか。

(1)　既存の延べ面積の 1／4 で 1200 m² の増改築

(2)　延べ面積が 2000 m² の事務所の壁を 2／3 にわたって模様替えした場合

(3)　屋根について大規模な修繕を行った場合。

(4)　改正後の基準法令に適合しておらず，かつ，従前の規定にも違反しているもの。

　(1)　増改築でそ及適用されるのは，「床面積 1000 m² 以上または従前の床面積の 1／2 以上」なので，1／2 以上ではありませんが，床面積が 1000 m² 以上なのでそ及適用されます。(2)　修繕や模様替えについては，「主要構造部である**壁**の過半（＝1／2 超）について行う大規模な**修繕**若しくは**模様替え**の工事」なので，そ及適用されます。(3)　改正後の基準が適用される修繕は，(2)より壁なので，誤りです。

解　答

【問題 20】 …(2)

【問題23】　消防用設備等の技術上の基準に関する政令若しくはこれに基づく命令の規定が改正されたとき，改正後の規定が適用される消防用設備等は次のうちいくつあるか。

A　映画館に設置されている非常コンセント設備

B　図書館に設置されている避難器具

C　銀行に設置されている自動火災報知設備

D　小学校に設置されている動力消防ポンプ設備

E　特別養護老人ホームに設置されている消防機関へ通報する火災報知設備

(1)　1つ　　　(2)　2つ　　　(3)　3つ　　　(4)　4つ

（**特定**は特定防火対象物，**非特定**は非特定防火対象物の略です。）

　まず，P.80の①より，AとE（6項ロ）は**特定**なので，改正後の規定が適用されます。

　また，Bは**非特定**ですが，避難器具はP.80の4に含まれているので，改正後の規定が適用されますが，Cは自動火災報知設備（特防等が適用）であっても銀行は**非特定**（15項）なので，改正後の規定は適用されません。また，Dの小学校は**非特定**かつ，動力消防ポンプ設備もP.80の4に含まれていないので，改正後の規定は適用されません（A，B，Eの3つが正解）。

<～基準法令の適用除外（用途変更）　→P.81>

【問題24】　防火対象物の用途の変更について，次のうち誤っているのはどれか。

(1)　防火対象物の用途を変更後に，延べ面積の2分の1以上の改築工事を行った場合，常に変更後の基準に適合するよう措置しなければならない。

(2)　漏電火災警報器は，防火対象物の用途を変更した場合，常に変更後の用途に関する基準に適合させる必要がある。

(3)　変更後の用途が特定防火対象物に該当する場合は，常に変更後の用途区分に適合する消防用設備等を設置しなければならない。

(4)　スプリンクラー設備は，防火対象物の用途を変更した場合，常に変更後の用途に係る技術基準に従って設置する必要がある。

| 解　答 |

解説

　用途変更の場合も基準法令の改正と同様に取り扱います。従って，(4)のスプリンクラー設備は，現行の基準（変更後の用途における基準法令）に常に適合させる消防用設備等（【問題23】の解説参照）に含まれていませんので，これが誤りです（注：用途変更後に特定防火対象物となった場合には(4)の場合でも現行の基準に適合させる必要がありますが，問題文中に“常に”とあるので，そうでない場合は現行の基準に適合させる必要はないので，誤りとなります）。

【問題25】　既存の防火対象物における用途変更と消防用設備等の技術上の基準の関係について，次のうち正しいのはどれか。
(1)　倉庫を工場に用途変更後，1000m² 以上の増築を行った場合に必要とする消防用設備等は，従前の基準法令に適合させる必要がある。
(2)　映画館を飲食店に用途変更した場合，既存の屋内消火栓設備は現行の技術上の基準法令に適合させる必要がある。
(3)　倉庫を改造して飲食店に用途を変更した場合，必要とする消防用設備等は，従前の倉庫における基準法令に適合させればよい。
(4)　ホテルを共同住宅に用途変更した場合，既存の避難設備は共同住宅における基準法令に適合させる必要はない。

解説

　本問も【問題24】同様，基準法令の改正と同様に取り扱います。（なお，文中，特定防火対象物を「特定」，非特定防火対象物を「非特定」と表示しています）
　(1)　倉庫⇒工場は，「非特定」⇒「非特定」，ですが，用途変更後に 1000m² 以上の増築を行っているので，現行の基準法令に適合させる必要があります。
　(2)　映画館を飲食店に用途変更した場合，「特定」⇒「特定」となるので，そ及適用の条件1「変更後の用途が特定防火対象物となる場合」に該当し，よって現行の基準法令に適合させる必要があります。(3)　倉庫⇒飲食店，は「非特定」⇒「特定」となるので，(2)同様，現行（飲食店）の基準法令に適合させる必要があります。(4)　ホテル⇒共同住宅は，「特定」⇒「非特定」，ですが，避難設備は現行の基準に常に適合させる消防用設備等（【問題23】の解説参照）に含まれているので，現行（共同住宅）の基準法令に適合させる必要がありま

解　答
【問題23】…(3)　　　　　　　　【問題24】…(4)

す。

<～届け出・検査　→P.82＞

【問題 26】　消防用設備等を設置等技術基準に従って設置した場合，消防長又は消防署長に届け出て検査を受けなければならない防火対象物として，消防法令上，正しいものは次のうちどれか。

(1)　延べ面積が 250 m² のキャバレー

(2)　延べ面積が 1200 m² の図書館で，消防長又は消防署長の指定がないもの

(3)　延べ面積が 250 m² のカラオケボックス

(4)　延べ面積が 250 m² で入院施設がない診療所

　　　消防用設備等を設置した時，届け出て検査を受けなければならない防火対象物は，P.82 の表のとおりであり，この表から判断します。

　　(1)は特定防火対象物で延べ面積が 300 m² 未満なので，届け出て検査を受ける必要はありません。また(2)は非特定防火対象物で延べ面積が 300 m² 以上ですが，消防長または消防署長の指定がないので，届け出て検査を受ける必要はありません。

　　(3)のカラオケボックスですが，**延べ面積にかかわらず届出義務がある**ので，これが正解です。

　　(4)の診療所については，入院施設があるものは**延べ面積にかかわらず届出義務がありますが，入院施設がないもの**は，他の一般の特定防火対象物と同様，300 m² 以上で届出義務が生じるので，250 m² ではその義務はありません。

　　なお，本問は防火対象物に関する問題ですが，検査対象となる消防用設備等の方については，P.77 にある消防用設備等が検査対象であり，「消防用水，連結送水管は検査対象ではない」と問題文にあれば誤りなので，注意してください（⇒出題例あり）。

【問題 27】　消防法第 17 条の 3 の 2 の規定に基づき，消防用設備等を設置した時の届け出，および検査について，次のうち正しいのはどれか。

(1)　延べ面積が 800 m² のホテルに簡易消火用具を設置した場合は，消防長等に届け出て検査を受ける必要はない。

解　答

【問題 25】…(2)

(2)　延べ面積が 600 m² で消防署長が指定した倉庫に自動火災報知設備を設置した場合は，その工事を請け負った消防設備士が消防長等に届け出て検査を受ける必要がある。

(3)　消防本部が設置されていない市町村においては，当該区域を管轄する都道府県知事に対して届け出る。

(4)　延べ面積が 1200 m² のマーケットに非常警報器具を設置した場合は，設置工事完了後 7 日以内に指定消防機関に届け出て検査を受ける必要がある。

（1）　簡易消火用具は対象外となっているので正しい。（2）　300 m² 以上の非特定防火対象物で消防長等の指定があれば届け出る必要がありますが，届け出を行う者は **防火対象物の関係者**（所有者，管理者または占有者）となっています。（3）　都道府県知事ではなく **市町村長** です。（4）　たとえ防火対象物が 300 m² 以上の特定防火対象物であっても，非常警報器具は簡易消火用具と同様，届け出が不要な消防用設備等です。また，届け出期間も 7 日以内ではなく **4 日以内** です（7 日以内というのは消防同意の期限です）。

<～工事着工届け　→P.82>

【問題28】　消防用設備等の工事着工届けについて，次のうち正しいのはどれか。

(1)　届け出を行う者は甲種消防設備士，または乙種消防設備士である。

(2)　消防用設備等の工事に着手しようとする場合，消防用設備等の種類，工事場所，その他必要な事項を届け出なければならない。

(3)　着工届けに設計図書を添付する必要はない。

(4)　着工届けは，工事を着工しようとする日の 4 日前までに届け出る必要がある。

（1）　**甲種消防設備士** のみです。（2）　正しい。（3）　添付する必要があります。（4）　**10 日前** までに届け出る必要があります（⇒　消防用設備等を設置した場合の届け出期間～工事完了後 4 日以内に届け出る～と間違わないように！）なお，着工届を怠った場合は，**罰金又は拘留** に処せられる場合があります。

| 解　答 |

【問題26】　…(3)

<～定期点検　→P.83>

【問題29】　消防用設備等の定期点検及び報告について，次のうち消防法令上正しいものはどれか。

(1)　消防用設備等の点検は，消防設備士免状の交付を受けていない者が行ってはならない。

(2)　消防設備士は消防用設備等の点検を行ったとき，その結果を消防長又は消防署長に報告しなければならない。

(3)　すべての特定防火対象物の関係者は，当該防火対象物の消防用設備等について法令に定める資格を有する者に点検させ，その結果を報告しなければならない。

(4)　特定防火対象物以外の防火対象物であっても，一定の延べ面積で，消防長又は消防署長が指定するものについては，法令に定める資格を有する者に点検をさせ，その結果を報告しなければならない。

解説

　　(1)　消防設備士または消防設備点検資格者が行わなければならない点検は，P.83の表2に該当する防火対象物のみであり，それ以外の防火対象物の場合は，たとえ消防設備士免状の交付を受けていなくても**防火対象物の関係者**が点検を行えばよいので，誤りです。

　　(2)　点検の結果は，**防火対象物の関係者**が報告するので，誤りです。

　　(3)　特定防火対象物であっても，法令に定める資格を有する者に点検させる必要があるのは，延べ面積 1000 m² 以上の場合だけなので，誤りです。

　　(4)　特定防火対象物以外の防火対象物であっても，P.83②の表の(b)に示す条件の防火対象物であれば，法令に定める資格を有する者に点検をさせ，その結果を**消防長又は消防署長**に報告しなければならないので，正しい。

【問題30】　消防用設備等の定期点検を消防設備士，又は消防設備点検資格者にさせなければならない防火対象物は次のうちどれか。但し，消防長または消防署長が指定したものを除く。

(1)　ホテルで，延べ面積が 500 m² のもの

(2)　病院で，延べ面積が 1200 m² のもの

(3)　図書館で，延べ面積が 1500 m² のもの

解　答

【問題27】…(1)　　　　　　　　　　【問題28】…(2)

(4)　飲食店で，延べ面積が 800 m² のもの

P. 83，表 2 より，消防設備士または消防設備点検資格者に点検させる必要があるのは，「1000 m² 以上の**特定防火対象物**または 1000 m² 以上で消防長等の指定のある非特定防火対象物及び特定 1 階段等防火対象物」に限られていますので，(2)の病院が正解となります。

　なお，(1)と(4)は特定防火対象物ですが，1000 m² 未満なので対象外。また，(3)は 1000 m² 以上ですが，消防長等の指定がない非特定防火対象物ですので，やはり対象外です（⇒これら(1)(3)(4)の点検は**防火対象物の関係者**が行います。）

【問題 31】　消防用設備等又は特殊消防用設備等の点検および報告について，次のうち正しい組み合わせはどれか。ただし，「指定」は消防長または消防署長の指定を，「消防設備士等」は消防設備士または消防設備点検資格者を表す。

　　　防火対象物（延べ面積）　　　　点検を行う者　　　報告の期間
(1)　600 m² の映画館　　　　　　　防火管理者　　　　3 年に 1 回
(2)　1200 m² の寺院（指定あり）　消防設備士等　　　1 年に 1 回
(3)　2300 m² の公会堂　　　　　　消防設備士等　　　1 年に 1 回
(4)　1000 m² の倉庫（指定なし）　防火管理者　　　　1 年に 1 回

　まず，P. 83 の表 2 より，「点検を行う者」について検証すると，(1)の映画館は特定防火対象物ですが，1000 m² 未満なので(ｲ)の防火対象物の関係者が点検を行うものに該当し，防火管理者が点検を行うことができるので○。(2)は非特定防火対象物ですが，1000 m² 以上で「指定あり」とあるので(ｱ)の防火対象物に該当し，消防設備士等が点検を行う必要があるので○。(3)の公会堂は特定防火対象物で，1000 m² 以上なので(ｱ)の防火対象物に該当し，消防設備士等が点検を行う必要があるので○。(4)は 1000 m² 以上ですが，倉庫は非特定防火対象物であり，また指定もないので(ｲ)の防火対象物に該当し，防火管理者が点検を行うことができるので○。

　次に「報告の期間」を検証すると，延べ面積，および消防長等の指定のあ

解　答

【問題 29】…(4)

るなしに関わらず，「特定防火対象物が1年に1回，その他の防火対象物が3年に1回」なので，特定防火対象物の(1)と(3)が1年に1回，非特定防火対象物の(2)と(4)が3年に1回となり，よって，(3)のみが○となります。

　以上を総合すると，点検を行う者についてはすべてが○，報告の期間については(3)のみが○となり，従って両者とも○になるのは(3)のみとなるので，(3)が正解となります。

＜検定制度　→P.85＞

【問題32】　消防法で定める「型式承認」と「型式適合検定」について，次のうち誤っているのはどれか。
(1)　型式承認とは，検定対象機械器具等の型式に係る形状等が総務省令で定める検定対象機械器具等に係る技術上の規格に適合している旨の承認をいう。
(2)　型式適合検定とは，検定対象機械器具等の形状等が型式承認を受けた検定対象機械器具等の型式に係る形状等に適合しているかどうかについて総務省令で定める方法により行う検定をいう。
(3)　型式承認は総務大臣が行う。
(4)　型式適合検定は日本消防検定協会又は法人であって総務大臣の登録を受けたものが行うが，検定に合格した旨の表示は総務大臣が行う。

　型式適合検定の場合，検定に合格した旨の表示は検定を行った**日本消防検定協会**（または法人であって総務大臣の登録を受けたもの）が行います。

【問題33】　検定対象機械器具等の検定に関する記述のうち，正しいのは次のうちどれか。
(1)　型式承認を受けていれば型式適合検定に合格しなくとも，検定の対象となっている消防用機械器具等を販売することができる。
(2)　型式承認の効力が失われた検定対象機械器具等については，日本消防検定協会又は法人であって総務大臣の登録を受けたものが既に行った型式適合検定の合格の効力も失われることになる。
(3)　型式承認の効力は，技術上の規格が変更されると自動的に失われる。

解　答
【問題30】…(2)　　　　　　　　【問題31】…(3)

(4) 型式適合検定を受けようとする者は，あらかじめ日本消防検定協会（または登録検定機関）が行う検定対象機械器具等についての試験を受ける必要がある。

解説

(1) 型式承認を受けたあと，型式適合検定を受けて合格した旨の表示が付されていなければ，検定対象機械器具等を販売し，または販売の目的で陳列してはならない，となっています。(2) 規格の改正等により型式承認の効力が失われた検定対象機械器具等については，防火対象物にすでに設置されているものであっても，法第21条の10より，型式適合検定合格の効力が失われるので，正しい。(3) 技術上の規格が変更されても，法第21条の5より，総務大臣が技術上の規格に適合しない旨を認める必要があるので，誤りです。(4) 型式適合検定ではなく型式承認を受ける際の手続きです。

【問題34】 次に挙げる機械器具等のうち，検定の対象となっているものはどれか。
(1) 火災報知設備の受信機
(2) 自家発電設備
(3) ガス漏れ火災警報設備の検知器
(4) 非常警報設備のうちの放送設備

解説

P.86 の表参照 ((2), (3), (4)は含まれていません)。

<消防設備士制度 →P.87>
【問題35】 消防設備士でなければ工事又は整備を行うことができないと定められている消防用設備等の組合わせとして，次のうち消防法令上誤っているものはどれか。
(1) 自動火災報知設備，ガス漏れ火災警報設備，漏電火災警報器
(2) 粉末消火設備，屋内消火栓設備，パッケージ型消火設備
(3) 不活性ガス消火設備，泡消火設備，動力消防ポンプ設備
(4) 救助袋，緩降機，消火器

解答

【問題32】 …(4)

【解説】

P.87の表より，(3)の動力消防ポンプ設備というのが含まれていません。

【問題36】　消防設備士について，次のうち正しいものはいくつあるか。

A　乙種消防設備士には1類から5類まであり，それぞれ工事と整備の両方を行うことができる。

B　甲種消防設備士の免状を所有する者は，あらゆる種類の消防用設備等の工事及び整備を行うことができる。

C　免状の記載事項に変更が生じた場合は，免状を交付した都道府県知事，または居住地若しくは勤務地を管轄する都道府県知事に書換えを申請する。

D　消防設備士免状を亡失したときは，亡失したことに気付いた日から10日以内に免状を交付した都道府県知事に免状の再交付を申請しなければならない。

E　免状の再交付を申請する場合は，居住地または勤務地を管轄する都道府県知事に申請する。

(1)　1つ　　(2)　2つ　　(3)　3つ　　(4)　4つ

【解説】

A　誤り。乙種消防設備士には1類から7類まであり，免状に指定された消防用設備等について整備のみしか行うことができません。

B　誤り。甲種消防設備士の場合は，免状に指定された消防用設備等についての工事及び整備を行うことができるので，「あらゆる種類」というのは誤りです。

C　正しい。

D　誤り。免状の再交付は「〜しなければならない」というような義務ではありません。

E　誤り。免状を亡失，滅失，または破損した場合には再交付を申請することができますが，申請先は免状の交付または書換えをした都道府県知事です。なお，免状の再交付を受けた者が亡失した免状を発見した場合には，これを10日以内に再交付をした都道府県知事に提出する必要があります。

従って，正しいのはCの1つのみとなります。

| 解　答 |

【問題33】…(2)　　　　　　【問題34】…(1)　　　　　　【問題35】…(3)

【問題 37】　消防設備士の義務等に関する次の記述について，正しいのはどれか。

(1)　甲種消防設備士が，その業務に従事する時は消防設備士免状を携帯していなければならないが，乙種消防設備士が整備を行う時はその必要はない。

(2)　消防用設備等の整備において，たとえそれが軽微な整備であっても消防設備士が行わなければならない。

(3)　消防設備士は免状の交付を受けた日以後における最初の4月1日から2年以内，その後は講習を受けた日以後における最初の4月1日から5年以内ごとに消防長（消防本部のない市町村の場合は当該市町村長）または消防署長が行う講習を受講する必要がある。

(4)　乙種消防設備士が整備を行う場合には，届け出は不要である。

(1)　免状を携帯する義務は乙種消防設備士にもあります。

(2)　消防用設備等の整備は原則として消防設備士が行う必要がありますが，軽微なもの（屋内消火栓設備の表示灯の交換，その他総務省令で定める軽微な整備…令36条の2）は除かれています。

(3)　講習は**都道府県知事**が行います（よく試験に出ます）。なお，定められた期間内に受講しなければ免状の返納を命ぜられることがあります。返納を命じるのは**免状を交付した都道府県知事**なので間違えないように！

(4)　届け出が必要なのは，甲種消防設備士が消防設備士でなければ行ってはならない工事整備対象設備等の工事をする場合であり（着工届），その場合，工事に着手しようとする日の**10日前**までに**消防長**（消防本部を置かない市町村はその市町村長）または**消防署長**に届け出る必要があります。従って，乙種消防設備士が整備を行う場合には届け出は不要なので，正しい。

なお，「違法な消防設備を発見した場合は報告しなければならない」という出題例もありますが，そのような義務はないので，当然×です。

【問題 38】　次の設置義務のある消防用設備等のうち，消防設備士でなければ行ってはならない工事はどれか。

(1)　図書館に設置する誘導灯

(2)　店舗に設置する消火器の設置工事

(3)　工場に設置する屋内消火栓設備

解　答

【問題 36】…(1)

(4)　病院に設置する非常コンセント設備

　(1)から(4)のうち，P.77の表において●印の付いていない設備等（消防設備士でなければ工事や整備を行うことができない設備等）は(2)と(3)だけですが，(2)の消火器の場合，設置工事は消防設備士でなくても行うことができるので，(3)の屋内消火栓設備が，消防設備士でなければ行ってはならない工事ということになります。

【問題39】　次のうち，消防設備士でなくても行える整備はいくつあるか。

A　屋内消火栓設備の表示灯の交換
B　屋内または屋外消火栓設備のホースまたはノズルの交換，およびヒューズやねじ類など部品の交換
C　設置義務のある自動火災報知設備の電源のヒューズの交換
D　設置義務のある屋内消火栓設備の水源の補修

(1)　1つ　　　(2)　2つ　　　(3)　3つ　　　(4)　4つ

　A，Bは軽微な整備であり，また，電源や水源は除外なので消防設備士でなくても整備を行うことができ，また，C，Dも消防設備士でなくても整備を行うことができます。

　なお，屋内消火栓設備や屋外消火栓設備であっても，**弁（バルブ）の交換**は消防設備士でなければ行えないので，注意してください。

【問題40】　次のうち，**工事着工届出が必要な消防用設備等**はいくつあるか。

A　非常警報設備　　　B　連結散水設備　　　C　救助袋
D　誘導灯　　　　　　　E　消防機関へ通報する火災報知設備

(1)　1つ　　　(2)　2つ　　　(3)　3つ　　　(4)　4つ

　工事着工届出が必要な消防用設備等はP.87の表中，特類および第1類から第5類までの消防用設備等であり，それに含まれるのは，CとEの2つのみになります。

解　答

【問題37】…(4)　　　　【問題38】…(3)　　　　【問題39】…(4)　　　　【問題40】…(2)

第2編
消防関係法令

電気に関する部分を免除で受験される方は,
P.7で示した表については,この法令の4類で
も出題される可能性があるので必ず目を通し
てください。

第2章

消防関係法令 Ⅱ・(類別部分)

● ● ● ● ● ● ● ● ● ● ● ● ● ● ● ●

学習のポイント

　　まず，1.「自動火災報知設備の設置義務（防火対象物による制限）」に
ついては，ほぼ毎回出題されているので，**特定防火対象物または非特定
防火対象物の場合に設置が義務づけられる延べ面積，及びそれぞれの例
外となる場合の延べ面積**…などをメインにしてまとめておく必要があり
ます。また，「階数による制限」の方もよく出題されているので，**設置が義務づけられ
る階数と延べ面積**などを，確実に覚えておく必要があります。
　　2. 感知器については，感知器の取り付け面の高さに関する問題がほぼ毎回出題
されており，また，受信機については，**設置が可能な最大個数**についての問題がよく出
題されていて，さらに，地区音響装置については，**区分鳴動**に関する問題がよく出題
されているので，**出火階と鳴動させる階**についてよく理解しておく必要があります。
　　3.「ガス漏れ火災警報設備」と「消防機関へ通報する火災報知設備」については，
どちらかが，**ほぼ毎回出題されている**，という傾向にありますが，出題率は圧倒的に
「ガス漏れ火災警報設備」の方が多くなっています。その出題内容については，どち
らも**設置しなければならない防火対象物**，または**設置しなくてもよい防火対象物**がほ
とんどなので，P.126の表などをよく把握しておく必要があります（注：「消防機関へ
通報する火災報知設備」については，P.262の第4編の方で説明しています。）。

自動火災報知設備の設置義務がある防火対象物

令別表第1（ただし，※18項，19項，20項を除く） ※18項：50m以上のアーケード 　19項：市町村長指定の山林 　20項：舟車（総務省令で定めたもの） 種類　／　防火対象物の区分			特	令第21条 a 一般	b 地階または無窓階	c 地階，無窓階，3階以上の階	d 地階または2階以上	e 11階以上の階	f 通信機器室	g 道路の用に供する部分	h 指定可燃物
(1)	イ	劇場，映画館，演芸場，観覧場	特	延面積300㎡以上		床面積300㎡以上	駐車場の用に供する部分の床面積200㎡以上（但し駐車する全ての車両が同時に屋外に出ることができる構造の階を除く）	11階以上の階全部	床面積500㎡以上	床面積が屋上部分600㎡以上、それ以外の部分400㎡以上	危政令別表第4で定める数量の500倍以上を貯蔵し又は取り扱うもの
(1)	ロ	公会堂，集会場	特	延面積300㎡以上							
(2)	イ	キャバレー，カフェ，ナイトクラブ等	特	300	床面積100㎡以上						
(2)	ロ	遊技場，ダンスホール	特	300							
(2)	ハ	性風俗関連特殊営業店舗等	特	300							
(2)	ニ	カラオケボックス，インターネットカフェ，マンガ喫茶等	特	全部							
(3)	イ	待合，料理店等	特	300	100						
(3)	ロ	飲食店（レストラン，喫茶店など）	特	300							
(4)		百貨店，マーケット，店舗，展示場等	特	300							
(5)	イ	旅館，ホテル，宿泊所等	特	全部							
(5)	ロ	寄宿舎，下宿，共同住宅		500							
(6)	イ	病院，診療所，助産所	特	全部※1							
(6)	ロ	老人短期入所施設，有料老人ホーム（要介護）等	特	全部※1							
(6)	ハ	有料老人ホーム（要介護を除く），保育所等	特	全部※1							
(6)	ニ	幼稚園，特別支援学校	特	300							
(7)		小，中，高，大学，専修学校等		500							
(8)		図書館，博物館，美術館等		500							
(9)	イ	蒸気・熱気浴場等	特	200							
(9)	ロ	イ以外の公衆浴場		500							
(10)		車両の停車場，船舶，航空機の発着場		500							
(11)		神社，寺院，教会等		1000							
(12)	イ	工場，作業場		500							
(12)	ロ	映画スタジオ，テレビスタジオ		500							
(13)	イ	自動車車庫，駐車場		500							
(13)	ロ	飛行機等の格納庫		全部							
(14)		倉庫		500							
(15)		前各項に該当しない事業場		1000							
(16)	イ	特定用途部分を有する複合用途防火対象物	特	300	※5						
(16)	ロ	イ以外の複合用途防火対象物		※2							
(16の2)		地下街	特	300※3							
(16の3)		準地下街	特	※4							
(17)		重要文化財等		全部							

㊙　特定防火対象物 (略して特防) に指定されている防火対象物です。
　　特定防火対象物
　　　デパートや劇場など, 不特定多数の者が出入りする防火対象物で, 火
　　災が発生した場合に, より人命が危険にさらされたり延焼が拡大する恐
　　れの大きいものをいいます。
(※1)　6項イ・ハで, 利用者を入居または宿泊させないものは延べ面積300
　　　　m² 以上の場合に設置します。
(※2)　前頁の表の1項から15項までのうち, それぞれの床面積の合計が規
　　　　定の面積 (「一般」の欄に記してある数値) に達している場合は, その
　　　　用途部分について設置します。
(※3)　2項ニ, 5項イ, 6項ロ, 6項イ・ハ(利用者を入居・宿泊させるも
　　　　の) の用途部分はすべてに設置します。
(※4)　延べ面積が500 m² 以上で, かつ特定用途に供される部分の床面積の
　　　　合計が300 m² 以上の場合に設置します。
(※5)　2項 (ニを除く), 3項, 16項イの地階, 無窓階 (16項イの場合は
　　　　2項, 3項のあるもの) で, 床面積 (16項イの場合は2項, 3項の用に
　　　　供する床面積の合計) が100 m² 以上の場合に設置します。
・複合用途防火対象物
　　前頁の表の1項から15項までの用途のうち, 異なる2以上の用途を含む
　防火対象物, いわゆる「雑居ビル」のことをいいます。
・地下街
　　地下の工作物内に設けられた店舗, 事務所その他これらに類する施設で,
　連続して地下道に面して設けられたものと, それらを結ぶ地下道とを合わ
　せたものをいいます。
・準地下街
　　建築物の地階 (ただし, 特定用途の場合に限る) で複数連続して地下道に
　面して設けられているものと, その地下道を合わせたものをいいます。

(注1)　6項のニの幼稚園などは特定防火対象物ですが, 7項の小, 中,
　　　　高校などは特定防火対象物ではありませんので間違わないように!
(注2)　9項のイの蒸気, 熱気浴場は特定防火対象物ですが, ロの一般の
　　　　公衆浴場は特定防火対象物ではありませんので, これも間違わない
　　　　ように!

自動火災報知設備の設置義務

(1)　自動火災報知設備の設置義務がある防火対象物（令第21条）

　　自動火災報知設備を設置しなければならない設置対象については，大きく分けて一般の防火対象物と危険物施設に分かれます。

　　一般の防火対象物についてはP.116の表のようになっており，原則として，それぞれのケース（表の上の部分に記してあるa欄やb欄などに示してあるもの）において，ある決められた床面積以上のときに設置します。(e, hは除く)

　　その詳細については，消防法施行令に規定されていますが，なにぶん複雑多岐にわたりますので，ここでは要点をまとめる形で説明したいと思います。

｜1．防火対象物による制限｜　（表の「a」の欄参照）

① 特定防火対象物の場合

　　原則として，延べ面積 300 m² 以上の場合に設置。

〔例外〕

蒸気，熱気浴場等（9項イ）	200 m² 以上（⇒強化している）
特定用途部分を含む複合用途防火対象物（16項イ）	全体の延べ面積が 300 m² 以上
・カラオケボックスなど（2項ニ） ・旅館，ホテル等（5項イ） ・病院，診療所等（6項イ）のうち入院施設のあるもの ・要介護の老人ホーム等（6項ロ） ・要介護除く老人ホーム等（6項ハ）のうち宿泊施設のあるもの	全てに設置

② 非特定防火対象物の場合

　　原則として，延べ面積 500 m² 以上の場合に設置。

〔例外〕

教会，神社（11項） 事務所など（15項）	1000 m² 以上（⇒緩和している）

格納庫（13項ロ） 重要文化財等（17項）	全てに設置

2．階数による制限

　　防火対象物の延べ面積ではなく，次のように，階数によっても設置義務
が生じる場合があります。

① 　地階，無窓階，または3階以上10階以下の階

　　原則として300 m² 以上の場合に設置（表の「c」）。

〔例外〕

地階，無窓階に次の2項(ニを除く)，3項の防火対象物がある場合（16項イの複合用途防火対象物に存する場合を含む）（表の「b」）。 ・2項イ：キャバレー，ナイトクラブ等 ・2項ロ：遊技場，ダンスホール ・2項ハ：性風俗関連店舗等 ・3項イ：待合，料理店等 ・3項ロ：飲食店	100 m² 以上の場合に（その階全体に）設置

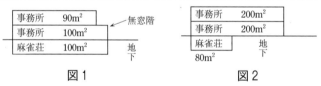

図1　　　　　　　　　図2

ア　図1の場合

　　延べ面積は 290 m² と 300 m² 未満なので，全階には不要です。しかし，
地階の麻雀荘は2項ロの遊技場に該当するので，上記〔例外〕より，こ
の階だけに設置義務が生じます。

イ　図2の場合

　　この場合，麻雀荘は地階にあっても 100 m² に満たないので①の〔例外〕
には該当しないのですが，延べ面積が 300 m² 以上なので，前項1の①の
〔例外〕よりこの麻雀荘を含めて全体に設置義務が生じます。

ウ　図1の無窓階について

　　無窓階については，300 m² 以上の場合に設置義務が生じるので，図の
無窓階には設置義務は生じません。

② 　11階以上の階（表の「e」参照）

　　全て設置（面積に関係なく）←強化している

3．その他特殊な場合 （次の条件の時に設置します）

① 地階または２階以上に設けられた車庫，駐車場（表の「ｄ」）
　　200 ㎡ 以上（１階の場合は１の②で 500 ㎡ 以上）

② 防火対象物内の道路（表の「ｇ」）
　　400 ㎡ 以上（屋上の場合は 600 ㎡ 以上）

③ 通信機器室（表の「ｆ」）
　　500 ㎡ 以上

④ 準地下街（16 の３）
　　延べ面積が 500 ㎡ 以上で特定用途部分が 300 ㎡ 以上の場合。

⑤ （※）指定可燃物を貯蔵又は取り扱う防火対象物（表の「ｈ」）
　　危政令別表第４で定める数量の 500 倍以上を貯蔵又は取り扱う場合
　　（注）　(2)の危険物施設の指定数量（P.124 の表）と混同しないように！

> #### （※）指定可燃物
> 　火災が発生した場合にその拡大が速（すみ）やかであり，または消火の活動が著しく困難になるものとして政令で定めたものをいいます。

⑥ 特定１階段等防火対象物（令第 21 条）
　　全て設置
　　特定１階段については，すでに P.67 で説明しましたが，法令の条文的に説明すると「特定用途に供される部分が（※）避難階以外の階（１階，２階を除く）に存するもので，当該避難階以外の階から避難階，または地上に直通する階段が２（屋外階段，特別避難階段，消防庁長官が定める告示に該当する屋内避難階段にあっては１）以上設けられていない防火対象物」ということになります。

> #### （※）避難階
> 　（他の階を経由することなく）直接地上に到達する出入口がある階のことで，通常は１階と呼ばれている部分が該当します。

⇒ つまり，右の図でいうと，
　地階または３階以上に特定用途部分があり，屋内階段が1つしかない場合には，その用途に関わらず自動火災報知設備の設置義務が生じる，というこ

階段	３階（特定用途部分）
	２階
	１階
	地階（特定用途部分）

とです (ただし, その階段が屋外階段などの場合は, 自動火災報知設備の設置義務はありません。)

以上をまとめると, 次のようになります。

自動火災報知設備の設置義務

	防火対象物	自動火災報知設備の設置義務が生じる面積	表の欄
①特防と特防以外	(ア)特定防火対象物 (特定用途を含む複合用途防火対象物も含む)	原則　　　　　　　　　　　　　：300 m² 以上 〔例外〕 蒸気, 熱気浴場 (サウナ)　　：200 m² 以上 マンガ喫茶, カラオケボックス等：全て設置 旅館, ホテル等　　　　　　　：全て設置 病院, 診療所等のうち入院施設の：全て設置 　　　　　　　　　　　あるもの (要介護の) 有料老人ホーム等　：全て設置 (要介護除く) 老人ホーム等の　：全て設置 うち宿泊施設のあるもの	a
	(イ)非特定防火対象物	原則　　　　　　　　　　　　　：500 m² 以上 〔例外〕 格納庫, 重要文化財等　　　：全て設置 教会, 神社および事務所等：1000 m² 以上	
②階数による制限	(ア)地階, 無窓階 3 階以上 10 階以下	原則　　　　　　　　　　　　　：300 m² 以上 〔例外〕 地階, 無窓階のキャバレー, ：100 m² 以上 遊技場, 料理店等	c b
	(イ)11 階以上の階	全て設置 (面積に関係なく設置)	e
③その他	(ア)地階又は 2 階以上にある車庫, 駐車場	200 m² 以上	d
	(イ)防火対象物内の道路	400 m² 以上 (屋上の場合は 600 m² 以上)	g
	(ウ)通信機器室	500 m² 以上	f
	(エ)準地下街	延べ面積が 500 m² 以上で 特定用途が 300 m² 以上	16 の 3
	(オ)指定可燃物を貯蔵または取り扱う防火対象物	危政令別表第 4 で定める数量の 500 倍以上	h

こうして覚えよう！　＜自動火災報知設備の設置義務＞

　前頁の表を，次のように数値の小さい方から順に並べ変えると覚えやすいと思います。

自動火災報知設備の設置義務（面積の小さい順）

面積（原則）	防火対象物	前頁の表の番号
全て設置	・カラオケボックス，マンガ喫茶等（２項ニ）	①の(ｱ)
	・旅館，ホテル等（５項イ）	①の(ｱ)
	・病院，診療所等（６項イ）のうち入院施設のあるもの	①の(ｱ)
	・要介護の老人ホーム等（６項ロ）	①の(ｱ)
	・要介護除く老人ホーム等（６項ハ）のうち宿泊施設のあるもの	①の(ｱ)
	・格納庫,重要文化財等(13項ロ,17項)	①の(ｲ)
	・11階以上の階	②の(ｲ)
	・特定１階段等防火対象物	
100 m² 以上	・**地階，無窓階**のキャバレー，遊技場,料理店等（２項（ニを除く）等）	②の(ｱ)
200 m² 以上	・蒸気，熱気浴場（９項イ）	①の(ｱ)
	・地階又は２階以上にある車庫，駐車場	③の(ｱ)
300 m² 以上（重要）	・特定防火対象物	①の(ｱ)
	・特定用途を含む複合用途防火対象物	〃
	・地階,無窓階,３階以上10階以下	②の(ｱ)
400 m² 以上	・防火対象物内の道路（屋上は600 m² 以上）	③の(ｲ)
500 m² 以上	・特定防火対象物以外	①の(ｲ)
	・通信機器室	③の(ｳ)
	・準地下街（但し特定用途が300m² 以上）	③の(ｴ)
1000 m² 以上	・教会,神社,事務所等（11, 15項）	①の(ｲ)

こうして覚えよう！　＜自動火災報知設備の設置義務＞

（300 m² 以上で設置義務があるもの）

ミレー　（の絵）は 特 に 無 　知 な
300 m² 以上　　　　　特防　無窓階 地階

父　さんが拭く
10階　3階　複合（特定含む）

(2) 自動火災報知設備の設置義務がある危険物施設 <small>(危規則38条)(参考資料)</small>

　P.75「危険物施設の警報設備」では指定数量が**10倍以上**の危険物製造所等（移動タンク貯蔵所を除く）には**警報設備**が必要である，ということを説明しましたが，危険物製造所等の中でも次の危険物施設には**自動火災報知設備**の設置が義務づけられています。

自動火災報知設備の設置義務がある危険物施設（参考資料）

区分	自動火災報知設備の設置義務が生じる場合
製造所または一般取扱所	(ア)　高引火点危険物を 100℃ 未満で取り扱う場合 　　　延べ面積が 500 m² 以上 (イ)　その他の場合 　　　指定数量が **100倍以上**で屋内にあるもの
屋内貯蔵所	①　指定数量が 100 倍以上のもの（高引火点危険物を貯蔵，または取り扱う場合を除く） ②　軒高が 6 m 以上の平屋建てのもの
屋外タンク貯蔵所	岩盤タンクに係るもの
屋内タンク貯蔵所	タンク専用室を平屋建て以外の建築物に設けるもので引火点が 40 度以上 70 度未満の危険物に係るもの
給油取扱所	①　1 階の一方のみが開放されているもの ②　上部に上階があるもの

(3)　自動火災報知設備を省略できる場合

次のいずれかの設備を設置した場合には，その有効範囲内において自火報を省略することができます。

スプリンクラー設備 水噴霧消火設備 泡消火設備	(いずれも総務省令で定める閉鎖型スプリンクラーヘッドを備えているものに限る。)

ただし，次の場合にはこれらが設置してあっても自火報の省略はできません。

① 特定防火対象物

② 地階，無窓階および 11 階以上の階

③ 煙感知器など (熱煙複合式スポット型感知器, 炎感知器含む) の設置義務がある所 (P. 218 参照)

など。

特定防火対象物に総務省令で定める閉鎖型スプリンクラーヘッドを備えているスプリンクラー設備等を設置しても，その有効範囲内において，<u>自動火災報知設備の設置を省略することはできない</u>

例 題　消防法令上, 標示温度が 75℃ の閉鎖型スプリンクラーヘッドを備えているスプリンクラー設備を設置してもその有効範囲内の部分について, 自動火災報知設備の設置を省略することのできない防火対象物は, 次のうちいくつあるか。

A　高等学校　　B　ホテル　　C　15 階建て事務所ビルの 12 階部分
D　工場の廊下　　E　倉庫の荷下ろし作業場　　F　図書館の書棚
(1)　1 つ　　(2)　2 つ　　(3)　3 つ　　(4)　4 つ

解説

B のホテルは①に該当し, C は②に該当し, D は煙感知器の設置義務があるところなので, 自動火災報知設備を省略することはできません (B, C, D の 3 つ)。

(答)　(3)

ガス漏れ火災警報設備の設置義務 <small>(令第21条の2)</small>

　ガス漏れ火災警報設備の設置が義務づけられている防火対象物は，次のとおり地下に限られています（地下に限られているのは，それだけガスが滞留しやすく爆発の危険性が高いからです）。

① 特定防火対象物の地階で，床面積が 1000 m² 以上のもの。

② 特定用途部分を有する複合用途防火対象物の地階のうち，床面積が 1000 m² 以上あって，かつ特定用途に供する部分の床面積の合計が 500 m² 以上のもの。

③ 延べ面積が 1000 m² 以上である地下街。

④ 延べ面積が 1000 m² 以上の準地下街で，特定用途に供する部分の床面積の合計が 500 m² 以上のもの。

⑤ 内部に温泉採取のための設備が設置されている建築物その他の工作物で総務省令で定めるもの（収容人員が一人未満のものは除く）。

● ただし，これらの防火対象物でも，燃料用ガスを使用していない場合（または，可燃性ガスが自然発生するおそれがあるとして指定されていない場合）は設置義務が生じません。

ガス漏れ火災警報設備の設置義務

防火対象物	設置義務が生じる面積
・地下街 ・特定防火対象物の地階	床面積 1000 m² 以上（地下街は延べ面積）
・準地下街 ・特定用途部分を有する複合用途防火対象物の地階	床面積 1000 m² 以上，かつ 特定用途部分の床面積が 500 m² 以上のもの
・温泉採取設備が設置されているもの	すべて

問題にチャレンジ！
（第2編・第2章　法令の類別部分）

<自動火災報知設備の設置義務　→P.118>

【問題1】　次の防火対象物のうち，すべて特定防火対象物として指定されている組み合わせはどれか。

(1)　キャバレー・寺院・倉庫

(2)　公会堂・診療所・地下街

(3)　料理店・中学校・旅館

(4)　マーケット・工場・飲食店

　　P.116の表より，特定防火対象物に指定されていない防火対象物は，(1)は寺院・倉庫，(2)はなし，(3)は中学校，(4)は工場，となるので，(2)が正解です。

【問題2】　次の防火対象物と延べ面積の組み合わせにおいて，自動火災報知設備を設置する必要があるものはどれか。ただし，地階，無窓階にあるものを除く。

(1)　図書館で，延べ面積が400 m²のもの

(2)　キャバレーで，延べ面積が200 m²のもの

(3)　神社で，延べ面積が900 m²のもの

(4)　地下街で，延べ面積が500 m²のもの

　　P.116の表より，自動火災報知設備を設置する必要がある延べ面積は，図書館が500 m²以上，キャバレーは300 m²以上（地階，無窓階にある場合は100 m²以上），神社は1000 m²以上，地下街は300 m²以上となっているので，(4)の地下街に設置する必要があります。

解　答

解答は次ページの下欄にあります。

【問題3】　自動火災報知設備を設けなくてよいのは，次のうちどれか。

ただし，地階，無窓階および煙感知器などの設置義務がある場所は除く。

(1)　床面積が 500 m² の通信機器室

(2)　重要文化財に指定されている建物で，延べ面積が 200 m² のもの

(3)　23 階建ての事務所ビルの 11 階部分

(4)　延べ面積が 1000 m² の平屋建ての倉庫に閉鎖型のスプリンクラーヘッドを用いたスプリンクラー設備が設置してある場合のその有効範囲内

　　(1)　通信機器室の場合，500 m² 以上の場合に設置義務が生じます。(2)　重要文化財は飛行機等の格納庫と同様，床面積に関わらず設置義務があります。(3)　11 階以上の階も床面積に関わらず設置義務があります。(4)　閉鎖型のスプリンクラーヘッドを用いたスプリンクラー設備か水噴霧消火設備または泡消火設備のいずれかを設置した場合には，その有効範囲内の部分について自火報を省略することができますが，次の場合にはこれらが設置してあっても自火報の省略はできないことになっています。

①　特定防火対象物

②　地階，無窓階および 11 階以上の階

③　煙感知器など（熱煙複合式スポット型感知器, 炎感知器含む）の設置義務がある所（⇒特定防火対象物, 共同住宅, 工場などの通路等⇒(P. 218 の表)）

など。

　　従って，(4)は 500 m² 以上の倉庫ですが，閉鎖型のスプリンクラーヘッドを用いたスプリンクラー設備が設置してある**非特定防火対象物**であり，また②③の条件にも該当しないので設置が省略できます（工場等の通路なら省略不可）。

【問題4】　次のうち，延べ面積にかかわらず自動火災報知設備を設置しなければならない防火対象物はいくつあるか。

A　カラオケボックス

B　ホテル

C　病院（入院施設あり）

D　特別養護老人ホーム（宿泊施設あり）

E　回転翼航空機の格納庫

解　答

【問題 1】 …(2)　　　　　　　　　　　【問題 2】 …(4)

(1)　2つ　　(2)　3つ　　(3)　4つ　　(4)　5つ

【解説】

A　2項ニの防火対象物なので，設置する必要があります。

B　5項イの防火対象物なので，設置する必要があります。

C　6項イの防火対象物で入院施設があれば，設置する必要があります。

D　6項ロの防火対象物なので，設置する必要があります。

E　ヘリコプターの格納庫は13項ロなので，設置する必要があります。

従って，全て設置する必要があります。

【問題5】　次の複合用途防火対象物において，自動火災報知設備を設置する必要があるものはどれか。

(1)　特定用途部分を含まない，延べ面積が240 m² の複合用途防火対象物の地階にある床面積が80 m² の倉庫。

(2)　特定用途部分を含む，延べ面積が400 m² の複合用途防火対象物の全階。

(3)　特定用途部分を含む，延べ面積が290 m² の複合用途防火対象物の1階（無窓階）にある床面積が190 m² の倉庫。

(4)　特定用途部分を含まない，延べ面積が660 m² の複合用途防火対象物の4階にある床面積が280 m² の共同住宅。

【解説】

　まず，特定用途部分を含む複合用途防火対象物の場合，延べ面積が300 m² 以上なら全階に設置する必要があります。従って，(2)が正解となります。

　(3)は延べ面積が300 m² 以下であり，また，無窓階にある倉庫の場合，P. 119 の「2．階数による制限」の①に該当し，300 m² 以上でないと設置義務が生じないので，従って190 m² では設置する必要はありません。

　(1)と(4)については，特定用途部分を含まない複合用途防火対象物なので，延べ面積ではなく各用途部分の床面積で判断します。それでいくと，(1)の地階にある倉庫の場合，「2．階数による制限」の①に該当し，300 m² 以上の場合に設置義務が生じるので，従って，80 m² では設置する必要はありません。一方，(4)の4階にある共同住宅の場合も，「2．階数による制限」の①に該当し（3階以上），300 m² 以上でないと設置義務が生じないので，従って，280

解　答

【問題3】…(4)

m² の共同住宅では設置する必要はありません。

　なお，⑵のケースを具体例で表すと，次のようなビルになります。

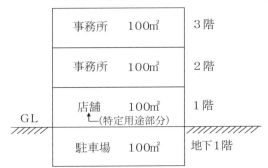

　この場合，無窓階という条件が加えられていても，全体の延べ面積が300
m² 以上という条件をクリアしているので，全階に設置義務が生じます。

【問題6】　地階を除く階数が11以上である防火対象物に自動火災報知設備を設
置する場合について，次のうち消防法令上正しいものはどれか。
⑴　11階以上の階には，その用途，床面積の大小にかかわらず，自動火災報
　知設備の設置が必要である。
⑵　11階以上の階を有する防火対象物の用途が事務所で，延べ面積が1000 m²
　未満の場合には，11階以上の階に自動火災報知設備の設置義務はない。
⑶　複合用途防火対象物の11階以上の階にホテルがある場合は，その床面積
　の合計が300 m² 以上ある場合に限って，自動火災報知設備の設置が必要で
　ある。
⑷　複合用途防火対象物の11階以上の階に共同住宅がある場合は，その床面
　積の合計が500 m² 以上ある場合に限って，自動火災報知設備の設置が必要
　である。

⑴　11階以上の階には，その用途，床面積の大小にかかわらず，自動火災報
　知設備の設置義務が生じます。

解　答
【問題4】…⑷　　　　　　　　　　【問題5】…⑵

【問題7】　図の地下1階，地上2階建ての複合用途防火対象物において，自動火災報知設備を設置する必要がある階として，正しいのは次のうちどれか。

(1)　全階

(2)　1階

(3)　2階

(4)　なし

事務所	100m²	2階
飲食店	100m²	1階
倉庫	90m²	地下

　問題5の解説より，特定用途部分を含む複合用途防火対象物の場合，延べ面積が300 m² 以上なら全階に設置する必要がありますが，このビルの場合は290 m² なので，その必要はありません。そこで各階ごとに見ていくと，(1)地階にある倉庫の場合は「2．階数による制限」の①（P.119 参照）に該当し，300 m² 以上でないと設置義務が生じないので，従って 90 m² では設置する必要はありません。(2)1階にある飲食店の場合は1階なので「2．階数による制限」は関係ありません。従って，P.118 の「1．防火対象物による制限」で判断します。それでいくと，飲食店は特定防火対象物ですから 300 m² 以上でないと設置義務が生じないので，よって 100 m² では設置する必要はありません。(3)2階にある事務所の場合はこれも「階数による制限」は関係ないので，「1．防火対象物による制限」で判断します。それでいくと，事務所は 1000 m² 以上でないと設置義務が生じないので，よって，これも 100 m² では設置する必要はありません。従って，全階とも設置する必要がない，ということになります。

【問題8】　自動火災報知設備の設置を必要とする床面積の基準について，次のうち誤っているのはどれか。

| 防火対象物 | 延べ面積 |
(1)　ダンスホール　　200 m² 以上の場合に設置
(2)　地階にある駐車場　200 m² 以上の場合に設置
(3)　事務所　　1000 m² 以上の場合に設置
(4)　準地下街　　500 m² 以上の場合に設置（但し，特定用途が300 m² 以上）

【解　答】

【問題6】　…(1)

〔解説〕

　ダンスホールはキャバレーや遊技場と同じく令別表第 1 の 2 項に属し，床面積が 300 m² 以上の場合に設置義務が生じます。(他は P. 121 の表を参照)

【問題 9】　次の文中の（　）内に当てはまる消防法令上の基準値として，正しいものはどれか。

　「消防法施行令別表第 1 に掲げる建築物の地階，無窓階又は 3 階以上の階で，床面積が（　）以上のものには，原則として，自動火災報知設備を設置するものとする。」

(1)　200 m²
(2)　300 m²
(3)　400 m²
(4)　500 m²

〔解説〕

　P. 119 の 2. 階数による制限より，原則として，地階，無窓階又は 3 階以上の階で，床面積が 300 m² 以上の場合には，自動火災報知設備を設置する必要があります。

　ただし，令別表第 1 第 2 項（キャバレー，ダンスホールなど），第 3 項（料理店，飲食店など）の防火対象物が地階，無窓階にある場合は，100 m² 以上で設置義務が生じます，

　また，11 階以上の階は面積にかかわらず，すべて設置する必要があります。

＜ガス漏れ火災警報設備の設置義務　→P. 126＞

【問題 10】　ガス漏れ火災警報設備の設置が義務づけられている防火対象物とその延べ面積の基準について，次の A～D のうち誤っているのはいくつあるか。ただし，いずれも燃料用ガスを使用しているものとする。

解　答

【問題 7】…(4)　　　　　　　　　【問題 8】…(1)

	防火対象物	延べ面積
A	特定防火対象物の地階	1000 m² 以上
B	特定用途部分を有する複合用途防火対象物の地階	1000 m² 以上あって，かつ特定用途に供する部分の床面積の合計が 500 m² 以上
C	地下街	1000 m² 以上
D	準地下街	1000 m² 以上で，特定用途に供する部分の床面積の合計が 500 m² 以上のもの。

(1) なし　　(2) 1つ　　(3) 2つ　　(4) 3つ

P.126 の表参照

【問題 11】　次の防火対象物のうち，ガス漏れ火災警報設備を設置する義務があるものはどれか。ただし，いずれも都市ガスなど燃料用ガスを使用しているものとする。

(1) 延べ床面積が 1100 m² の地下街で，飲食店など特定用途に供する部分の床面積の合計が 300 m² のもの。

(2) 床面積が 1600 m² の複合用途防火対象物の地階で，飲食店など特定用途に供する部分の床面積の合計が 400 m² のもの。

(3) 延べ床面積が 900 m² の準地下街で，飲食店など特定用途に供する部分の床面積の合計が 600 m² のもの。

(4) 床面積が 800 m² のデパートの地階で，飲食店など特定用途に供する部分の床面積の合計が 550 m² のもの。

前問の表参照。(1)　地下街の場合，特定用途に供する部分に関係なく，延べ床面積が 1000 m² 以上の場合に設置義務が生じるので，よって正しい。(2) 複合用途防火対象物の地階の場合，床面積が 1000 m² 以上あって，かつ特定用途に供する部分の床面積の合計が 500 m² 以上の場合に設置義務が生じるので，よって 400 m² ではその基準に達しておらず，設置義務は生じません。(3)　準

解　答

【問題 9】 …(2)

地下街の場合, 延べ床面積が 1000 m² 以上で, かつ特定用途に供する部分の床面積の合計が 500 m² 以上の場合に設置義務が生じるので, 延べ床面積 900 m² ではその基準に達しておらず, よって設置義務は生じません。(4)　デパートなどの特定防火対象物の地階の場合, (1)の地下街と同様, 特定用途に供する部分に関係なく, 床面積が 1000 m² 以上の場合に設置義務が生じるので, よって 800 m² では設置義務は生じません。

【問題 12】　消防法令上, ガス漏れ火災警報設備を設置しなければならない防火対象物又はその部分は, 次のうちどれか。
(1)　地下街で, 延べ面積が 880 m² のもの
(2)　準地下街で, 延べ面積が 600 m² のもの
(3)　飲食店の地階で, 床面積の合計が 1000 m² のもの
(4)　複合用途防火対象物で, 地階の床面積の合計が 400 m² のもの

　　前問の解説(4)より, 特定防火対象物の地階の床面積が 1000 m² 以上の場合に設置義務が生じるので, (3)が正解です。

　　なお, ガス漏れ火災警報設備と自動火災報知設備の関係ですが, 自動火災報知設備が設置してあるからといって, その部分のガス漏れ火災警報設備の設置が免除される, ということは当然ありません。
　　ガス漏れ火災警報設備の設置が義務づけられている防火対象物であれば, 基準どおり設置する必要があるので念のため。

解　答
【問題 10】…(1)　　　　　　　　【問題 11】…(1)　　　　　　　　【問題 12】…(3)

規格に関する部分

規格も含めた構造, 機能全般について解説しています。

第1章

自動火災報知設備（規格）

1. 規格として見た場合，まず，**受信機**と**感知器**に重点を置く必要があります。受信機では，「その主な機能」や「信号を受信したときの状態」，及び「表示灯」に関する出題が多く見られます。また，感知器では**定温式**に重点を絞り，その次に**差動式分布型**，**差動式スポット型**などの**熱感知器**を優先的に学習するとよいでしょう。また，意外に多いのが**発信機**に関する出題で，規格全体の約15%を占めています。

   これらを重点的に学習するとともに，**電源**，**中継器**，**受信機の付属装置**，**ガス漏れ火災警報設備**なども，おおよそ2回に1回の割合で出題されているので，これらにも十分注意が必要です。

2. 個々についてはそのほか，差動式感知器の「リーク孔」，定温式スポット型感知器の「バイメタル」などの働き，発信機では「1級と2級の違い」，受信機では「各受信機に共通の構造・機能」，および「各受信機に共通に用いる部品の構造・機能」，「1級と2級，および3級との違い」，「R型（アナログ式含）の機能」，ガス漏れ火災警報設備では「検知方式や警報方式に関する記述」などが特に重要です。

3. 法令的には「規格省令」や消防庁の「告示」などから出題されるので，それらの法令集なども適宜参照しながら学習を進めていくことが，理解をより深める上での重要なポイントになります。

【自動火災報知設備の概要】

　自動火災報知設備とは，簡単にいうと，火災時に発生した熱や煙などを感知器が感知してその信号を受信機に送り，非常ベルや受信機内にあるブザーなどを鳴らすというものです（感知器が感知する代わりに，人がボタン〜発信機という〜を押す場合もある）。

　図で表すと，下図のようになります。

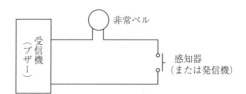

自動火災報知設備の原理

　言うなれば，感知器（または発信機）とはスイッチであり，そのON，OFFによって非常ベルが鳴るものと思えばよいでしょう。

　その感知器ですが，火災時の熱を感知するのを熱感知器，煙を感知するのを煙感知器，そして炎を感知するのを炎感知器と言います。

　一方，受信機にもその用途や性能によって，P型，R型，G型などと呼ばれる種類があります。

　その他，受信機と感知器の間に設けて信号を中継する中継器や火災の発生を表示する表示灯，および火災の発生をその防火対象物の関係者に報知する音響装置などがあります。

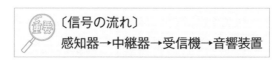

〔信号の流れ〕
感知器→中継器→受信機→音響装置

　煙感知器について一言。当たり前じゃが，熱感知器は煙では作動せず（⇒タバコの煙を吹きかけても作動しない），煙感知器は，熱には一切反応しないので，念のため。

感知器

感知器には熱感知器，煙感知器，炎感知器があると言いましたが，その各々にも次の表のような種類があります。

感知器の種類

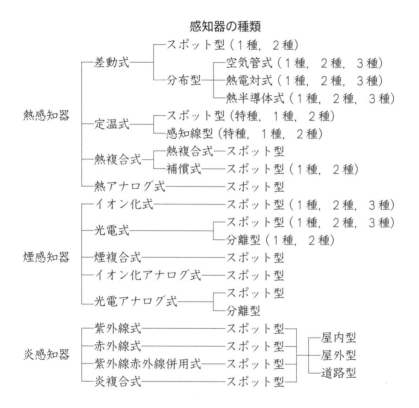

ちなみに，感知器に表示すべき主な事項は，次のように定められています。

- ・差動式スポット型などの別と感知器という文字
- ・種別を有するものにあっては，その種別
- ・公称作動温度（定温式感知器のみ）
- ・型式および型式番号　　　　・取扱方法の概要
- ・製造事業者の氏名または名称　・製造年（⇒「月日」は不要）
- ……など（⇒定格電圧や定格電流はないので，注意！⇒出題例あり）。

1－1 熱感知器

(1) 差動式

　差動式とは，感知器の周囲の温度が上昇する時，その上昇する割合がある一定の値以上になった時に作動する方式の感知器です。

　たとえば，スポット型の1種の場合，「1分間で室温が10度高くなるような状態が続いた時，4分半以内で作動しなければならない。」というような具合です（温度差で動くから差動式といいます）。

　その差動式には**スポット型**と**分布型**があります。

　スポット型というのはスポットという名前が示す通り，ある部分（法律的にはこれを「一局所」という）のみの熱の変化を感知する方式で，それとは反対に分布型というのは，広範囲の熱の変化を感知して作動する方式のことをいいます。

```
差動式 ─┬─ スポット型
        │         ┌─ 空気管式
        └─ 分布型 ─┼─ 熱電対式
                   └─ 熱半導体式
```

【差動式スポット型感知器】

　定義としては，

　『周囲の温度の上昇率が一定の率以上になった時に**火災信号***を発信するもので，**一局所の熱効果によって作動するもの**』

となります。（*一般的には火災信号ですが，アナログ式は火災情報信号になる）

　このスポット型には，空気の膨張を利用したものと，温度検知素子を利用したもの，および熱起電力を利用したものがあります。

1. 空気の膨張を利用したもの

（写真⇒P. 310, A）

（注：感知器裏面のリーク孔を矢印で示して，どんな時，どんな働きをするか，という写真による出題例が鑑別であります。答は次頁「●リーク孔について」の1～2行目の下線部です。）

接点　　配線　　⊕
　　　　　　　リーク孔
　　　　　　　⊖
空気室　*感熱室ともいう
ダイヤフラム
（空気の膨張によって押し上げられる）

差動式スポット型（空気の膨張を利用したもの）

熱感知器

　図からも分かるように，配線の一方（図では上の配線）を本体に固定した接点に接続し，もう一方の配線はダイヤフラムという膨張収縮可能な膜に設けた接点に接続したものです。

　火災が発生すると空気室内の空気が暖められて膨張し，ダイヤフラムが押し上げられます。そして接点が接触すると回路を閉じて火災信号を受信機に送り，火災の発生を知らせる，というものです（空気室に**亀裂**が発生した場合は**遅報**や**不作動**，**凹み**が発生すると**非火災報**となる可能性があります）。

●リーク孔について

　この穴は火災ではない緩（ゆる）やかな温度上昇（暖房の熱など）があった場合，誤作動を防止するため，その空気の膨張分を逃がすための穴です。こうしておくと，日常的な温度上昇があっても「接点を閉じて誤った信号を送る」というような誤作動を防ぐことができるのです。

　逆に，火災時には温度の上昇が急激なため，空気の膨張分をリーク孔から逃がしきれずにダイヤフラムを押し上げ，接点を閉じて火災信号を発報する，というしくみになっています。

２．温度検知素子を利用したもの　（写真⇒P.310，B）

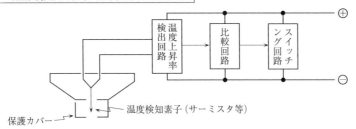

差動式スポット型（温度検知素子を利用したもの）

　温度が変化すると，その抵抗値が変化するという半導体（＝サーミスタなどの温度検知素子）を利用して温度上昇を検出するもので，温度上昇の割合が一定以上になると検出回路がそれを検出し，スイッチング回路を働かせて火災信号を受信機へ送る，というしくみになっています。

　暖房などの緩やかな温度上昇に対しては検出回路が働かないようになっています。

３．熱起電力を利用したもの

　これは，ゼーベック効果による熱起電力を利用するものです。

　ゼーベック効果というのは，鉄とコンスタンタンのような異なる金属の両端を互いに接触させておいて（この状態のものを「**熱電対**」といいます），そ

の接点間に温度差を与えると両金属間に起電力が生じる，という現象です。

　このうち，温度が高くなる方の接点を温接点，低くなる方を冷接点といいます。

　つまり，火災によって熱電対（正式には半導体熱電対という）の温接点が高温になると，冷接点との温度差によって起電力を生じ，リレーのコイルに電流が流れて接点が閉じ発報する，というしくみになっています。

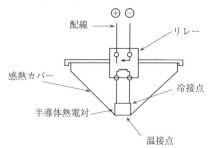

図1　差動式スポット型（熱起電力を利用したもの）

【差動式分布型感知器】

　定義としては，『周囲の温度の上昇率が一定の率以上になった時に火災信号を発信するもので，**広範囲の熱効果の累積によって作動するもの**』となっており，空気管式，熱電対式，熱半導体式があります。

1. 空気管式　（写真⇒P. 311，G）

これは，空気管という銅製のパイプを天井に張り巡らし（すなわち分布させ），広範囲の温度変化により火災を感知する方式です。

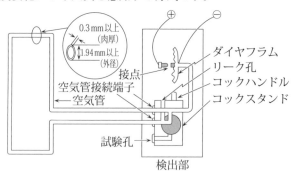

図2　差動式分布型（空気管式）

　原理としては，さきほどの差動式スポット型の空気膨張式（P. 138）の空気室を長いパイプに置き換えたものと思えばよいでしょう（熱で空気管内の空気が膨張⇨ダイヤフラムを押し上げ接点を閉じる。リーク孔の働きも同じ）。

＜規格＞　　　　　　　　　　　　　　　　　（規則第23条第4項）
① 　空気管の露出部分は，感知区域ごとに **20 m 以上**とすること（法令では下線部は「感知器」となっているので注意）＜①，②とも 重要 ＞
② 　空気管は，外径が **1.94 mm 以上**，肉厚が **0.3 mm 以上**であること。
③ 　空気管は，内径及び肉厚が均一であり，その機能に有害な影響を及ぼすおそれのある傷，割れ，ねじれ，腐食等を生じないこと。
④ 　リーク抵抗及び接点水高を容易に試験することができること。
⑤ 　空気管の漏れ及びつまりを容易に試験することができ，かつ，試験後試験装置を定位置に復する操作を忘れないための措置を講ずること。

空気管のまとめ

空気管の外径	1.94 mm 以上
空気管の肉厚	0.3 mm 以上
空気管1本の長さ	20m以上

コックスタンド

検出部

2．熱電対式　（写真⇒P. 311，H）

　これもスポット型の熱起電力を利用したものと同じく，熱電対の**ゼーベック効果**を利用したものです。次頁の図(a)のような熱電対を一定面積ごとに天井面に分布させ，火災によって急激に温度が上昇すると熱電対に発生した熱起電力（直流）によってメーターリレー，またはSCR（電子制御素子）が作動し，火災信号を発報（受信機に送信）します。

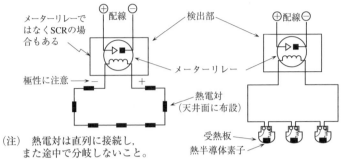

(a) 差動式分布型の原理（熱電対式）　(b) 差動式分布型の原理（熱半導体式）

　暖房などのゆるやかな温度上昇においては，熱起電力が小さいので作動しません。なお，感度は空気管式と同じです。

3. 熱半導体式 （上図(b)）

　これは半導体という物質を利用したものです。

　半導体というのは，温度が上昇するにつれて電気抵抗が小さくなる物質を言うのですが（普通の金属は，温度上昇とともに電気抵抗も上昇します），これを利用した熱半導体素子を一定面積ごとに天井面に分布させたものです。

　これもゼーベック効果を利用したもので，火災によって受熱板の温度が上昇すると熱半導体素子に温度差が生じて熱起電力を生じ，メーターリレーのコイルに電流が流れて接点が閉じ，火災信号を発報します。

　つまり，熱電対式の熱電対を熱半導体素子に代えただけで，動作はほとんど同じです。

(2) 定温式

　定義としては，

　『一局所の周囲温度が**一定の温度以上**になった時に**火災信号**を発信するもの』で，外観が電線状のものを感知線型といい，それ以外をスポット型といいます。

【定温式スポット型感知器】（写真⇒P.310, C～F）

　これには，バイメタルという温度の変化によってたわむ性質の金属を利用したものと，金属の膨張率の差を利用したもの，および半導体を利用したものなどがあります。

　ここではバイメタル式と金属の膨張式を説明します。

1．バイメタル式

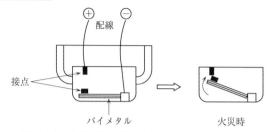

図1(a)　定温式スポット型（バイメタル式）

　バイメタルというのは，膨張率が著しく異なる2枚の金属板を張り合わせたもので，火災によって温度が上昇すると，金属の膨張率の差によってそのバイメタルが図のように（火災時の図）大きくたわみ，接点を閉じて火災信号を発報します。

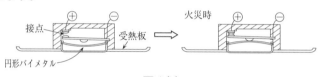

図1(b)

　バイメタルを使ったものにはこのほか，上の図のように円形のものもあります。この場合，バイメタルは温度上昇によって反転し（上に反り返り），接点を押し上げます。

2．金属の膨張式

　図のように外筒に膨張率の大きい金属（高膨張金属）を用い，内部金属板には膨張率の小さい金属（低膨張金属）を用いたものです。

　火災によって温度が上昇すると外筒の方が大きく膨張し，その結果，接点同士が接近して閉じ，火災信号を発報します。

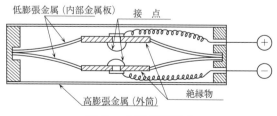

図2　金属の膨張式

【定温式感知線型感知器】

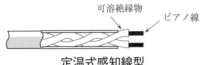

可溶絶縁物　ピアノ線

定温式感知線型

　図のように, 絶縁物で被覆されたピアノ線をより合わせただけのもので, 火災によってその絶縁物が溶けるとピアノ線が短絡して警報を発します。この感知器は, 一度作動すると再使用することはできない構造となっています。

> ☆　なお, 定温式感知器の**公称作動温度**（感知器が火災を感知する温度）は, 60℃ から 150℃ までであり, 60℃ から 80℃ までは 5℃ ごとに, 80℃ から 150℃ までは 10℃ ごとに設定値があります（⇒P. 226 参照）。

(3)　**熱複合式**

　複合式というのはその名が示すとおり, 二つの感知器の機能を併せ持ったものを言います。

　なぜこういうことをするかというと, 異なる二つの感知器の機能の長所短所を互いに補い合うことによって非火災報, つまり誤報をできるだけ少なくするためです。

　この異なる二つの感知器ですが, 言うなれば敏感な感知器と鈍感な感知器の組み合わせで, 最初の敏感な感知器の第一報では受信機のみの非常ベルが鳴り, そこに居る管理担当者だけに発報を知らせます。この時点ではまだ火災であるかどうかはわかりません。誤報の可能性もあるわけです。

　次に, 鈍感ではあるが確実な感知器からの第二報が入ると, 火災の発生が確実と判断し, 現地の非常ベルも鳴らして居住者などにも火災の発生を知らせる, というシステムになっているのです。

　その熱複合式には多信号機能を有するもの（異なる二つ以上の火災信号を発するもの）と有しないもの（二つの感知器で共通の一つの火災信号を発するもの）があり, 有しない方を補償式スポット型感知器と言い, ここではこれについて説明します。

【補償式スポット型感知器】(多信号機能を有しないタイプの感知器)

　図のように，ダイヤフラムの**差動式スポット型**と，金属の膨張タイプの**定温式スポット型**を合わせた構造となっています（定温式がバイメタル式の場合もあります）。

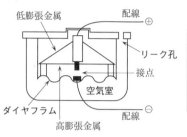

　　低膨張金属　　　配線　⊕

　　　　　　　　　　リーク孔

　　　　　　　　　　接点

　　　　　　空気室

ダイヤフラム　　　　配線　⊖

　　高膨張金属

注：図の太字の部分は差動
　　式スポット型と共通する
　　部分です。
　　バイメタルは一部の補
　償式にありますが，差動
　式には無いので要注意！

補償式スポット型（定温式が金属の膨張式の場合）

（注：バイメタルを用いたものは P. 191 の図を参照）

① 　周囲温度が急に上昇した場合

　　差動式スポット型の機能が働き，空気室の空気が膨張してダイヤフラムを押し上げ，接点を閉じて発報します。

② 　周囲の温度が緩慢に上昇した場合

　　空気の膨張が遅いので，ダイヤフラムを押し上げる前にリーク孔から逃げ，よって差動式の機能は働きません。

　　しかし，その上昇が長く続くと，定温式の高膨張金属が膨張して左右に伸び，上の接点が下に押し下げられて接点を閉じ発報をします。

　　つまり，**定温式スポット型**の機能が働くわけです。

(4)　熱煙複合式スポット型感知器

　「差動式スポット型感知器の性能または定温式スポット型感知器の性能」と「イオン化式スポット型感知器の性能または光電式スポット型感知器の性能」を併せ持つもので，多信号を発することができるもの。

(5)　熱アナログ式

　アナログ式の感知器はアナログ式の受信機と組み合わせて用いるもので，従来の感知器が一定の温度や煙濃度に達した時に初めて火災信号を発信した

のに対して，アナログ式は温度や煙濃度などが（※）一定の範囲内になった時にそれらの温度や煙濃度などの情報，すなわち火災情報信号を連続して発信できるようにした「進歩した」感知器のことです。

　したがって，火災表示信号を発信する前の段階での温度や煙濃度で「注意表示」をして音響装置を鳴動させ，係員などに異常が発生したことを報知するという，早期対応をとることができます（このアナログ式には他に煙感知器であるイオン化アナログ式と光電アナログ式もあります）。

> ### （※）一定の範囲内
> 　熱アナログ式の場合は公称感知温度範囲，煙感知器のアナログ式（イオン化アナログ式，光電アナログ式）の場合は公称感知濃度範囲で表します。

【熱アナログ式スポット型感知器】

　熱アナログ式にはこのスポット型しかありません。

① 定義

　『一局所の周囲の温度が一定の範囲内の温度になった時に当該温度に対応する火災情報信号を発信するもので，外観が電線状以外のもの』となっています。

② 公称感知温度範囲

　・上限値：60℃ 以上，165℃ 以下

　・下限値：10℃ 以上，「上限値 −10℃」以下

　で1℃ 刻みとなっています。

1−2　煙感知器

　火災時に生じる煙を感知して火災の発生を知らせるもので，その感知方式には**イオン化式**と**光電式**があります。

　また，それぞれには**蓄積型**と**非蓄積型**というのがあります。

　蓄積型というのは，煙がある濃度に達してもすぐには作動せず，その状態がある一定の時間続いた時に初めて作動するものをいい，

　非蓄積型というのは，煙がある濃度に達すると直ちに作動するものをいいます。

⑴　イオン化式

　イオン化式にはスポット型しかありません。

【イオン化式スポット型感知器】（写真 P.311，K）

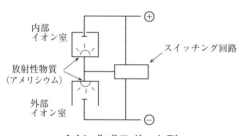

イオン化式スポット型

作動表示装置（光電式，炎感知器にも規格で設置が義務づけられています。⇒出題例有り！）

　定義としては，

　『周囲の空気が一定の濃度以上の煙を含むに至った時に**火災信号**を発信するもので，**一局所の煙によるイオン電流の変化により作動するもの**』

となり，図のように外部イオン室と内部イオン室からなっています（外部イオン室は外気と流通できる構造となっています）。

　その両イオン室には放射性物質（アメリシウム）が封入されており，それを図のように直列に接続して電圧を加えると，両イオン室内の空気がイオン化され，微弱なイオン電流が流れます。

　そのような時に外部イオン室に煙が流入すると，その煙の粒子がイオンと結合するのでその分イオン電流が減少し，外部イオン室の電圧も変化します。

　その電圧の変化分を検出し，それがある値以上になった時にスイッチ回路

が入り，火災信号が送られるのです。

　つまり，「外部イオン室に煙が流入するとその電圧も変化し，それがある値以上になった時にスイッチ回路が入る」ということです。

> ＜規格＞
> ・作動表示装置を設けること（一部例外あり）。
> ・目開き1mm以下の網，円孔板等により虫の侵入防止のための措置を講ずること（下線部⇒鑑別で出題例多し）。

(2) 光電式

　光電式というのは，字のとおり光を利用するもので，煙によって光の量が変化するのをキャッチして煙の発生を感知するものです。

　その光電式にはスポット型と分離型があります。

【光電式スポット型感知器】 （写真⇒P. 311, I, J）

　定義としては，

　『周囲の空気が一定の濃度以上の煙を含むに至った時に火災信号*を発信するもので，一局所の煙による光電素子の受光量の変化により作動するもの』となっています（下線の部分のみが分離型の定義と違うところです）。

　（*「火災情報信号」とした出題例あり（⇒当然×））

　この光電式スポット型には，さらに散乱光方式と減光方式というのがあるのですが，ほとんど散乱光方式が用いられていますのでこの方式について説明します。

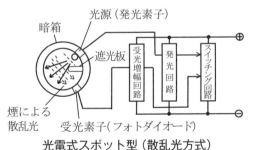

光電式スポット型（散乱光方式）

　その散乱光方式ですが，図のように光をシャットアウトした暗箱内に光源となる半導体のランプ（発光ダイオードなど），およびその光を受ける受光素

子（光電素子ともいう）を設け，ランプの光束を図に示すように直接，受光素子には照射せず，ある一定の方向に照射しておきます。

このような暗箱内に煙が流入すると，その煙によってランプの光が散乱し，それを受光素子が受けて，それによる受光量の変化を検出し，受信機に火災信号を発報する，というしくみになっています。

<規格>
・**作動表示装置**を設けること（一部例外あり）。
・目開き1mm以下の網，円孔板等により**虫の侵入防止**のための措置を講ずること。
・光源は**半導体素子**とすること。

【光電式分離型感知器】 （写真⇒P. 312，L，M）

定義としては，

『周囲の空気が一定の濃度以上の煙を含むに至った時に火災信号を発信するもので，<u>広範囲の煙の累積</u>による光電素子の受光量の変化により作動するもの』

となっています（下線の部分のみがスポット型の定義と違うところです）。

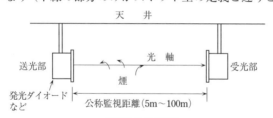

天　井

送光部　　　　　光　軸　　　　受光部

煙

発光ダイオード
など　　　　公称監視距離(5m～100m)

光電式分離型

これは，送光部と受光部の設置距離を大きく離し，大きな空間での煙を感知するようにしたものです。こうすることによって，一局所の煙だけで作動するという誤作動を防止することができ，また大きな空間（体育館など）ではスポット型に比べて設置個数を減らすということもできるのです。

図を説明すると，送光部からの光はスポット型とは違い，直接受光部に向けて照射します。そこへ火災によって煙が発生すると，送光部からの光をさえぎり，受光部の受光量が変化します。それを感知して火災信号として発報するというしくみになっています。

従って，この感知器は原理的には減光方式となります。

> ＜規格＞
> ・作動表示装置を設けること（一部例外あり）。
> ・光源は半導体素子とすること。

(3) 煙複合式スポット型感知器

　熱複合式のところでも説明しましたように，複合式というのは，非火災報をできるだけ少なくするために二つの感知器の機能を併せたものです。

　この煙複合式では，イオン化式スポット型と光電式スポット型の機能を併せ持たせています。

(4) イオン化アナログ式

　熱アナログ式のところでも説明しましたように，火災情報信号を発信できるようにした感知器です。これもスポット型しかありません。

【イオン化アナログ式スポット型感知器】

① 定義

　『周囲の空気が一定の範囲内の濃度の煙を含むに至った時に，当該濃度に対応する火災情報信号を発信するもので，一局所の煙によるイオン電流の変化を利用するもの』

となっています。

② 公称感知濃度範囲

　1 m 当たりの減光率に換算した値で

・上限値：15 %以上，25 %以下

・下限値：1.2 %以上，「上限値 − 7.5 %」以下

で 0.1 %刻みとなっています。

(5) 光電アナログ式

　これもアナログ式の感知器で，スポット型と分離型があります。

【光電アナログ式スポット型感知器】

① **定義**

『周囲の空気が一定の範囲内の濃度の煙を含むに至った時に，当該濃度に対応する火災情報信号を発信するもので，<u>一局所の煙による</u>光電素子の受光量の変化を利用するもの』

となっています（下線部のみが次の分離型の定義と異なるところです）。

② **公称感知濃度範囲**

イオン化アナログ式スポット型に同じです。

【光電アナログ式分離型感知器】

定義は，

『周囲の空気が一定の範囲内の濃度の煙を含むに至った時に，当該濃度に対応する火災情報信号を発信するもので，<u>広範囲の煙の累積による</u>光電素子の受光量の変化を利用するもの』

となっています（下線部のみが前のスポット型の定義と異なるところです。なお，公称感知濃度範囲は省略します）。

《**感度について**》(**参考資料**)

熱感知器と煙感知器には，その感度に応じて1種，2種，3種（または1種と2種のみ，または特種と1種と2種）があります。

感度は，3種→2種→1種→特種の順に良くなります。

その感度ですが，感知器によって1種から3種までのものや，1種と2種だけのもの，または特種と1種と2種のものがあります。

そのあたりが少々複雑なので，一応原則として「1種から3種まである」と覚えておき，変則なものだけを頭に入れておけばよいでしょう。

① 　1種と2種だけしかないもの

○ 　熱感知器：補償式スポット型

差動式スポット型

○ 　煙感知器：光電式分離型

② 　特種と1種と2種のもの

○ 　定温式感知器のみ

1－3　炎感知器 （スポット型のみ）

　この感知器は，火災によって生じた炎を感知して火災信号を発報するものです。もう少し具体的にいうと，炎のゆらめきによって生じる明暗を**赤外線**，または**紫外線**の変化として感知し，火災信号を発報するものです。

<規格>
・**構造，機能について**
①　受光素子は，感度の劣化や疲労が少なく，かつ，長時間の使用に十分耐えること。
②　検知部の清掃を容易に行うことができること。
③　原則として作動表示装置を設けること（「火災信号を発信した旨を表示する受信機」に接続する感知器には設けなくてもよい）。
④　汚れ監視型のものにあっては，検知部に機能を損なうおそれのある汚れが生じたとき，これを受信機に自動的に送信することができること。
・**公称監視距離，視野角について**
①　炎感知器の公称監視距離は，視野角5度ごとに定めるものとし，20m未満の場合は1m刻み，20m以上の場合にあっては5m刻みとする。
②　道路型の炎感知器は，最大視野角が180度以上でなければならない。

　炎感知器の性能による種別は，次の(1)から(4)まであります が，構造による種別として**屋内型**，**屋外型**，**道路型**というものもあります。

(1)　紫外線式 （写真⇒P.312，N）

【紫外線式スポット型感知器】

　定義は，
　『炎から放射される**紫外線**の変化が一定の量以上になった時に火災信号を発信するもので，一局所の**紫外線**による受光素子の受光量の変化により作動するもの』

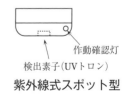

作動確認灯
検出素子(UVトロン)

紫外線式スポット型

となっています（下線の部分のみが赤外線式の定義と違うところです）。

(2)　赤外線式　（写真⇒P. 312, P〜R）

【赤外線式スポット型感知器】

定義は，紫外線式の定義の下線部を赤外線に換えただけです。

『炎から放射される赤外線の変化が一定の量以上になった時に火災信号を発信するもので，一局所の赤外線による受光素子の受光量の変化により作動するもの』

(3)　紫外線赤外線併用式　（下の博士のセリフを参照）

【紫外線赤外線併用式スポット型感知器】

定義は，紫外線式の定義の紫外線を紫外線および赤外線に換えただけです。

『炎から放射される紫外線および赤外線の変化が一定の量以上になった時に火災信号を発信するもので，一局所の紫外線および赤外線による受光素子の受光量の変化により作動するもの』

(4)　炎複合式

【炎複合式スポット型感知器】

紫外線式と赤外線式の機能を併せ持つものをいいます。

(3)の紫外線赤外線併用式と(4)の炎複合式の違いじゃが，まず，(3)の紫外線赤外線併用式は，1つの受光素子で紫外線と赤外線の両方を感知するもので，紫外線，赤外線双方とも感知したときに作動するんじゃ。一方，(4)の炎複合式の場合は，紫外線か赤外線のいずれかを感知したときに作動するんじゃ。つまり，(3)は「AND」機能で，(4)は「OR」機能ということになるので，間違えないように。

炎感知器

 発信機

　発信機というのは，火災を発見した人が手動で火災信号を発信できるようにした装置で，P型とT型があります。

2-1　P型発信機 （写真⇒P.316，E）

　P型発信機とは，

　『各発信機に共通または固有の火災信号を受信機に手動により発信するもので，発信と同時に通話することが<u>できないもの</u>』

　のことで，1級と2級があります（下線の部分のみがT型と違うところです）。

　要するに，押しボタンで通報するタイプの発信機です。

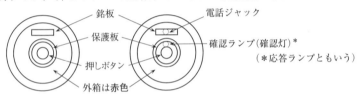

　　　　　P型2級発信機　　　　　P型1級発信機
発信機（一般に外観はほぼ同じ）

【P型2級発信機】

　基本的に押しボタンのみの構造で，受信機に一方的に通報するタイプです。通常はP型2級受信機に接続して使用されます。

【P型1級発信機】

　2級の機能に，①確認ランプと②電話ジャックを設けたもので，通常はP型1級受信機（ただし，1回線のものを除く）またはR型受信機に接続して使用されます。

①　確認ランプ（確認灯）

　押しボタンを押して通報した時に受信機で受信したことを**発信機側で確**かめることができるランプのことを言います。

　つまり，押しボタンを押した時にこのランプが点灯すれば，受信機が確かにこの通報信号を受けとったということを確認できるわけです。

P型発信機

法令的には、「火災信号を伝達したとき、受信機がその信号を受信したことを確認できる装置」となっており、本試験では一般的にこの文言で出題されています。

② 電話ジャック

専用の送受話器を差し込むことにより、受信機との間で電話連絡ができるようにしたものです。

法令的には、「火災信号の伝達に支障なく、受信機との間で相互に電話連絡をすることができる装置」となっています。

その他、1級2級共通事項として次のような規格があります。

＜規格＞　重要

① 押しボタンスイッチを押した後、当該スイッチが自動的に元の位置に戻らない構造の発信機にあっては、当該スイッチを元の位置に戻す操作を忘れないための措置を講ずること。

② 押しボタンスイッチは、その前方に保護板を設け、その保護板を破壊し、または押し外すことにより、容易に押すことができること。

③ 保護板は透明の有機ガラスを用いること（押しボタンの部分にイタズラ防止のために設けられている保護板⇒20 N の静荷重で押し破られず、80 N の静荷重を加えたときに押し破られ、押し外されること）。

④ 外箱の色は赤色であること（これは次の T 型発信機も同様です）。

この規格は、試験によく出るので、よ〜く目を通しておくように。ちなみに、発信機を間違えて押した場合の復旧方法については、押しボタンを定位に戻した後、受信機の火災復旧スイッチを操作して復旧するので、覚えておくように。

例題　P型2級発信機と比べた場合のP型1級発信機の特徴について答えなさい。

解説

2級が有する機能のほかに、確認ランプと電話ジャックを有する。（鑑別での出題例がある）

なお、本試験では、機器収容箱の写真を示して「収容する機器の1級、2級の特徴について答えなさい。」という形で出題される場合もあります。

2－2　Ｔ型発信機

　Ｔ型発信機とは，

　『各発信機に共通または固有の火災信号を受信機に手動により発信するもので，発信と同時に通話することが**できるもの**』のことで，

　要するに非常電話のことです（下線の部分のみがＰ型発信機と違うところです）。

　このタイプは送受話器を取り上げただけで火災信号が発信され，そのまま防災センターの担当者

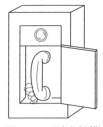

図1　Ｔ型発信機

と通話もできるので，主に大規模な施設（防火対象物）で用いられています。

発信機は，一般的に下の写真（図2）のような総合盤に収納されておるんじゃ。
この総合盤には，発信機のほか，地区音響装置，表示灯が収容されており，過去には，
①　1級と2級の相違があるのはどの機器か。
②　一体型のこの表示灯装置等は（A）距離で（B）m以下に設置しなければならない。
③　このうち，検定の対象となっているものはどれか。
　などの出題例があるので注意するんじゃよ。

（答⇒①発信機　②　（A）：水平　（B）：25　③発信機）

　なお，発信機には，「型式及び型式番号，取扱方法の概要，発信機という文字，火災報知機という表示，製造事業者の氏名又は名称，製造年＊」を表示する必要があるので，念のため（＊製造年月日という出題例がありますが，当然×。なお，下線部はP.137の感知器の表示とは異なる部分です）。

図2

③ 受信機

3−1 受信機について

(1) 受信機の分類

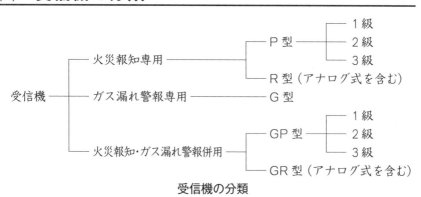

受信機の分類

受信機を分類すると上の表のようになりますが，その定義は，

『①火災信号，②火災表示信号，③火災情報信号，④ガス漏れ信号，または⑤設備作動信号を直接または中継器を介して受信し，火災もしくはガス漏れの発生，または消火設備等の作動を防火対象物の関係者（または消防機関）に報知するもの』

となっていて，

火災報知のみのタイプとガス漏れ警報のみのタイプと火災報知・ガス漏れ警報の併用タイプがあります。

GP 型というのは G 型と P 型，**GR 型**というのは G 型と R 型の両機能を併せもつ受信機のことです。

なお，それぞれの受信機には「非蓄積式」「蓄積式」「二信号式」の３タイプがあります。

非蓄積式

火災（表示）信号を受信した場合，**5 秒以内**に火災表示（地区音響装置の鳴動を除く）が行われるタイプの受信機です。

蓄積式

煙感知器と同様，非火災報（誤報）を防ぐために蓄積機能を持たせたもので，

感知器などからの火災（表示）信号を受信しても一定時間（5秒を超え60秒以内）継続しないと火災表示を行わないタイプの受信機です。

　なお，蓄積式では，発信機からの火災信号を受信した場合には，人による確実な信号として，受信機の蓄積機能は自動的に解除されるようになっています。

二信号式

　これも非火災報の確率をできるだけ少なくするために開発されたもので，文字どおり二つの火災信号が入った時に初めて確定的な火災表示を行うタイプの受信機です（注：二信号式は**非蓄積式**のみです⇒蓄積機能を持たすことはできない）。

　その二つの信号ですが，次の2パターンがあります。
　①　多信号感知器からの二信号（つまり，二信号とも一つの感知器から発するもの）
　②　二つの感知器からの二信号
　②の場合，同じ（※）警戒区域内の別々の感知器からの火災信号が第一，第二信号となります。

　なお，**発信機**からの信号を受信した場合は，蓄積式同様，人による確実な信号としてすぐに確定的な火災表示を行います。つまり，受信とともに主音響，地区音響が鳴動し，火災灯，地区表示灯の点灯が行われるのです。

（※）警戒区域

　定義は
　『火災の発生した区域を他の地域と区別することができる最小単位の区域』
とされているもので，要するに火災発生場所を特定するために防火対象物を一定規模ごとに区分けした単位のことです（詳細はP.210の警戒区域のところで説明します）。

　P型の場合，警戒区域ごとに回線が設けられているので，回線の数はそのまま警戒区域の数となります。（次ページの図参照）

 回線数＝警戒区域数

⑵　回線について

　受信機のことを説明するにあたり，まずは回線のことについて説明する必要があります。

　たとえば，P.136の図の場合，受信機に接続されているのは1つの感知器回路しかありません。従ってこの場合，「受信機には1回線が接続されている」ということになります。建物が小規模な場合にはこの1回線だけで用が足りる場合があります。

　しかし，建物が大きくなってくると，発報*している感知器が建物のどの部分にある感知器かをある程度特定できなければなりません。そうでないと，10階で発報しているのに1階から順に確認するという，非常に非効率なことになりかねないからです。

　よって，1階だけで1回線，2階だけで1回線，というような具合に，場所を限定して一つ一つの回線を設定していく必要があるのです。

　以上はP型に関してですが，R型に関しては少々機能が異なるので，ここでP型とR型の違いについて少し説明しておきます。

　（＊発報：感知器や発信機の信号により受信機が警報を発している状態のこと。また，感知器が作動している状態のこと。）

⑶　P型とR型の違い

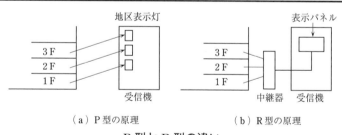

（a）P型の原理　　　　　　　　（b）R型の原理

P型とR型の違い

　まず，両者の定義は

　P型の定義⇒『火災信号（若しくは火災表示信号）を**共通の信号**として受信するもの』

　R型の定義⇒『火災信号（火災表示信号若しくは火災情報信号）を**固有の信号**として受信するもの』

となっています。つまり，P型の場合，受信する信号は回線間で**共通の**ものを

用いますが，R型はその回線固有のものを用いる，というわけです。

- ●回線が異なっても用いる信号は同じ ⇒ P型
- ●回線ごとに固有の信号がある　　　 ⇒ R型

　要するにP型というのは図の(a)のように，それぞれの回線に対してその回線専用の地区表示灯が受信機に設けてあり，その表示灯が点灯すればどの回線の感知器が発報したのか，というのが分かるシステムになっているのです。従って，火災信号そのものは，回線間で共通のものを使っても何ら支障がないのです。

　それに対して，R型は回線ごとに火災信号が異なるシステム，つまり，その回線固有の信号があるので，図(b)のように受信機の表示画面に火災の発生場所をデジタル表示すれば足り，P型のような回線専用の表示灯は不要なのです。

(4)　各受信機に共通の構造・機能（●は重要）

＜規格＞
- ●①　定格電圧が60Vを超える受信機の金属製外箱には，**接地端子を設けること。**（下線部注：感知器，発信機においても同様です）。
- ②　不燃性または難燃性の外箱で覆うこと（感知器，発信機においても同様です）
- ③　受信機は，電源の電圧が次に示す範囲内で変動した場合でも，その機能に異常を生じないこと。

主電源	定格電圧の90%以上110%以下
予備電源	定格電圧の85%以上110%以下

- ●④　主電源を監視する装置を受信機の**前面**に設けること。
- ⑤　受信機の試験装置は，**受信機の前面**において容易に操作できること。
- ●⑥　蓄積時間を調整する装置を設けるものは，受信機の「**内部**」に設けること。
- ●⑦　復旧スイッチ又は音響装置の鳴動を停止するスイッチは**専用のもの**とすること。
- ⑧　水滴が浸入しにくいこと。
- ⑨　「定位置に自動的に復旧しないスイッチ」が定位置にないとき，**音響装置または点滅する注意灯**が作動すること。

(5)　各受信機に共通に用いる「部品」の構造および機能について

1.　音響装置　（注：dB は音の大きさを表す単位です）

主音響や地区音響はP型受信機の説明でも出てきますが，ここでそれらの機能についてまとめておきます。

① 音について

　○ 定格電圧の 90 %（予備電源がある場合その 85 %）で音を発すること。

　○ 地区音響装置

　　　1 m 離れた位置で 90 dB（＝公称音圧）以上必要

　　　（音声により警報を発するものにあっては 92 dB 以上必要）

　○ 主音響装置

　　　1 m 離れた位置で 85 dB 以上必要（ただしP型3級，GP型3級，ガス漏れ警報は 70 dB 以上でよいことになっています。）

> ●地区音響 ⇒ 90 dB 以上（音声は 92 dB 以上）
> ●主　音　響 ⇒ 85 dB 以上
> 　　　　　　（P型，GP型の3級は 70 dB 以上）
> 　☆なお，ガス漏れ警報装置の音圧も 70 dB 以上必要です。

② 定格電圧で連続 8 時間鳴動した場合，構造または機能に異常を生じないこと。

2.　表示灯　（発信機の位置を表示する「表示灯（P. 315 問題 5 の B）と混同しないように！）

① 電球（白熱電球，ハロゲン電球など）を 2 個以上並列に接続すること

⇒直列は不可です。

　　ただし，放電灯または発光ダイオードの場合は 1 個でも可能です。重要

② 300 ルクスの明るさにおいて，3 m 離れた地点で点灯しているのがわかること。

　　規格では，次のように定義されています。

> ＜規格＞
> 表示灯に用いる電球
> ⇒　2 個以上並列に接続すること。
> 　　ただし，放電灯，発光ダイオードを用いるものにあっては，この限りでない。

| 3. 予備電源装置 |（写真は次頁にあります）

① 密閉型蓄電池であること。

② 主電源が停止した時は，主電源から予備電源に，主電源が復旧した時は予備電源から主電源に自動的に切り替わること。

③ 口出線は色分けするとともに，誤接続防止のための措置を講ずること。

④ 容量について

　(ア)　P型とR型

　　　　監視状態を **60分間**継続したあと，**2回線の火災表示**と接続されているすべての地区音響装置を同時に鳴動させることのできる消費電流を **10分間**流せること。(太字部分は鑑別で出題例あり)。

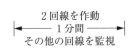

　(イ)　G型

　　　　G型には予備電源の設置義務はありませんが，設置する場合は「**2回線を1分間作動**させ，同時にその他の回線を**1分間**(※)**監視状態**にすることができること」となっています。

2回線を作動
── 1分間 ──
その他の回線を監視

> （※）監視状態
> いつでも電力を供給
> できる状態のこと

⑤ 予備電源が不要な受信機

　　G型とP型2級の1回線，およびP型3級には予備電源は不要です。

予備電源装置のまとめ

	予備電源
原則	密閉型蓄電池
蓄電池容量 (鑑別で出題例あり)	P型とR型⇒60分間監視後，2回線を10分間作動 G型⇒2回線を1分間作動，その他を1分間監視
省略可	G型，P型2級1回線（GP型2級1回線含む）　P型3級

例 題　下の写真に示す自動火災報知設備の部品について，次の各設問に答えなさい。

1．この部品の名称を答えなさい。
2．この部品をP型受信機に用いた場合に必要とされる性能について，次の文章の（A）と（B）に当てはまる適切な数値を答えなさい。

「監視状態を（A）分間継続した後，2の警戒区域の回線を作動させることができる消費電流を（B）分間継続して流すことができる容量以上であること。」

解 説

［解答］

設問1	予備電源（バッテリー）	
設問2	A	60
	B	10

予備電源の容量については，次のように規定されています。

「監視状態を60分間継続したあと，2回線の火災表示と接続されているすべての地区音響装置を同時に鳴動させることのできる消費電流を10分間流せること。（⇒前ページの④の(ア)）」

この受信機の予備電源に用いる蓄電池についてじゃが，似たようなものに，非常電源として用いる蓄電池設備がある。受信機の蓄電池は，例題にある写真のように，受信機に内蔵できるコンパクトな蓄電池なのに対し，非常電源に用いる蓄電池設備は，車のバッテリーより大きな蓄電池をいくつも接続した設備なので，混同することのないように。

＜参考資料＞……受信機の自動試験機能について

近年の受信機には，R型やR型アナログ式受信機のほか，一部のP型受信機にもこの自動試験機能が付されていて，受信機の各種機能（火災表示試験や導通試験など）のほか，自動試験機能等対応型感知器の機能も自動で確認できるようになっています（これらの感知器は，定期点検が免除されているが，外観試験など免除されない項目もある）。

従って，たとえば，容易に点検できない変電室などの場合，従来は入口付近に差動スポット試験器を設置して試験を行っていましたが（⇒P.341，問題3の図参照），この自動試験機能付きの受信機であるなら，そのような機器を設置する必要がなくなるわけです（注：試験では，まだ相当数が出回っている旧タイプで出題される）。

その主な基準は次のとおりです。

1．作動条件値（異常の有無の判定を行う基準となる数値，条件等をいう。以下同じ。）は，設計範囲外に設定及び容易に変更できないこと。

2．作動条件値を変更できるものにあっては，設定値を確認できること。

3．導通試験装置又はR型受信機，R型アナログ式受信機の終端器に至る外部配線の断線及び受信機から中継器に至る外部配線の短絡を検出することができる装置は，外部配線に異常が生じたとき，音響装置及び表示灯が自動的に作動すること。

など

コーヒーブレイク

受験に際しての注意　「近隣の都道府県の試験時期について」

　都道府県によっては，試験の実施が年に1回の所と年に数回の所があります。たとえば，A県は年に1回しか実施していなくても，その隣のB県では複数回実施している場合があります（東京都はかなり頻繁に実施しています）。

　消防設備士の試験は全国どこで受けてもいいわけですから，A県で受験して失敗してもすぐにB県で受験，ということもできるわけです（つまり，また来年の試験まで1年間待つ，ということをしなくて済むのです）。

　従って，近隣の都道府県の試験時期についての情報も，できるだけ把握しておくことをお勧めしておきます（注：合格後の講習案内は当然受験をした都道府県の支部から来ますので，講習地を現在の住所地に変更したい場合はその手続きが必要になります）。

3－2　P型受信機

　P型受信機の定義は，

『火災信号若しくは火災表示信号を**共通**の信号として，または設備作動信号を**共通**，若しくは**固有**の信号として受信し，火災の発生を防火対象物の関係者に報知するもの』

となっています。

【P型受信機の種類】

　P型受信機は接続できる回線の数（＝警戒区域数）によって，1級から3級までに分かれています。

　また1級と2級には1回線用と多回線用があり，1回線用は多回線用に比べていくつかの機能が免除されています。

　つまり，機能で分けるとP型受信機は

　┌─ P型1級（多回線）
　│　 P型1級（1回線）
　│　 P型2級（多回線）
　│　 P型2級（1回線）
　└─ P型3級（1回線）

の5つに分かれることになります。

　これらを全て覚えるというのは大変なので，とりあえずP型1級（多回線）をすべての機能を備えた標準型のようにしてとらえておき，その他の受信機については，それぞれどういう機能が免除されているかを覚えておけば整理されやすいと思います。

これがP型1級受信機じゃ！
なお，右の写真は送受話器で発信機や受信機の電話ジャックに接続して通話する器具なんじゃ

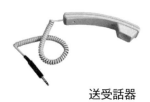

送受話器

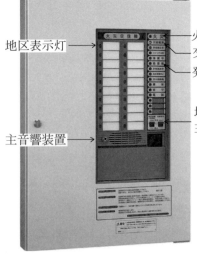

地区表示灯　→

火災灯
交流電源灯
発信機灯

地区音響停止スイッチ
主音響停止スイッチ

主音響装置　→

P型1級受信機（実物）

第4類消防設備士 Q&A

　受信機には「発信機灯」というランプがあるそうですが，発信機の「通報確認ランプ（応答ランプ⇒P.154）」とは別のものなのですか？

解説

　まず，発信機灯というのは，受信機にあるランプで（火災灯の下付近にある），発信機が押されると点灯するランプです。
　一方，通報確認ランプは発信機にあるランプで，発信機を押して受信機が受信した場合に点灯するランプであり（これにより発信機側で受信機が受信したことを確認できる），両者は異なります。

【1．P型1級受信機（多回線）】

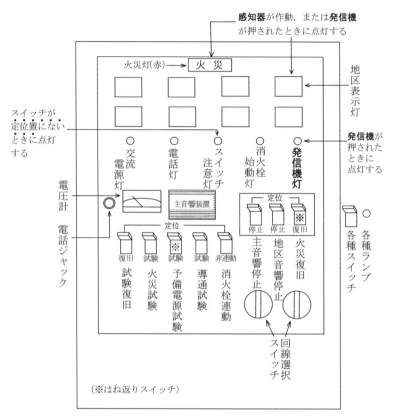

P型1級受信機（例）

1．回線数　（警戒区域数）

制限はありません。従って，多くの回線が必要なビルなどで用いられています。

例 題　P型1級受信機の回線上限数として，次のうち正しいものはどれか。

　(1)　20　　(2)　30　　(3)　40　　(4)　制限はなし

［例題の答］：(4)

2．受信機が有する主な機能

① 火災表示試験装置

火災表示の作動を試験する装置です。

② 火災表示の保持装置

火災表示がされた場合，手動で復旧しない限りその表示を保持する装置です。

③ 予備電源装置

停電時には自動的に予備電源に切り替わり，停電復旧時には自動的に常用電源に切り替わる装置（⇒P.162，「3．予備電源装置」を参照）

④ 地区表示灯

発報した警戒区域を表示するもの（⇒P.161，2.の表示灯を参照）。

⑤ 火災灯

受信機が火災信号を受信した時に点灯する赤色灯（⇒P.161，2.を参照）。

⑥ 電話連絡装置（確認応答装置を含む）

＜P型1級発信機からの火災信号を受信した場合＞

○ 受信した旨の信号をその発信機に送ることができること。

○ 発信機との間で電話連絡ができること。

＜T型発信機（非常電話）を接続している受信機で，2回線以上から同時にかかってきた場合＞

○ 通話する相手（発信機）を任意に選択できること。

○ かつ，話中音※が，遮断された回線のT型発信機（つまり，選択されなかった方のT型発信機）に流れていること。

（※話中音：相手が通話中の際に流れる「ツー，ツー」という音）

⑦ 導通試験装置

受信機と（＊）終端器との間の信号回路の導通を試験する装置。

なお，現在では，P型1級，P型2級にかかわらず，一般的に，末端に終端抵抗器を設けて，受信機に断線監視機能（断線監視装置などという）を持たせて断線を監視しています（P型1級の場合，この装置があれば導通試験装置を受信機に設ける必要はありません。）。

もし，①と⑦の試験中に他の回線の火災信号が入ってきた場合は？

⇨ たとえ試験中でもその火災表示はできること，となっています。

（※）終端器（次頁図1）

受信機側で断線の有無を確認するため，信号回路の末端にある感知器（または発信機）に設けるもので，一般的には終端抵抗という抵抗を用います。

⑧　地区音響装置

　　地区表示灯と連動して発報した地区で鳴動するもので，1m離れた地点で90dB（デシベル）以上必要です（⇒P.161，1．音響装置を参照）。

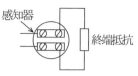

図1　終端抵抗

⑨　主音響装置

　　受信機本体の音響装置で，管理担当者に火災を報知するもので，1m離れた地点で85dB以上必要です。（⇒P.161，1．音響装置を参照）。

⑩　消火栓連動スイッチ（消火栓遮断スイッチという場合もある）

　　発信機の作動試験の場合に，発信機のボタンを押しても消火栓ポンプが起動しないようにするためのスイッチ，つまり，発信機と消火栓が連動しないようにするためのスイッチです。

（注）　このスイッチで消火栓ポンプを起動させたり，また停止させることはできません。発信機ボタンを押すことにより消火栓ポンプが起動した場合，それを停止させるには消火栓ポンプがある現場まで行き，操作盤のスイッチをOFFにする必要があります。

⑪　受信開始から火災表示までの時間

　　5秒以内（ただし，地区音響装置の鳴動は除きます）

⑫　その他

　　2回線から火災信号を同時に受信した時，火災表示をすることができることなど。

　　なお，受信機が火災信号を受信した時の作動状態は，次の通りです。（鑑別での出題例あり）

- ・火災灯（赤色灯）が点灯する。　・主音響装置の鳴動
- ・地区表示灯が点灯する。　・地区音響装置の鳴動

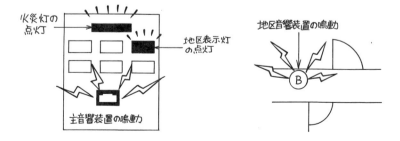

図2　火災信号を受信した時

【2．P型1級受信機（1回線）】

　基本的には多回線と機能はほとんど同じですが，次の機能が無くてもよいことになっています。（下線部は「こうして覚えよう」に使っている部分です。）

① 　地区表示灯

② 　火災灯

③ 　導通試験装置

④ 　電話連絡装置（確認応答装置を含む）

　ちなみに，P型1級の1回線に必要な機能は

| 火災表示試験 |
| 火災表示の保持 |
| 地区音響装置 |
| 主音響装置 |
| 予備電源 |

⇒P.173の表参照

【3．P型2級受信機（多回線）】

1．回線数　（警戒区域数）

接続できる回線数は5以下です。

2．受信機が有する主な機能　（P.173の表参照）

1級の多回線に比べて次の機能が無くてもよいことになっています。
（下線部は「こうして覚えよう」に使っている部分です。）

① 導通試験装置
② 電話連絡装置（確認応答装置含）　⟹
③ 火災灯

> 1級の1回線とほぼ同じですが，地区表示灯のみ必要になります。（でないと，どこの回線が発報しているかわからないため）

こうして覚えよう！　＜2級に不要な機能＞

　ド　　で　　かい2級品なんか要らない
導通　電話　火災　　　　　　　　　不要

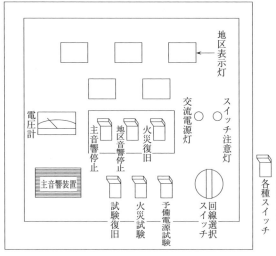

P型2級受信機

【4．P型2級受信機(1回線)・P型3級受信機(1回線)】

この二つは機能がほぼ同じなので一緒に説明します。

1．回線など

両者とも1回線しかないので，小規模な防火対象物にのみ設置することができます（注：P型3級についてはこの1回線用しかない）。

2．機能について （P.173の表を参照）

この二つは必要な機能が少ないので，そちらの方を覚えた方が確実です。

<P型2級(1回線)とP型3級(1回線)に必要な機能>

① 主音響装置

② 火災表示試験装置

③ 火災表示の保持装置（注：3級には不要です）

 こうして覚えよう！ ＜1回線に必要な機能＞

主音響装置は受信機には付き物なので，
これ以外の二つの「火災表示」を覚えます。

⇒ 1回線は火災表示が必要

（ただし，3級に保持装置は不要。）

火災表示のどういう装置が必要なの？

試験装置と保持装置だよ ただし3級に保持装置は不要だよ

例題 P型3級受信機が火災信号を受信したときの火災表示は，手動で復旧しない限り，表示状態を保持するものでなければならない。（○×で答える。答は下）

☆ **主音響装置の音圧について**

このP型，GP型3級，ガス漏れ警報は70dB以上必要，となっているので注意が必要です
（P.161の「1．音響装置」参照）。

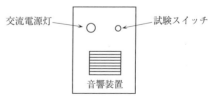
P型3級受信機

[例題の答]：×（3級に保持装置は不要）

最後に受信機各機能の比較をまとめておきます。
（「Ｐ１多回線×Ｐ２多回線」「Ｐ２の１回線×Ｐ３」の〇×チェックをすべし！）

Ｐ型受信機の機能比較表

	Ｐ型１級 多回線	Ｐ型１級 １回線	Ｐ型２級 多回線	Ｐ型２級 １回線	Ｐ型３級 １回線
火災表示試験装置	〇	〇	〇	〇	〇
火災表示の保持装置	〇	〇	〇	〇	×
予備電源	〇	〇	〇	×	×
地区表示灯	〇	×	〇	×	×
火災灯	〇	×	×	×	×
確認，電話連絡装置	〇	×	×	×	×
導通試験装置	〇	×	×	×	×
地区音響装置(dB)	90 以上	90 以上	90 以上	×	×
主音響装置　(dB)	85 以上	85 以上	85 以上	85 以上	70 以上

（Ｒ型はＰ型１級受信機の多回線に同じです）　〇：必要　×：不要

　表中の×じゃが，厳密に分けると，緑のアミが
かかっている７箇所は，規格そのものがないので
「不要」，その他の×印は，規格省令に「〜しない
ことができる」等と表示してあるので「省略して
もよい」という解釈になり，本試験では，厳密に
この両者を分けて，「必要」「不要」「省略すること
もできる」のうちから答えさせる出題がたまにあ
るので，注意するんじゃよ。

　まとめ⇒正味の「不要」は「確認，電話連絡装
　　　　　置」と「導通試験装置（Ｐ型１級の１回
　　　　　線除く）」のみ

3－3　R型受信機

1．R型の定義

<規格>
　『火災信号，火災表示信号若しくは火災情報信号を**固有の信号**として，
または設備作動信号を共通，若しくは**固有の信号として受信し**，火災の
発生を防火対象物の関係者に報知するもの』

となっています。
　このうち，火災信号を中継器を介して受信する場合について説明すると，
感知器からの火災信号は，まず中継器に入ります。そこで固有の信号（デジタ
ル信号）に変換され受信機に発信されるのですが，この場合，中継器と受信機
間は固有の信号なので信号線は共用しても差し支えなく，従って配線数を減
らすことができる，というわけです。

R型の信号の流れ

2．R型受信機の機能

　P型1級受信機の機能とほとんど同じです。
　ただし，次の機能が必要になってきます。

<規格>
　『①受信機から終端器に至る外部配線の**断線**，および②受信機から中継
器（感知器からの火災信号を直接受信するものにあっては，感知器）に至
る外部配線の**短絡**を検出することができる装置による試験機能を有し，
かつ，これらの装置の操作中に他の警戒区域からの火災信号を受信した
時，火災表示をすることができるものでなければならない』

　つまり，P型1級受信機の機能の他，次の機能が必要になる，ということで
す。
① **断線を検出できる試験機能**
　「受信機から終端器に至る外部配線」

② 短絡を検出できる試験機能

「受信機から中継器に至る外部配線」

または，感知器から火災信号を直接受信する場合は，「受信機から感知器に至る外部配線」

なお，これらの試験中に他の回線から火災信号を受信した時に，その火災表示をすることができる機能も必要です。

３．アナログ式受信機

アナログ式の機能はR型とほぼ同様ですが，従来のR型が温度や煙濃度が一定の値になった時に火災表示のみをするものであったのに対し，アナログ式は，火災表示のみならず注意表示までも行えるようにしたもので，広い範囲内で火災表示，および注意表示を行う温度や煙濃度の値を個々に設定できる機能（感度設定装置→(1)の③参照）を有しています。

(1) 主な機能

① 注意表示試験装置（R型には，この装置は不要なので注意！）

R型には火災表示試験装置が必要ですが，アナログ式には更にこの注意表示試験装置（注意表示の作動を容易に確認できる装置）が必要になります。

② 注意表示と火災表示

アナログ式の注意表示と火災表示の方法は，次のように定義されています。

＜規格＞……アナログ式受信機の定義

『(ア)　火災情報信号のうち，注意表示をする程度に達したものを受信した時にあっては，

・注意灯および注意音響装置により異常の発生を，

・地区表示装置により当該異常の発生した警戒区域をそれぞれ自動的に表示し，

(イ)　火災信号，火災表示信号または火災情報信号のうち火災表示をする程度に達したものを受信した時にあっては，

・赤色の火災灯および主音響装置により火災の発生を，

・地区表示装置により当該火災の発生した警戒区域をそれぞれ自動的に表示し，かつ地区音響装置を自動的に鳴動させなければならない。』

整理すると次のようになります。

受信信号の種類	動　　作
(ア)　注意表示信号を受信したとき 　　（感知器からの温度や煙濃度の情報信号が注意表示をする程度に達したとき）	・注意灯が点灯 ●注意音響装置が鳴動 ・地区表示装置が異常発生場所を表示
(イ)　火災表示信号を受信したとき 　　（感知器からの温度や煙濃度の情報信号が火災表示をする程度に達したとき，または発信機からの火災信号を受信したとき）	・火災灯が点灯 ●主音響装置，および地区音響装置が鳴動 ・地区表示装置が火災発生場所を表示

　　なお，情報信号の表示については，温度はそのまま温度で表示しますが，煙濃度については減光率（%）で表示します。
　　また，表示温度等を変更するには，2以上の操作によらなければ変更できないこと，となっています。
③　感度設定装置の機能
　　注意表示や火災表示を行う温度や煙濃度の値（感度）を設定する装置で，その規格は次のようになっています。
　(ア)　表示温度等の表示は，熱アナログ式感知器については温度（度），煙アナログ式感知器については減光率（%）で行うこと。
　(イ)　2以上の操作によらなければ表示温度等の変更ができないこと。
(2)　特徴
　　その主な特徴を挙げると，
①　感度を設定したあとも，設定値を変更することができる。
　　（設置場所の環境が変化した場合でも設定値を変更してそれに対応することができる）
②　1日のうちで設定値を変えることもできる。
　　（機械設備などが稼動している時とそうでない時，または人が多い時とそうでない時など）
③　感知器個々の設置条件（温度や煙濃度など）にきめ細かく対応することができる。
など。

4 中継器

中
継
器

中継器とは,
○　感知器, 発信機からの**火災信号**, **火災表示信号**
○　アナログ式感知器からの**火災情報信号**
○　ガス漏れ検知器からの**ガス漏れ信号**
などを受けてこれを,
○　**他の中継器**
○　**受信機**（総合防災盤ではないので注意）
○　**消火設備等**
などに発信するものをいいます。

<規格>
①　受信から発信までの所要時間は**5秒以内**であること（蓄積式を除く）。
②　蓄積式中継器の場合（⇒　蓄積式受信機と同じ内容です）
　1．蓄積時間は<u>5秒を超え60秒以内</u>であること（その間は発信しない）
　2．発信機からの火災信号を受信した時は, 蓄積機能を自動的に解除
　　　すること（人による確実な信号として）。
③　地区音響装置を鳴動させる中継器の場合, 受信機で操作しない限り
　　鳴動を継続させること（つまり, 中継器で音響を停止させることはでき
　　ない, ということです）。
④　不燃性または難燃性の外箱で覆うこと。
⑤　定格電圧が**60V**を超える中継器の外箱には, **接地端子**を設けること。
⑥　アナログ式中継器の感度設定装置は, **2以上の操作**によらなければ
　　<u>表示温度等の変更</u>ができないものであること。
（注：中継器の電源については, 少々複雑な為, 下記にて別途説明します。）

○中継器の電源について
　中継器を働かせるためには電力が必要ですが, その電力を受信機や他の
中継器などから供給している場合と独自のものを持っている場合があります。
　<電力を受信機や他の中継器から供給している場合>
　受けたその電力をさらに他の外部負荷に供給する場合には, 次の装置や
機能が必要になります。

(ｱ)　予備電源は不要です（⇒　元の電源である受信機などに予備電源が備えてあるため）。

(ｲ)　「外部負荷に電力を供給する回路」に**保護装置（ヒューズやブレーカなど）**を設けること（下図の(ｲ)参照）。

(ｳ)　その保護装置が作動した場合は受信機に作動した旨の信号を自動的に送ること（⇒外部負荷に電力が供給されていないということを受信機側で把握するため。下図の(ｳ)参照）

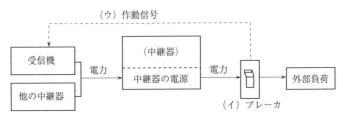

中継器の電源（電力を他から供給している場合）

＜電力を受信機など他から供給しない場合（中継器に電源がある場合）＞

(ｱ)　予備電源を設けること

　　電源が停止すると中継できなくなるので設けておきます（●ただし，**ガス漏れ警報に用いる中継器には予備電源は不要です**）。

(ｲ)　「主電源回路の両線」，「予備電源回路の1線」に**保護装置（ヒューズやブレーカなど）**を設けること。

(ｳ)　「主電源が停止した場合」，「保護装置が作動した場合」は受信機に停止，または作動した旨の信号を自動的に送ること。

例題　他から電力を供給されない中継器で，誤っているものはどれか。重要

(1)　配線は，十分な電源容量を有し，接続が的確であること。

(2)　定格電圧が60 Vを超える中継器の金属製外箱には，接地端子を設けること。

(3)　主電源回路及び予備電源回路には，ヒューズ，ブレーカ等の保護装置を設けること。

(4)　ガス漏れ火災警報設備の中継器には，予備電源を設けること。

解説

⇒　上記の(ｱ)参照。　　　　　　　　　　　　　　　　　　　［解答］　(4)

第4類消防設備士 Q&A

R型受信機とこのR型受信機に接続するアナログ式感知器の関係が今一つよくわかりません。簡単で結構ですので説明をお願いいたします。

解説

（注：参考程度に目を通してください。）

まず，アナログ式感知器に対応する受信機は**R型受信機**です。

そのアナログ式感知器には，それぞれアドレスという固有の番号（例：アドレス07警戒068の1回線……という具合）が与えており，発報した場合に，どの感知器が発報したかという情報をR型受信機に送り，R型受信機の表示パネルに火災の発生場所を表示して，プリンターでそれを印刷する，というシステムになっています。

従って，R型では感知器の数や警戒区域数がどれだけ増えても，受信機への配線は**2本**だけでいいのです（どれだけ相手がたくさんあっても2本の信号線でよい電話と同じ）。

以上がR型受信機とアナログ式感知器の関係になりますが，ただ，R型受信機の場合，たとえば，煙濃度が設定値より高くなっていて危険だ！というような**注意表示**（注意警報）をすることはできず，その場合は，**R型アナログ式受信機**を用います。

R型アナログ式受信機というのは，R型のアドレスのほか，**火災情報信号**も送受信できるようになっている受信機です。

つまり，アナログ式感知器からは，常時，自分の**アドレス番号**のほか，**火災情報信号**（温度や煙濃度）も受信機に送信しているわけです。

R型アナログ式受信機は，送られてきたその温度や煙濃度の情報より，あらかじめ設定しておいた値*と照らし合わせて，火災であるかどうかを判断し，**注意表示警報**あるいは**火災警報**を発し（⇒発報という），R型受信機の表示パネルにどの感知器が発報したかという表示をして，プリンターでそれを印刷する，というシステムになっているわけです。

（*つまり，受信機サイドで発報のレベルを設定することができるわけです。）

なお，R型受信機に話を戻しますが，R型受信機にも，アナログ式ではない一般の感知器も接続することもできますが，その場合は，**中継器**を用

います。

中継器にもアナログ感知器同様，ひとつのアドレス番号が割り当てられており，その先に一般の感知器を接続します。

その場合，中継器はその一つのアドレスの中に 4 つの枝番を設けることが出来，感知器のアドレスは，中継器のアドレス ＋ 枝番，という番号になります。

従って，すべて中継器を用いたとすると，理論上は総アドレス数の 4 倍の総回線数を持つことが出来ることになります。

コーヒーブレイク

時間について

　この試験を受験される方のなかにも「仕事（あるいは学校の勉強）が忙しくてなかなか受験のための時間が取れない」という方も少なからずおられることと思います。しかし，逆に時間が十分あればそれに見合っただけの受験勉強が果してできるでしょうか？

　年齢などによっても異なりますが，集中力というものは（それが非常にあるという人は別にして）普通は大体，数十分程度しか持続しないものではないでしょうか。

　とすれば，逆にそれを利用する勉強方法があってもいいはずです。

　そこで登場するのが「細切れ時間」の有効活用です。

　細切れ時間というのは，通勤電車に乗っている時の時間や昼休みのほんのわずかな時間，あるいは駅から自宅へ帰る際に公園のベンチに座って本を広げる 10 分程度の時間，などわずかな「すきま時間」のことをいいます。

　これらを有効に活用すると，結構な成果が得られる可能性があるのです。

　事実，通勤電車に乗っている時間を主に利用して，国家試験の中でも"超"難関といわれる試験に合格された例もあるのです。

　人によってはこちらの「細切れ時間」の方が返って集中でき，効率がよいという方もおられるくらいです。

　従って，「なかなか時間が取れなくて……」という方も一度，自分の「すきま時間」を再確認してそれを有効に活用してみる，ということにトライされてみたらいかがでしょうか？

第3編（構造,機能・工事,整備）規格に関する部分

第2章

ガス漏れ火災警報設備（規格）

　　まず,ガス漏れ火災警報設備の全体の構成を把握する必要があります。その際,自動火災報知設備との違い（信号の流れなど）を理解することが重要です。

　　次に個別の事項については,検知方式ではその原理の概要を,警報濃度に関しては濃度に関する数値など,受信機についてはその主な機能と同時に自動火災報知設備の受信機との違いを把握しておく必要があります。

　その他,警報装置に関する事項も十分目を通す必要がありますが,いずれにしても自動火災報知設備同様,「規格省令」や消防庁の「告示」などから出題されるので,それらの法令集なども適宜参照しながら学習を進めていくことが,理解をより深める上での重要なポイントになります。

【ガス漏れ火災警報設備の概要】

　この警報設備は，漏れた燃料用のガスや自然発生した可燃性ガスを検知して警報を発し，火災や爆発を未然に防ぐための設備で，「検知器」や「中継器」，および「受信機」や「警報装置」などから構成されています（⇒P.257の図を参照）。

　その構成は次のようになっており，検知器以外はほとんど自火報と同じような構成になっています。

自動火災報知設備の場合⇒感知器→中継器→受信機→音響装置
ガス漏れ警報の場合⇒検知器→中継器→受信機→警報装置

検知器（ガス漏れ検知器）

『ガス漏れを検知し，中継器もしくは受信機に発信するもの』で，検知と同時に警報も発するタイプもあります。

(1)　検知方式

半導体式と白金線を用いた接触燃焼式，気体熱伝導度式の3方式があり，その構造と原理は次のようになっています。

検知方式

	検知方式		
	半導体式	接触燃焼式	気体熱伝導度式
構造	ヒーター　電極 半導体	検出素子（白金線）　補償素子	検出素子（白金線）　補償素子 半導体が塗られている
原理	酸化鉄や酸化スズなどの半導体表面にガスが吸着すると半導体の抵抗値が減少し電流が多く流れだす。この電気伝導度の変化を利用してガス漏れを検知する。	白金線（図の検出素子）の表面でガスが酸化反応（接触燃焼）を起こすと白金線の電気抵抗が増大する。この変化からガス漏れを検知する。（気体熱伝導度式とは逆に変化します。）	空気と可燃性ガスの熱伝導度が異なるのを利用したもので白金線に普段の空気と異なるガスが触れるとその温度が変化し電気抵抗も変化する。それを利用してガス漏れを検知する。

(2)　警報濃度

ガスは，空気との混合割合がある範囲の時に燃焼あるいは爆発をします。この範囲を燃焼範囲，または**爆発範囲**といい，その範囲の上限を**爆発上限界**，下限を**爆発下限界**といいます。

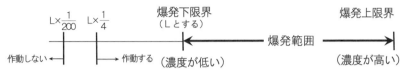

　その濃度に関する規格は，次のように爆発下限界を対象にして規定されて
います。

　＜規格＞
①　爆発下限界（濃度が低い方の限界値）の 1/4 以上の時に確実に作動し，
　また 1/4 以上の濃度にさらされている時は，継続して作動し続けること。
②　爆発下限界の 1/200 以下の時には作動しないこと（微量のガスによる
　誤作動を防止するため）。
③　信号を発する濃度のガスに接した時，60 秒以内に信号を発すること。

(3)　警報方式 （参考資料）

　検知器の警報方式には，次の3方式があります。
①　即時警報型
　　ガス濃度が警報設定値に達した直後に警報を発する方式。
②　警報遅延型
　　ガス濃度が警報設定値に達した後，その濃度以上で一定時間継続してガ
　スが存在する場合に警報を発する方式（一過性のものには警報を発しない）。
③　反限時警報型
　　ガス濃度が警報設定値に達した後，その濃度以上で一定時間継続してガ
　スが存在する場合に警報を発しますが（ここまでは警報遅延型と同じ），ガ
　ス濃度が高くなるほどその一定時間が短くなるという方式。
　（⇨ガス濃度が高いほど危険なため，警報をその分早めに発する）

(4)　その他

①　検知器は消防庁長官が定める基準に適合するものでなければならない。
②　警報機能を持つ検知器には，通電表示灯と作動確認灯を設けること。
③　誤報の防止
　　通常の使用状態において，調理などの際に発生する湯気，油煙，アルコ
　ール，廃ガスなどにより容易に信号を発しないこと。

受信機

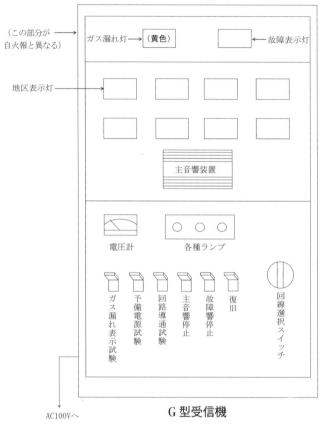

（この部分が　→　　ガス漏れ灯→　(黄色)　　　　　　　　　←　故障表示灯
自火報と異なる）

地区表示灯　→

主音響装置

電圧計　　　各種ランプ

ガ　ス　漏　れ　表　示　試　験

予　備　電　源　試　験

回　路　導　通　試　験

主　音　響　停　止

故　障　響　停　止

復　旧

回　線　選　択　ス　イ　ッ　チ

AC100Vへ

G 型受信機

受信機

　自動火災報知設備のところでも説明しましたように，ガス漏れ警報に用いる受信機は，G 型，GP 型，GR 型の 3 タイプです。

　その有する主な機能は次の通りです。

① 　ガス漏れ検知機の標準遅延時間と受信機の標準遅延時間の合計は，60 秒以内であること（つまり，検知機がガスを検知してからガス漏れ灯が点灯するまでは 60 秒以内，ということ）。ただし，中継器を介する場合は，中継器の受信から発信までの 5 秒を足した **65 秒以内**とすることができる。

② 　受信機の<u>ガス漏れ灯</u>は**黄色**であること。（注：P. 187，2 のガス漏れ表示

　灯の方は，色の指定はありません。）⇒　自火報の火災灯は赤なので注意！

③　主音響装置の音圧は，無響室で前方1m離れた地点で **70 dB 以上**であること。

④　**2回線**からのガス漏れ信号を同時に受信しても，ガス漏れ表示ができること。

⑤　装置の試験中に他の回線からのガス漏れ信号を受信した時は，その表示ができること。

⑥　**GP 型，GR 型**の地区表示装置は，火災の発生した警戒区域とガス漏れの発生した警戒区域を明確に識別できること。

⑦　予備電源

　G 型には予備電源は設けなくてもよいことになっています……

　が，設ける場合は**2回線**を**1分間**有効に作動させ，同時にその他の回線を**1分間**監視できる容量が必要です（詳細は P.162「3. 予備電源装置」の④参照）。

⑧　その他⇒自動火災報知設備の受信機に準じます。

③　中継器

　自動火災報知設備の**④　中継器**（P.177）を参照して下さい。

　なお，信号を受信してから発信するまでの所要時間に関しては，若干，自動火災報知設備と異なる部分があるので，例題を挙げておきます。

例 題　次の文中の（　）内に当てはまる数値として，正しいものはどれか。

「ガス漏れ火災警報設備に使用する中継器の受信開始から発信開始までの所要時間は，ガス漏れ信号の受信開始からガス漏れ表示までの所要時間が5秒以内である受信機に接続するものに限り，（　）以内とすることができる。」

(1)　15秒　　(2)　30秒　　(3)　60秒　　(4)　90秒

解 説

⇒　原則として中継器の場合，信号を受信してから発信するまでの所要時間は5秒以内ですが，例題のようなケースは，60秒以内にすることができます。（つまり，検知から表示までの合計は65秒以内（前頁①）

［解答］　(3)

警報装置

　警報装置には音声警報装置，ガス漏れ表示灯および検知区域警報装置の 3 種類があります。

| 1.　音声警報装置 | （⇒音声によって適確な情報を伝えることができる装置）

　ガス漏れの発生を音声によって警報する装置で，適法な**非常放送設備**がある場合は省略できます（ただし，その有効範囲内）。

| 2.　ガス漏れ表示灯 |

　通路にいる関係者にガス漏れの発生した室が判別できるよう，室の通路に面する出入り口付近に設ける表示灯です。

　つまり，現地の人に「目」で警報する装置です。

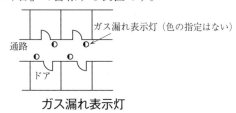

ガス漏れ表示灯

| 3.　検知区域警報装置 |

　検知区域（1 個の検知器が有効にガス漏れを検知できる区域）の関係者に音響によりガス漏れの発生を警報する装置です。

　つまり，2 が「目」で警報するのに対して，これは「耳」で警報する装置です。

　その音に関しては，次のように定められています。

・警報音の音響装置から 1 m 離れた位置で 70 dB 以上とすること。（なお，音に関しては P. 161 の(5)の 1.にまとめてあります）。

用語について

　自動火災報知設備やガス漏れ火災警報設備の規格で使用する用語の説明については，たまに出題されていますので，ここでその主な用語を次にまとめておきます。

1．感知器

　火災により生ずる熱，火災により生ずる燃焼生成物（「煙」のこと）又は火災により生ずる炎を利用して自動的に火災の発生を感知し，火災信号又は火災情報信号を受信機若しくは中継器又は消火設備等に発信するものをいう。

2．検知器（出題例があります。）

　ガス漏れを検知し，中継器若しくは受信機にガス漏れ信号を発信するもの又はガス漏れを検知し，ガス漏れの発生を音響により警報するとともに，中継器若しくは受信機にガス漏れ信号を発信するものをいう。

3．火災信号

　火災が発生した旨の信号をいう。

4．火災表示信号

　火災情報信号の程度に応じて，火災表示を行う温度又は濃度を固定する装置（「感度固定装置」という）により処理される火災表示をする程度に達した旨の信号をいう。

5．火災情報信号

　火災によって生ずる熱又は煙の程度その他火災の程度に係る信号をいう。

6．ガス漏れ信号

　ガス漏れが発生した旨の信号をいう。

7．設備作動信号

　消火設備等が作動した旨の信号をいう。

8．自動試験機能

　火災報知設備に係る機能が適正に維持されていることを，自動的に確認することができる装置による火災報知設備に係る試験機能をいう。

9．遠隔試験機能

　感知器に係る機能が適正に維持されていることを，当該感知器の設置場所から離れた位置において確認することができる装置による試験機能をいう。

10．発信機

　火災信号を受信機に手動により発信するものをいう。

問題にチャレンジ！

（第3編　規格に関する部分）

【問題1】　用語の説明で，次のうち誤っているものはどれか。

(1)　光電式分離型感知器とは，周囲の空気が一定の濃度以上の煙を含むに至ったときに火災信号を発信するもので，広範囲の煙の累積による光電素子の受光量の変化により作動するものをいう。

(2)　P型発信機とは，各発信機に共通または固有の火災信号を受信機に手動により発信するもので，発信と同時に通話することができないものをいう。

(3)　検知器とは，火災信号，火災表示信号，火災情報信号，ガス漏れ信号又は設備動作信号を受信し，これらを信号の種別に応じて受信機に発信するものをいう。

(4)　自動試験機能とは，火災報知設備に係る機能が適正に維持されていることを，自動的に確認することができる装置による火災報知設備に係る試験機能をいう。

【解答】

前ページの2参照（「…種別に応じて」までは中継器の定義になっている）

<熱感知器　→P.138>

【問題2】　次の感知器の定義のうち，差動式分布型の定義を表しているのはどれか。

(1)　周囲の空気が一定の濃度以上の煙を含むに至った時に火災信号を発信するもので，一局所の煙による光電素子の受光量の変化により作動するもの。

(2)　一局所の周囲の温度が一定の温度以上になった時に火災信号を発信するもので，外観が電線状以外のもの。

(3)　周囲の温度の上昇率が一定の率以上になった時に火災信号を発信するもので，一局所の熱効果によって作動するもの。

(4)　周囲の温度の上昇率が一定の率以上になった時に火災信号を発信するもので，広範囲の熱効果によって作動するもの。

| 解　答 |

解答は次ページの下欄にあります。

🖐️解説

(1)は光電式スポット型，(2)は定温式スポット型，(3)は差動式スポット型の
それぞれの定義です。

【問題3】　感知器の機能に異常を生じない傾斜角度（水平面と感知器の基盤面と
の間のなす角度）の最大値で，次のうち規格省令上誤っているものはどれか。
(1)　イオン化式スポット型にあっては30度
(2)　差動式分布型感知器の検出部にあっては5度
(3)　炎感知器にあっては90度
(4)　定温式スポット型感知器にあっては45度

🖐️解説

感知器の機能に異常を生じない傾斜角の最大値は，次のようになっています。

差動式分布型感知器（検出部に限る）	5度
差動式分布型感知器（検出部に限る）	5度
スポット型（炎感知器は除く）	45度
光電式分離型（アナログ式含む）と炎感知器	90度

従って，上記の表より，(1)はスポット型なので，45度です。

【問題4】　次のうち，補償式スポット型感知器には備えてあるが，差動式スポ
ット型感知器には備えてないものはどれか。ただし，温度検知素子を利用し
たものを除くものとする。
(1)　リーク孔　　　(2)　ダイヤフラム
(3)　空気室（感熱室）　(4)　バイメタル

🖐️解説

差動式スポット型感知器の構造は図のようになっていて，火災が発生して
温度が急上昇すると「空気室内の空気が暖められて膨張」⇒「ダイヤフラム
が押し上げられ接点が閉じる」⇒「火災信号を受信機に送り，火災の発生を
知らせる」という流れになります。
この場合，通常のゆるやかな温度上昇に対しては，空気の膨張が遅いので，

　解　答
【問題1】…(3)　　　　　　　　　　【問題2】…(4)

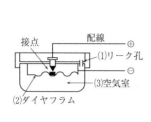

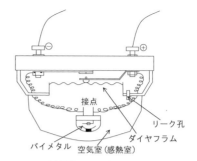

（差動式スポット型）　　　（補償式スポット型）

ダイヤフラムを押し上げる前にリーク孔から逃げ，よって作動しないように
なっています。

　一方，図の**補償式**は本文の補償式（P.145）とは違うタイプのものですが，
同じく差動式と定温式の機能を併せたもので，

①　周囲の温度が急に上昇した場合

　⇒　差動式の機能が働く。

②　周囲の温度が緩慢に上昇した場合

　⇒　リーク孔から空気が逃げるので差動式の機能は働かない。

　　しかし，温度が一定以上になると図のようにバイメタルの機能の働きに
　よって接点が閉じられ発報をします。つまり，定温式の機能が働きます。

　　以上からわかるように，補償式には定温式の機能を持たせるために，バイ
メタルが備えてありますが，差動式スポット型にはないので，(4)が正解です。

【問題5】　次の感知器についての説明のうち，適当でないのはどれか。

(1)　熱アナログ式は，火災の状況に応じたより細かな信号までも発信できる
　　ようにした感知器である。

(2)　熱複合式には多信号機能を有するものと有しないものがあり，有しない
　　方を補償式スポット型感知器という。

(3)　定温式スポット型，補償式スポット型，差動式スポット型には，バイメ
　　タルが用いられているタイプがある。

(4)　定温式感知線型は，絶縁物で被覆されたピアノ線をより合わせたもので，
　　火災によってその絶縁物が溶けるとピアノ線が短絡して警報を発する。

　解　答

【問題3】…(1)　　　　　　　　　【問題4】…(4)

解説

(3)　差動式スポット型には，「空気膨張式」や「熱起電力式」などがありますが，「空気膨張式」はダイヤフラム，「熱起電力式」は熱電対を利用したもので，バイメタルは用いられてはいません。

<熱感知器…差動式スポット型　→P.138>

【問題6】　差動式スポット型感知器について，誤っているのはどれか。

(1)　空気室（感熱室），リーク孔，ダイヤフラムなどから構成されている。

(2)　広範囲の熱効果によって作動する。

(3)　空気の膨張や温度検知素子（サーミスタなど）を利用したものなどがある。

(4)　熱起電力を利用するタイプのものもある。

解説

　スポット型は，スポットという名が示すとおり，「一局所の」熱効果によって作動します。

<熱感知器…差動式分布型　→P.140>

【問題7】　差動式分布型感知器（空気管式）について，次のうち正しいのはどれか。

(1)　空気管式の銅管は，内径が1.94mm以上で，肉厚は0.3mm以上で，かつ，継目がない1本の長さは20m以上であること。

(2)　空気管が熱せられることによって膨張する空気により，ダイヤフラムの接点が作動するものである。

(3)　空気管が切断すると，受信機の電源電圧計が0を示す。

(4)　リーク抵抗がわずかに規定値以下の場合は，非火災報の原因となる。

解説

　(1)は内径ではなく**外径**です。(3)の空気管は，切断すれば感知器自身が不作動になる可能性はありますが，受信機には影響なく，正常な状態を持続します。(4)のリーク抵抗がわずかに規定値以下の場合は，空気が正常な状態より漏れやすくなり，作動しにくくなるので，非火災報ではなく，逆に，遅報の原因になります。

解　答

【問題5】…(3)

＜熱感知器…定温式スポット型感知器 （⇒P.142）＞

【問題8】 定温式感知器の公称作動温度の区分に関する次の(ア)～(エ)に当てはまる数値の組み合わせとして，規格省令上正しいものはどれか。

「定温式感知器の公称作動温度は，60℃ 以上 （ア）℃ 以下とし，60℃ 以上 （イ）℃ 以下のものは （ウ）℃ 刻み，（イ）℃ を超え（ア）℃ 以下のものは （エ）℃ 刻みとする。」

	(ア)	(イ)	(ウ)	(エ)
(1)	120	90	10	5
(2)	120	90	5	10
(3)	150	80	5	10
(4)	150	80	10	5

正解は次のようになります。

「定温式感知器の公称作動温度は，60℃ 以上 150℃ 以下とし，60℃ 以上 80℃ 以下のものは 5℃ 刻み，80℃ を超え 150℃ 以下のものは 10℃ 刻みとする。」

従って，(ア)には 150，(イ)には 80，(ウ)には 5，(エ)には 10 が入ります。

なお，「60℃ 以上 80℃ 以下のものは 5℃ 刻み」より，72℃ などという公称作動温度はなく，また，「80℃ を超え 150℃ 以下のものは 10℃ 刻み」より，95℃ や 105℃ といった公称作動温度もないので，注意が必要です。

【問題9】 次の定温式スポット型感知器についての記述のうち，次のうち正しいのはどれか。

(1) 広範囲の温度変化により火災を検知する方式の感知器である。

(2) 公称作動温度の範囲は，60℃ から 120℃ までである。

(3) 公称作動温度は 60℃ 以上 150℃ 以下とし，60℃ 以上 80℃ 以下のものは 5℃ 刻み，80℃ を超えるものは 10℃ 刻みとする。

(4) 作動時間は，周囲温度に関わらず一定である。

解 答

【問題6】 …(2)　　　　　　　　【問題7】 …(2)

解説

(1) 差動式分布型の説明であり，定温式スポット型の場合は「一局所の周囲温度が一定の温度以上になった時に作動するもの」となっています。

(2) 120℃ は誤りで，(3)の数値が正解です（試験によく出るので要注意！）

(4) 作動時間については，たとえば公称作動温度が 80℃ だとした場合，周囲温度が 0℃ の時は周囲温度が 35℃ の時より，80℃ に達するまでの時間が余計にかかることになります。従って，「作動時間は，周囲温度によって変化する」ということになります。

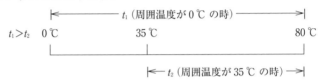

【問題10】 次の説明のうち，補償式スポット型感知器について誤っているのはどれか。

(1) リーク孔が設けてある。

(2) 差動式と定温式の二つの感知器の機能を有している。

(3) 周囲の温度が急に上昇した場合は定温式の機能が働く。

(4) 火災信号は，差動式と定温式両者で共通のものを発する。

解説

補償式スポット型は，**差動式**と**定温式**の二つの感知器の機能を有し，

① 周囲温度が急に上昇した場合⇒差動式の機能が働き，

② 周囲温度が緩慢に上昇した場合⇒定温式の機能が働きます。

従って，(3)が誤りです。

<熱感知器…熱アナログ式 →P.145>

【問題11】 熱アナログ式スポット型感知器について，次のうち誤っているのはどれか。

(1) 一局所の周囲の温度が一定の温度以上になった時にその温度に対応する火災情報信号を発信する感知器である。

解 答

【問題8】…(3)　　　　　　　　　　【問題9】…(3)

(2) 公称感知温度範囲の上限値は 60 ℃ 以上，165 ℃ 以下である。

(3) 公称感知温度範囲の下限値は 10 ℃ 以上，上限値より 10 ℃ 低い温度以下である。

(4) 公称感知温度範囲の値は 1 ℃ 刻みである。

熱アナログ式スポット型感知器の定義は，『一局所の周囲の温度が**一定の範囲内の温度**になった時に当該温度に対応する火災情報信号を発信するもので，外観が電線状でないもの』となっているので，(1)が誤りです。

＜煙感知器　→P.147＞…（煙感知器の出題率は低い傾向にある。）

【問題 12】　次のイオン化式スポット型感知器についての説明のうち，適当でないのはどれか。

(1) 外部イオン室に煙が流入すると，イオン電流が減少する。

(2) (1)により電圧も変化し，その変化分がある値以上になった時にスイッチ回路が入る。

(3) 放射線源には，一般にウランが用いられている。

(4) 外部イオン室は常時外気と流通できる構造となっているので，じんあいや水蒸気などによって非火災報を発生することがある。

イオン化式スポット型感知器は外部イオン室と内部イオン室からなり，両イオン室には放射性物質（**アメリシウム**）が封入されていて，それを直列に接続して電圧を加えると，両イオン室内の空気がイオン化され，微弱なイオン電流が流れます。

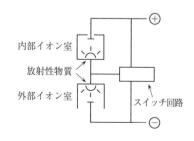

そのような時に外部イオン室に煙が流入すると，その煙の粒子がイオンと結合するのでその分イオン電流が減少し，外部イオン室の電圧も変化します。その電圧の変化分を検出し，それがある値以上になった時にスイッチ回路が入り，火災信号が送られるというしくみになっています。

解 答

【問題 10】…(3)

従って誤りは(3)で，正解はアメリシウムです。

<煙感知器…光電式　→P.148>

【問題13】　次の光電式スポット型感知器についての説明のうち，正しいのはどれか。

(1)　光をシャットアウトした暗箱内に光源（ランプ）のみを設けたものである。

(2)　煙による散乱光または減光による光電素子の受光量の変化を利用したものである。

(3)　暗箱に入った煙によって光電素子を流れるイオン電流が変化し，それを検出して受信機に火災信号を送る。

(4)　集光方式と減光方式の2種類がある。

＜解説＞

光電式スポット型には，散乱光方式と減光方式の2種類があります。従って，(4)は誤りとなります。

その散乱光方式ですが，原理は図のようになっており，光をシャットアウトした暗箱内に光源（発光ダイオードなどの**半導体素子**）と**受光素子**を設け，煙が流入すると，その煙によって**発光素子**の光が散乱し，

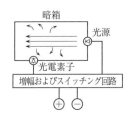

それを**受光素子**が受けて，それによる受光量の変化を検出し，受信機に火災信号を送る，というしくみになっています。

従って，(1)は受光素子の記述が抜けているので誤りとなり，また(3)は光電式スポット型にイオン電流は関係ないので，これも誤りとなります。

<煙感知器…イオン化アナログ式　→P.150>

【問題14】　イオン化アナログ式スポット型について，次のうち誤っているのはどれか。なお，公称感知濃度範囲の値は1ｍ当たりの減光率に換算した値である。

(1)　「一局所の煙による受光量の変化」を利用する感知器である。

(2)　公称感知濃度範囲の上限値は15％以上，25％以下である。

(3)　公称感知濃度範囲の下限値は1.2％以上，上限値より7.5％低い濃度以下である。

解　答

【問題11】…(1)　　　　　　　　【問題12】…(3)

(4)　公称感知濃度範囲の値は 0.1 ％刻みとなっている。

解説

　　イオン化アナログ式スポット型の定義は『周囲の空気が一定の範囲内の濃
度の煙を含むに至った時に，その濃度に対応する火災情報信号を発信するも
ので，一局所の煙によるイオン電流の変化を利用するもの』となっており，
よって(1)が誤りです。

＜煙感知器…光電アナログ式　→P. 150＞

【問題 15】　光電アナログ式スポット型について，次のうち誤っているのはどれ
か。なお，公称感知濃度範囲の値は 1 m 当たりの減光率に換算した値である。
(1)　「一局所の煙による光電素子の受光量の変化」を利用する感知器である。
(2)　公称感知濃度範囲の上限値は 15 ％以上，25 ％以下である。
(3)　公称感知濃度範囲の下限値は 1.2 ％以上，上限値より 7.5 ％低い濃度以下
　　である。
(4)　公称感知濃度範囲の値は 1 ％刻みとなっている。

解説

　　光電アナログ式スポット型の公称感知濃度範囲の値はイオン化アナログ式
スポット型と同じです。従って，「0.1 ％刻み」が正解です。

＜炎感知器　→P. 152＞

【問題 16】　炎感知器に関する記述について，次のうち誤っているのはどれか。
(1)　検知部の清掃を容易に行うことができること。
(2)　原則として作動表示装置を設けること。
(3)　炎複合式スポット型感知器は紫外線式と赤外線式の機能を併せ持つもの
　　をいう。
(4)　汚れ監視型のものにあっては，検知部に機能を損なうおそれのある汚れ
　　が生じたとき，これを受信機に手動で送信することができること。

解説

　　(1)(2)　感知器の規格省令第 8 条の 12 に規定があります。(4)　これも同じく

解答
【問題 13】 …(2)

規格省令第8条の12に規定がありますが，それによると「手動」ではなく，「自動的に」送信することができること，となっています。

【問題17】　炎感知器に関する記述について，次のうち正しいのはどれか。
(1)　公称監視距離は，視野角5度ごとに定めるものとし，20m未満の場合は5m刻みとする。
(2)　炎感知器には，屋内型，屋外型，道路型がある。
(3)　道路型の最大視野角は120度以上であること。
(4)　炎感知器には紫外線式と赤外線式のほか，イオン化アナログ式がある。

　(1)　「公称監視距離は，視野角5度ごとに定めるものとし」までは正しいですが，20m未満の場合は5m刻みではなく1m刻みとなっています。
　(3)　道路型の最大視野角は180度以上必要です。また，(4)のイオン化アナログ式は煙感知器であり，炎感知器ではありません（炎感知器には，紫外線式と赤外線式のほか紫外線赤外線併用式，炎複合式があります）。

＜発信機　→P.154＞
【問題18】　P型発信機の構造，機能について，次のうち適当でないのはどれか。
(1)　保護板は透明の有機ガラスを用いること。
(2)　発信機の外箱の色は赤色であること。
(3)　P型発信機とは，各発信機に共通または固有の火災信号を受信機に手動により発信するもので，発信と同時に通話することができるものをいう。
(4)　発信機から火災信号を伝達したとき，受信機がその信号を受信したことを（発信者側が）確認できる装置は，1級のみに設ける必要がある。

　(3)はT型発信機に関する説明で，P型発信機については後半部分が「発信と同時に通話することができないものをいう」となっています。
　(1)と(2)はP型の1級と2級に共通の規定です。なお，(2)で「外箱の色は50％（又は25％）以上を赤色仕上げとすること」などという数値が入っていれば×なので念のため。(4)はP型2級に必要とされるのは押しボタンですが，P

| 解　答 |
【問題14】…(1)　　　　　　　【問題15】…(4)　　　　　　　【問題16】…(4)

型1級にはこの他,①通報確認ランプ（設問の装置）と②電話ジャックが必要になります。

<受信機　→P.157>

【問題19】　次のように規定されている受信機はどれか。

「火災信号，火災表示信号若しくは火災情報信号を<u>固有の信号</u>として，または設備作動信号を共通，若しくは固有の信号として受信し，火災の発生を防火対象物の関係者に報知するもの」

(1)　P型受信機　　(2)　R型受信機
(3)　G型受信機　　(4)　R型アナログ式受信機

　　火災信号を固有の信号として受信するのはR型受信機で，共通の信号として受信するのはP型受信機です。従って，問題文の下線部を「共通の信号」に換え「火災情報信号」を削除すればP型受信機の説明となります。

　　なお，G型受信機の定義は「ガス漏れ信号を受信し，ガス漏れの発生を防火対象物の関係者に報知するもの」となっています（アナログ式は，P.175の規格を参照）。

【問題20】　受信機の火災表示，および蓄積機能について，次のうち誤っているのはどれか。

(1)　非蓄積式のP型，またはR型受信機が火災信号を受信した場合，5秒以内に火災表示（地区音響装置の鳴動を除く），または注意表示（アナログ式の場合）が行われること。
(2)　蓄積式受信機とは，感知器からの火災信号を受信しても一定時間継続しないと火災表示を行わないタイプの受信機のことをいう。
(3)　蓄積式受信機の蓄積時間は，5秒を超え120秒以内であること。
(4)　蓄積式では，発信機からの火災信号を受信した場合，受信機の蓄積機能は自動的に解除されるものであること。

蓄積式受信機（または中継器）の蓄積時間は，5秒を超え60秒以内です。

解　答

【問題17】…(2)　　　　　　　　　　【問題18】…(3)

<受信機部品　→P.161>

【問題21】　**受信機の音響装置について，次のうち正しいのはどれか。**

(1) P型受信機の主音響装置は，すべて無響室で音響装置の中心から1m離れた地点で85dB（デシベル）以上の音圧が必要である。

(2) P型3級受信機の場合，地区音響装置の音圧は，無響室で音響装置の中心から1m離れた地点で70dB以上必要である。

(3) ガス漏れ警報装置の場合，その音圧は装置から1m離れた地点で90dB以上必要である。

(4) 定格電圧の90％の電圧で音響を発すること。

　　(1) P型3級の主音響装置は70dB以上となっているので，「すべて」の部分が誤りです。(2) P型3級に地区音響装置は不要です（P型3級に必要な機能は，火災表示試験装置と主音響装置のみ）。(3) ガス漏れ警報装置の音圧は70dB以上となっているので，これも誤りです。

【問題22】　**受信機の予備電源について，次のうち誤っているのはどれか。**

(1) 予備電源は密閉型蓄電池であること。

(2) P型受信機の予備電源の場合，監視状態を60分間継続したあと，2回線の火災表示と接続されているすべての地区音響装置を同時に鳴動させることのできる消費電流を10分間流せること。

(3) 停電時には自動的に予備電源に切り替わる装置が必要であるが，停電復旧時には緊急性がないので常用電源に切り替える装置は手動でよい。

(4) G型受信機の予備電源は，2回線を1分間作動させ，同時にその他の回線を1分間監視できる容量であること。

　　受信機の予備電源については，受信機に係る規格省令の第4条に規定があり，それによると，「主電源が停止した時は主電源から予備電源に，主電源が復旧した時は予備電源から主電源に**自動的に**切り替わる装置を設けること」となっており，従って復旧した時も自動的に切り替わる装置が必要となります（(2)の「60分」と「10分」は数値を問う穴埋めの出題例あり）。

解　答

【問題19】…(2)　　　　　　　　　　　　【問題20】…(3)

【問題23】　自動火災報知設備の受信機に使用する部品の構造及び機能について，次のうち規格省令上誤っているものはどれか。

(1)　指示電気計器の電圧計の最大目盛りは，使用される回路の定格電圧の140％以上200％以下であること。

(2)　スイッチの接点は，腐食するおそれがなく，かつ，その容量は最大使用電流に耐えること。

(3)　表示灯に使用する電球（放電灯又は発光ダイオードを用いるものを除く。）は，2個以上直列に接続すること。

(4)　電磁継電器の接点は，外部負荷と兼用しないこと。

　　(3)の直列は並列の誤りです。

その他は，P.161の(5)以外の部品の規格です。

<P型受信機　→P.165>

【問題24】　P型1級受信機の多回線に必要な機能で，次のうち適当でないのはどれか。

(1)　火災表示試験装置による試験機能を有すること。

(2)　発信機表示灯（発信機からの火災信号を受信した場合，当該発信機が作動したのがわかる表示灯）を設けること。

(3)　受信機の前面には，主電源を監視できる装置を設けること。

(4)　P型1級発信機からの火災信号を受信した場合，受信した旨の信号を当該発信機に送ることができ，また電話連絡ができること。

　　P型1級受信機に必要な機能において，発信機からの火災信号を受信した場合，受信した旨の信号を当該発信機に送ることができ，また電話連絡ができる装置（(4)の機能）というのは必要ですが，(2)の当該発信機が作動したのがわかる表示灯（発信機ランプ）は，規格としては定められていません。

【問題25】　受信機の機能について，次のうち正しいのはどれか。

(1)　アナログ式受信機が火災情報信号のうち注意表示をする程度に達したものを受信したときは，赤色の火災灯を自動的に表示しなければならない。

解　答

【問題21】…(4)　　　　　　　　　　【問題22】…(3)

(2)　接続することができる回線数が1のP型1級受信機には，地区音響装置に接続する装置を備えなくてもよい。

(3)　自動火災報知設備に用いられる受信機の場合（アナログ式受信機含む），受信開始から火災表示（地区音響装置の鳴動を除く）までの所要時間は5秒以内であるが，G型（またはGP型，GR型）受信機の場合，ガス漏れ表示までの所要時間は60秒以内である。

(4)　差動式分布型感知器（空気管式）の検出部の機能を試験できること。

(1)　火災灯は火災表示信号を受信したときであり，注意表示信号を受信した場合は，**注意灯**と地区表示装置の点灯，注意音響装置を鳴動させる必要があります（⇒P.175の規格）。(2)　P.173の表より，回線数が1のP型1級受信機にも地区音響装置は必要です（**地区表示灯は不要**）。(4)　受信機側で感知器の機能を試験することはできません（感知器自身で行う）。

【問題26】　自動火災報知設備又はガス漏れ火災警報設備の受信機の構造について，次のうち規格省令上誤っているものはどれか。

(1)　電源電圧が，主電源では90％以上110％以下，予備電源では85％以上110％以下で変動しても機能に異常を生じないこと。

(2)　主音響停止スイッチは，定位置に自動的に復旧するものであること。

(3)　復旧スイッチを設けるものにあっては，これを専用のものとすること。

(4)　蓄積時間を調整する装置を設けるものにあっては，受信機の内部に設けること。

(2)は「定位置に自動的に復旧しないスイッチ」です。他は，P.160，(4)参照

【問題27】　P型1級受信機（1回線用を除く。）の機能について，次のうち規格省令に定められていないものはいくつあるか。

A　受信機に接続された感知器の感度の良否を試験することができること。

B　導通試験装置による試験機能を有すること。

C　短絡表示試験装置による試験機能を有すること。

解　答

【問題23】 …(3)　　　　　　　　【問題24】 …(2)

D　2回線から火災信号又は火災表示信号を同時に受信したとき，火災表示をすることができること。

E　T型発信機を接続するP型1級受信機にあっては，2回線以上が同時に作動したとき，通話すべき発信機を任意に選択でき，かつ，遮断された回線におけるT型発信機に話中音（わちゅうおん）が流れるものであること。

(1)　1つ　　(2)　2つ　　(3)　3つ　　(4)　4つ

A　受信機側で感知器の試験や感度の良否をチェックすることはできないので，誤り。

B　P型1級受信機の多回線には，導通試験装置が必要なので，正しい。

C　短絡表示試験装置はR型受信機に必要な試験機能なので，誤り。

D，E　正しい。

従って，規格省令に定められていないものは，A，Cの2つになります。

【問題28】　P型1級受信機とP型2級受信機（いずれも多回線）を比較した場合，P型1級には必要であるがP型2級には不必要な機能の組み合わせで正しいのは次のうちどれか。

(1)　導通試験装置，確認応答及び電話連絡装置，火災灯

(2)　導通試験装置，火災表示の保持，火災灯

(3)　火災表示試験，確認応答及び電話連絡装置，火災灯

(4)　火災表示試験，確認応答及び電話連絡装置，予備電源

P.173の表より，P型1級に必要（○）でもP型2級には不必要（×）な機能は火災灯，確認応答及び電話連絡装置，導通試験装置となっています。

<R型受信機　→P.174>

【問題29】　R型受信機（アナログ式受信機を除く）の構造，機能について，次のうち誤っているのはどれか。

A　終端器に至る外部配線の断線を検出することができる装置を有すること。

解　答

【問題25】…(3)　　　　　　【問題26】…(2)

B　2回線から火災信号を同時に受信した時，火災表示をすることができること。

C　受信機から中継器（感知器からの火災信号を直接受信するものにあっては，感知器）に至る外部配線の断線を検出することができる装置を有すること。

D　断線を検出することができる装置の試験中，他の回線から火災信号を受信した時は，その火災表示をすることができること。

E　注意表示の作動を容易に確認することができる注意表示試験装置を有すること。

(1)　A，C　　(2)　B，D　　(3)　B，E　　(4)　C，E

R型受信機には，P型1級受信機の有する機能の他，断線や短絡を検出することができる装置が必要になります。**断線**は「受信機から**終端器**に至る外部配線の間」，**短絡**は「受信機から**中継器**（感知器からの火災信号を直接受信するものにあっては，感知器）に至る外部配線の間」のものを検出することができる必要があります。従って，Cの断線は誤りです（正解は短絡）。

また，Eの注意表示試験装置は，アナログ式受信機のみに必要なので，誤りです。

<非常電源　→P.241>（注：構成上，非常電源の規格は設置基準のところにまとめてありますので，ご了承下さい。）

【問題30】　非常電源として用いる蓄電池設備の構造及び機能について，次のうち消防庁告示の基準に適合しないものはどれか。

(1)　鉛蓄電池の単電池当たりの公称電圧は1.2Vであること。

(2)　補液の必要のない蓄電池には，減液警報装置を設けなくてもよい。

(3)　充電装置には充電中である旨を表示する装置を設けること。

(4)　蓄電池設備は，自動的に充電するものとし，充電電源電圧が定格電圧の±10％範囲内で変動しても機能に異常なく充電できるものであること。

蓄電池設備の基準（P.243）より，(1)は，「(2)の①」より，2Vなので，誤り。(2)は「(2)の③」より正しい。(3)は「(3)の③」より，正しい。(4)は，「(1)の②」

解　答

【問題27】…(2)　　　　　　　　　　【問題28】…(1)

より，正しい（注：「自動車用大容量鉛蓄電池を使う」とあれば×なので，注意！⇒P. 243，(2)の①より，自動車用は NG）。

【問題31】　非常電源として用いる蓄電池設備の構造及び機能について，次のうち消防庁告示上誤っているものはどれか。
(1)　蓄電池設備には，その設備の出力電圧又は出力電流を監視できる電圧計又は電流計を設けること。
(2)　蓄電池設備には，過充電防止装置及び過放電防止装置を設けること。
(3)　蓄電池設備は，0℃から40℃までの範囲の周囲温度において，機能に異常を生じないこと。
(4)　アルカリ蓄電池の単電池当たりの公称電圧は1.2Vであること。

前問に同じく蓄電池設備の基準（P. 243）より，(1)は，「(1)の⑥」より，正しい。(2)は「(1)の③」より，過放電防止装置が誤りです。(3)は「(1)の⑦」より，正しい。(4)は，「(2)の②」より，正しい。

＜中継器　→P. 177＞
【問題32】　自動火災報知設備に使用する中継器について，規格省令に定められている事項で，次のうち誤っているものはいくつあるか。
A　中継器の受信開始から発信開始までの所要時間は5秒以内でなければならない。
B　地区音響装置を鳴動させる中継器は，受信機において操作しない限り，鳴動を継続させること。
C　定格電圧が100Vを超える中継器の金属製外箱には，接地端子を設けること。
D　受信機から電力を供給されない方式の中継器については，外部負荷に電力を供給する回路に，ヒューズ，ブレーカ，その他の保護装置は設けなくてよい。
E　アナログ式中継器の感度設定装置は，1の操作により表示温度等の変更ができること。
(1)　なし　　(2)　1つ　　(3)　2つ　　(4)　3つ

解　答
【問題29】…(4)　　　　　　　　　【問題30】…(1)

A，Bは正しい（AはP.177の①，Bは同じく③）。Cは100Vではなく60V
です（⇒P.177の⑤）。Dは「外部負荷に電力を供給する回路」については，
受信機から電力を供給される方式の中継器と供給されない方式の中継器の両
方に必要なので，誤りです（⇒P.178）。Eはアナログ式中継器の感度設定装
置については，規格省令第3条の14に，「感度設定装置は，次によること…
…2以上の操作によらなければ表示温度等の変更ができないものであること。）」
となっているので，「1の操作により」というのは，誤りです。従って，C，
D，Eの3つが誤りということになります。

＜ガス漏れ火災警報設備　→P.182＞

【問題33】　ガス漏れ火災警報設備の検知方式について，次の文の（　）内に当て
はまる語句として正しいのはどれか。

　「ガス漏れ火災警報設備の検知方式には，（ A ），接触燃焼式，気体熱伝導
度式の3方式があり，このうち接触燃焼式と気体熱伝導度式は（ B ）を用い
たものであり，また（ A ）は可燃性ガスの吸着による半導体の電気伝導度が
（ C ）するという性質を利用してガス漏れを検知する。」

	A	B	C
(1)	空気管式	白金線	減少
(2)	熱電対式	半導体	減少
(3)	半導体式	白金線	上昇
(4)	熱半導体式	酸化鉄	上昇

　検知方式には**半導体式，接触燃焼式，気体熱伝導度式**の3方式があり，空
気管式や熱半導体式などというのはありません（空気管式は出題例あり！）。
また，**酸化スズや酸化鉄は半導体式に用いられる半導体**です（⇒鑑別で出題例
がある）。

【問題34】　ガス漏れ火災警報設備の検知器について，次のうち正しいのはどれ
か。

解　答

【問題31】…(2)　　　　　　　　　　　【問題32】…(4)

A　検知器の警報方式には，即時警報型，警報遅延型，反限時警報型の３方式がある。

B　即時警報型とは，ガス濃度が警報設定値に達した後，30秒以内に警報を発するものをいう。

C　反限時警報型は，ガス濃度が警報設定値に達した後，その濃度以上で継続してガスが存在する場合，一定時間後に警報を発するが，ガス濃度が高くなるほどその時間（警報遅延時間）が長くなる。

D　検知器の標準遅延時間とは，検知器がガス漏れ信号を発する濃度のガスを検知してから，ガス漏れ信号を発するまでの標準的な時間をいう。

(1)　A，C　　(2)　A，D　　(3)　B，C　　(4)　B，D

Bは「30秒以内」ではなく「直後」に警報を発するものをいいます。Cは反限時警報型の場合，ガス濃度が高くなるほど警報遅延時間は短くなります。Dの検知器の標準遅延時間は設問の通りで正しい。ちなみに受信機の標準遅延時間の方は，受信機がガス漏れ信号を受信してから，ガス漏れが発生した旨の表示をするまでの標準的な時間をいい，検知器の標準遅延時間との合計は60秒以内とする必要があります。

【問題35】　ガス漏れ火災警報設備の検知器の機能について，次のうち正しいのはどれか。

(1)　爆発下限界の $\frac{1}{2}$ 以上の濃度にさらされている時は，継続して作動し続けること。

(2)　爆発下限界の1/100以下の時には作動しないこと。

(3)　信号を発する濃度のガスに接した時，60秒以内に信号を発すること。

(4)　検知器の標準遅延時間と受信機の標準遅延時間の合計が120秒以内であること。

(1)(2)　ガスの燃焼範囲（爆発範囲）の上限を爆発上限界，下限を爆発下限界といいますが，検知器はこの爆発下限界の1/4以上の濃度にさらされている

時に確実に作動し，1/200以下の時には作動しないこと，とされているので，誤りです。また(3)は，60秒以内で正しい。(4)の標準遅延時間というのは，検知器の場合，「検知器がガス漏れ信号を発する濃度のガスを検知してから，ガス漏れ信号を発するまでの標準的な時間」のことで，受信機の場合は「受信機がガス漏れ信号を受信してから，ガス漏れが発生した旨の表示をするまでの標準的な時間」のことをいいます。規則では，この遅延時間の両者の合計は60秒以内とされているので，従って(4)は誤りとなります。

<受信機　→P.185>

【問題36】　G型（またはGP型，GR型）受信機の構造・機能について，次のうち誤っているのはどれか。

A　2回線からのガス漏れ信号を同時に受信しても，ガス漏れ表示ができること。

B　GP型，GR型の地区表示装置は，火災の発生した警戒区域とガス漏れの発生した警戒区域を明確に識別できること。

C　受信機のガス漏れ灯の色は赤色であること。

D　予備電源を設ける場合は2回線を1分間有効に作動させ，同時にその他の回線を1分間監視できる容量であること。

E　接続することができる回線の数が1のG型受信機には，ガス漏れの発生に係る地区表示装置を備えなければならない。

(1)　AとC　　(2)　AとE　　(3)　BとC　　(4)　CとE

B　G型の場合，火災の発生した警戒区域は関係ありませんが，GP型，GR型の場合は，火災の発生した警戒区域も表示する必要があります。

C　受信機のガス漏れ灯の色は**黄色**です。赤色というのは自動火災報知設備の火災灯の色です。

E　G型受信機の1回線のものは，P型1級受信機の1回線のものと同様，地区表示装置（地区表示灯）は省略することができます。

第4編 (構造,機能・工事,整備)
電気に関する部分

第1章

自動火災報知設備(設置基準)

●●●●●●●●●●●●●●●●●●●●●●●●●●●●●●

電気に関する部分(設置基準)の出題傾向について
(注:科目免除の方は P. 6 の 10 を参照してください。)

1. **警戒区域**については法令の類別部分の方でよく出題されています。

2. **感知器**については,感知器の設置上の原則(P. 214)が特に重要です。
中でも**定温式スポット型感知器**と煙感知器の設置基準は頻繁に出題されているので,**共通の原則**と各感知器の設置基準をよく把握しておく必要があります(炎感知器もたまに出題されています)。なお,P. 215 の(2),「感知器を設置しなくてもよい場合」と P. 218 の(3),「煙感知器を設置しなければならない場合」は,一般的に法令の類別部分で出題されています。また,**感知面積**(P. 219)については,余り出題はされていませんが,ただ,この知識は実技試験では重要な要素になるので,十分理解しておく必要があります。一方,**感知器の取り付け面の高さ**(P. 223)については,法令の類別部分で頻繁に出題されています。

3. **発信機**(P. 237)については,その設置基準や**取り付け工事**についての出題が,頻繁にあります。なお,3 ~ 6 は施行規則 24 条が中心の規定です。

4. **受信機**の設置基準(P. 238)については,法令の方でよく出題されていますが,**受信機の異常**や**非火災報**に関する出題が電気に関する部分の方でもたまにあります。

5. **地区音響装置**(P. 239)については,**ほぼ毎回出題されており**,「P 型 1 級受信機に接続する地区音響装置」として出題される場合がほとんどで,その**設置基準や音圧**などがよく出題されています。

6. **耐火,耐熱配線**(P. 247)については,**ほぼ毎回出題されています**。従って,耐火,耐熱配線として使用できる**電線の種類**や非常電源の耐火配線の工事方法などをよく理解しておく必要があります。

最後に**接地工事**についてですが,接地工事の目的や抵抗値についての出題がほぼ毎回あり,特に **D 種接地工事**(P. 252)についての出題がよくあります。

警戒区域と感知区域 重要

(1)　警戒区域について

　警戒区域については既に構造，機能のところで説明しましたが，設置基準を説明するにあたり重要なポイントなので，もう一度説明しておきます。

　定義は，

『火災の発生した区域を他の区域と区別することが出来る最小単位の区域』

とされているもので，要するに火災発生場所を特定するために防火対象物を一定規模ごとに区分けし，その区分ごとに回線を設けておくのです。

　受信機側にもその回線専用の地区表示灯を設けておき，これによって，その地区表示灯の点灯によりどこの回線（警戒区域）が発報しているかがわかるというわけです（P.159 の図参照）。

　その警戒区域ですが，設定するには次の基準に従います。

1. 設定基準

① 一つの警戒区域の面積は 600 m² 以下とすること。

　　ただし，主要な出入口から内部を見通せる場合は，1000 m² 以下とすることができます。

② 警戒区域の一辺の長さは 50 m 以下とすること。

　　従って，一辺が 50 m なら 1 警戒区域，51 m や 100 m なら 2 警戒区域に，101 m や 150 m なら 3 警戒区域にする必要がある，というわけです。

　　なお，**光電式分離型感知器**（煙感知器）を設置する場合は，一辺を 100 m 以下とすることができます。

③ 2 以上の階にわたらないこと。つまり，1 階と 2 階，2 階と 3 階というように，上下の階にわたらないということです。

　　ただし，次の場合には 2 の階にわたることができます。

(ア)　上下の階（2 の階）の床面積の合計が 500 m² 以下の場合（図a）

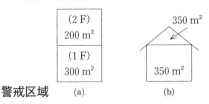

警戒区域　　　(a)　　　　　　　(b)

☆　ただし，小屋裏（天井裏）の扱いに要注意（図b）

図aの場合，1Fと2Fの合計は500㎡なので，一つの警戒区域とすることができます。しかし，図bのような小屋裏の場合，原則としてその階と同じ警戒区域としますが，図のように床面積の合計が600㎡を超える場合（図では700㎡）は，1Fと小屋裏は別々の警戒区域とする必要があります。

㈡　煙感知器をたて穴区画*に設ける場合

（*たて穴区画：階段，傾斜路，エレベーターの昇降路，リネンシュート，パイプダクト，パイプシャフト など）

以上が原則ですが，次のような例外もあります。

2．例外

①　たて穴区画の例外

上記のイのたて穴区画については，これらが水平距離で50 m以下にあれば同一警戒区域とすることができます。

たとえば，次頁の図1では，階段やエレベーターなどが50 m以下の範囲内にあるので，同一警戒区域とすることができます。

②　階段の例外（①の更に例外）

たて穴区画の中でも階段（注：エスカレーターも含みます）と傾斜路は人が通行するので，次のようにまた別の例外規定が設けられています。

㈠　地階の階数が1のみの場合

地上部分と同一警戒区域とします。

従って，次頁の図1のB階段も地階が1階までしかありませんから，階段全体で一つの警戒区域となります。

㈡　地階の階数が2以上の場合

地階部分と地上部分は別の警戒区域とします。

たとえば次頁の図1の場合，50 m以内ですから本来なら①より，A階段B階段Cエレベーターとも同一警戒区域としたいところですが，A階段が地階の階数が2なので，ここではa′を別の警戒区域とします。従ってa′で一つの警戒区域，a，b，cで一つの警戒区域，となります。

㈢　防火対象物が高層で階数が多い場合

垂直距離45 m以下ごとに区切って警戒区域を設定します。

煙感知器を階段に設ける場合の1個あたりの垂直距離，
15 m（3種は10 m）と混同しないように！（P. 231 の⑧参照）

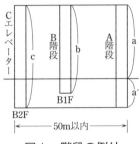

図1 階段の例外

(2) 感知区域

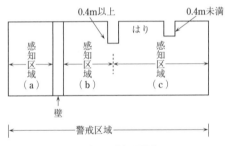

図2 感知区域

警戒区域と混同しやすいものに，この**感知区域**があります。

感知区域というのは，感知器が有効に火災の発生を感知できる区域で，その定義は

『壁，または取り付け面から0.4 m以上（差動式分布型と煙感知器は0.6 m以上）突き出したはりなどによって区画された部分』

となっています。

つまり，**警戒区域**が区域を（他の区域と）区別するために設けるのに対して，**感知区域**は，感知が有効と思われる範囲を区切るために設けるものなのです

（一般的には警戒区域の中にいくつかの感知区域がありますが，逆に警戒区域より感知区域の方が大きい特殊なケースとして光電式分離型のケースもあります。本書では前者を基準に考えます）。

一方，1個の感知器が有効に火災を感知できる面積を**感知面積**（感知器の種

類や取り付け高さなどに応じて決められている面積）といい，これに感知器の設置個数を掛けたものが感知区域の面積以上あればよいことになります。

　感知面積⇒１個の感知器が有効に火災を感知できる面積

たとえば，感知区域を 100 m² とした場合，感知面積が 30 m² とすると，感知面積の合計が 100 m² 以上あればよいので，よって 30 m²×4＝120 m²＞100 m² より，感知器が 4 個以上あればよいことになります。

なお，「階段，傾斜路，廊下および通路」に煙感知器を設置する場合は感知区域ごとに設けなくてもよいことになっています（つまり，感知区域を考えなくてもよいということです）。

☆　前頁図２の説明
①　感知区域（a）
　　壁で区画されているので１部屋が１感知区域となります。
②　感知区域（b）
　　はりが 0.4 m 以上（差動式分布型と煙感知器は 0.6 m）あるので，そこと壁で区画されて一つの感知区域となります。
③　感知区域（c）
　　はりが 0.4 m 未満なので，そこでは区画されず図のような区画となります。

例題　0.6 m，0.4 m，0.3 m のはりがある図の部屋に光電式スポット型感知器（2種）を設置する場合，感知区域の範囲として，適切なものは a～c のうちどれか。

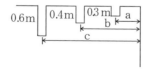

〔例題の答〕：c（煙感知器は 0.6 m 以上のはりで区画された部分なので，c が正解。なお，本試験では，実際に図に矢印を記入させる問題です。）

感知器の設置基準(その1)・共通の設置基準

(1) 感知器の設置上の原則

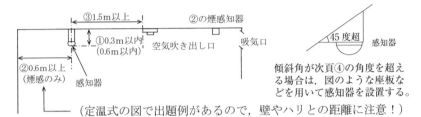

③1.5m以上　②の煙感知器
①0.3m以内
(0.6m以内)　空気吹き出し口　吸気口
②0.6m以上
(煙感のみ)　感知器

45度超　感知器

傾斜角が次頁④の角度を超える場合は，図のような座板などを用いて感知器を設置する。

（定温式の図で出題例があるので，壁やハリとの距離に注意！）

感知器の設置上の原則

注：感知器から空気吹き出し口までの距離のとり方は，感知器の中心から吹き
出し口の端までです。
同様に①の0.3mは感知器の下端部までの距離です。

感知器は『天井または壁の屋内に面する部分，および天井裏の部分に火災
が有効に感知できるように設けなければならない』となっていますが，具体
的には次のような設置原則があります。

① 感知器は取付け面の下方0.3m（煙感知器は0.6m）以内に設けること。

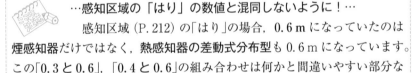

…感知区域の「はり」の数値と混同しないように！…

感知区域 (P. 212) の「はり」の場合，0.6mになっていたのは
煙感知器だけではなく，**熱感知器の差動式分布型も0.6m**になっています。
この「0.3と0.6」，「0.4と0.6」の組み合わせは何かと間違いやすい部分な
ので，よく注意して覚えるようにしておいて下さい。

●設置基準⇒取り付け面の下方0.3m以内
(煙感知器は0.6m)

●感知区域の「はり」⇒0.4m以上
(差動式分布型と煙感知器は0.6m)

② 煙感知器のみの基準
・壁や，はりからは0.6m以上離すこと。
・天井付近に**吸気口**がある場合は，その吸気口付近に設けること（P. 230 煙

感知器の設置基準の⑤を参照）

③　換気口などの空気吹き出し口について

空気吹き出し口（の端）から 1.5 m 以上離して設けること（光電式分離型，差動式分布型，炎感知器は除く）。

- ●空気吹き出し口⇒1.5 m 以上離す
  　　　　　　（光電分離，差動分布，炎は除く）
- ●吸気口　　　　⇒煙感知器のみ，その付近に設ける

④　感知器の機能に異常を生じない傾斜角度の最大値　重要

差動式分布型感知器（検出部に限る）	5 度
スポット型（炎感知器は除く）	45 度
光電式分離型（アナログ式含む）と炎感知器	90 度

(2)　感知器を設置しなくてもよい場合

1．共通部分　（規則 23 条第 4 項の 1 号など）

次の場合は，感知器の設置を省略することができます。

①　感知器の取り付け面の高さが 20 m 以上の場合（炎感知器は除く）

②　上屋その他外部の気流が流通する場所で，感知器によっては火災の発生を有効に感知することが出来ない場所（炎感知器は除く）

　　⇨要するに，外気が流通する場所，ということです。

③　主要構造部を耐火構造とした建築物の天井裏の部分（令 21 の 2 の 3）

④　天井裏において，その天井と上階の床との間が 0.5 m 未満の場合

⑤　閉鎖型のスプリンクラーヘッドを用いたスプリンクラー設備か水噴霧消火設備または泡消火設備のいずれかを設置した場合における，その有効範囲内の部分（特定防火対象物や煙感知器の設置義務があるところは除く）

⑥　便所，浴室など常に水を使用する室（ただし，隣接する脱衣所は省略できない）

⑦　天井，壁が不燃材料の押入れ（木製等不燃材料以外なら設置が必要）

2．煙感知器を設置できない場合

煙感知器（**熱煙複合式スポット型感知器も含む⇒出題あり**）は，次の表の①から⑧の場所への設置が禁止されています（煙感知器の特性上，これらの場所に設置すると誤報や故障が生じやすいからです）。

なお，これら煙感知器の設置禁止場所には，それぞれの環境に適応する熱感知器を設置します（○印があれば設置可能）。

煙感知器設置禁止場所および熱感知器設置可能場所

（S型：スポット型） （参考）

煙感設置禁止場所／熱感知器	具体例	定温式	差動式分布型	補償式S型	差動式S型	炎感知器
① じんあい等が多量に滞留する場所	ごみ集積所,塗装室,石材加工場	○	○	○	○	○
② 煙が多量に流入する場所	配膳室,食堂,厨房前室	○	○	○	○	×
③ 腐食性ガスが発生する場所	バッテリー室,汚水処理場	○(耐酸)	○	○(耐酸)	×	×
④ 水蒸気が多量に滞留する場所	湯沸室,脱衣室,消毒室	○(防水)	○(2種のみ)	○(2種のみ)(防水)	○(防水)	×
⑤ 結露が発生する場所	工場,冷凍室周辺,地下倉庫	○(防水)	○	○(防水)	○(防水)	×
⑥ 排気ガスが多量に滞留する場所	駐車場,荷物取扱所,自家発電室	×	○	○	○	○
⑦ 著しく高温となる場所	ボイラー室,乾燥室,殺菌室,スタジオ	○	×	×	×	×
⑧ 厨房その他煙が滞留する場所	厨房室,調理室,溶接所	○(防水)	×	×	×	×

（耐酸） 耐酸型または耐アルカリ型のものとする

（防水） 防水型のものとする

（防水） 高湿度となる恐れのある場合のみ防水型とする

この表を全て丸暗記するというのはなかなか大変なので，ポイントをしぼ

れば覚えやすいと思います。

　まず定温式ですが，まるで万能選手のようにほとんど全ての場所に設置可能となっています。――が，ただ一つ排気ガスの所だけが不可となっています。

　また，差動式分布型もほとんど設置可能になっていますが，よく見ると補償式スポット型と全く同じ位置に○がありますので，この二つは同じものとして扱います。

　さらに，差動式スポット型は，⑦と⑧に加えて③も設置不可，となっています。以上をまとめると次の表のようになります。

前頁の表のまとめ

	×（設置不可）
(ア)定温式	⑥排気ガス
(イ)差動式分布型 　補償式スポット型	⑦高温 ⑧厨房
(ウ)差動式スポット型	③腐食性ガス ⑦高温 ⑧厨房

3．炎感知器を設置できない場合

　炎感知器は，前頁の表の煙感知器設置禁止場所には設置できません。ただし，①と⑥のみは設置可能です。

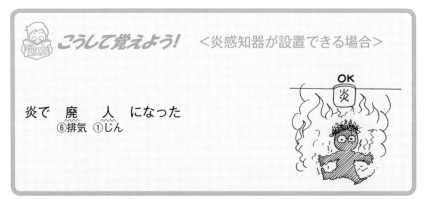

こうして覚えよう！　＜炎感知器が設置できる場合＞

OK
炎

炎で　廃　人　になった
　　⑥排気　①じん

　なお，鑑別で炎感知器の写真を示して，設置できない場所を問う出題例があるので，注意してください（前頁の表参照）。

(3)　煙感知器を設置しなければならない場合

　次に掲げる場所には，必ず煙感知器を設置しなければならないことになっています（注：「熱煙」は熱煙複合式スポット型感知器，「炎」は炎感知器の略）。

	設置場所 （規則第23条第5項より）	感知器の種別		
		煙	熱煙	炎
①	たて穴区画（階段，傾斜路，エレベーターの昇降路，リネンシュート，パイプダクトなど）	○		
②	地階，無窓階および11階以上の階（ただし，特定防火対象物および事務所などの15項の防火対象物に限る）	○	○	○
③	廊下および通路（下記＊に限る）	○	○	
④	カラオケボックスの個室等（（2項ニ）⇒16項イ，（準）地下街に存するものを含む）	○	○	
⑤	感知器の取り付け面の高さが15m以上20m未満の場所	○		○

　　↑　　↑
　／煙感知器の＼
　｜代わりに設｜
　＼置できる／

＊1.　特定防火対象物
　2.　寄宿舎，下宿，共同住宅（(5)項ロ）
　3.　公衆浴場（(9)項ロ）
　4.　工場，作業場，映画スタジオなど（(12)項）
　5.　事務所など（(15)項）
（注：(7)項の学校や(8)項の図書館などの廊下等には設置義務はないので，注意！）

 こうして覚えよう！　＜煙感知器の設置が必要な場合＞

　まずは，階段やエレベーターなどの「たて穴区画」と「廊下や通路」「地階，無窓階および11階以上の階」「カラオケボックスの個室等」には煙感知器が必要ナンダ，と覚えておき，その他の細かい所は一つ一つ付け足して覚えていくか，または問題を何回も解く過程において覚えていけばよいでしょう。

　煙感の部屋には，　いい　ム　チになる　からんだ　ツ　タ　がある
　（煙感知器が必要な場合）11階　無窓階 地階　　　　カラオケ　　通路 たて穴

こうして覚えよう！　＜前ページ(3)の続き＞

煙感知器の代わりに熱煙複合式スポット型（熱煙）を設置できる場合
　熱血漢　が　地階　の　通路　に居た（出題例があるので要注意！）
　熱煙感知器　　　③　　　②

(4)　感知面積

　　感知面積というのは，感知区域のところで説明しましたように，感知器の種類や取り付け高さなどに応じて決められている面積のことで，それを基（もと）にしてその感知区域内での設置個数を求めます。

　つまり，

 設置個数 ＝ $\dfrac{\text{感知区域の面積（m}^2\text{）}}{\text{感知器1個の感知面積（m}^2\text{）}}$

となります（小数点が出たら切り上げて整数とします）。

　表にすると，次の表のようになります（なお，Sはスポット型，煙式は煙感知器の略です）。

感知面積　　　　　　　　　　　　（単位：m²）

↓取り付け ↓面の高さ		定温式S			差動式S		補償式S		煙式S	
		特種	1種	2種	1種	2種	1種	2種	1,2	3
4m 未満	主要構造部 が耐火構造	70	60	20	90	70	90	70	150	50
	その他の構造	40	30	15	50	40	50	40		
4m 以上 8m 未満	主要構造部 が耐火構造	35	30		45	35	45	35	75 (4m 以上 15m 未満)	
	その他の構造	25	15		30	25	30	25		

　　　　　　　　　　　　　（下線⇒1種は20m未満）

　　しかし，これらの数値をこのまますべて覚えるというのは中々大変なので，次ページのように主要なものを分類して覚えていった方が無難です。

1．定温式スポット型（１種）

（取り付け面の高さ）

（４m 未満）	4 m	（４m 以上）
① 耐　火：60 m²		② 耐　火：30 m²
その他：30 m²		その他：15 m²

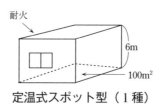

〔例〕

定温式スポット型（１種）

　耐火構造で天井の高さが６m，床面積が 100 m² の部屋の場合

　（ただし，天井から突き出したはりなどは無いものとします。よって，部屋全体が一つの感知区域となるので全体の床面積 100 m² をそのまま用いて感知面積で割ればよいことになります）

　感知面積は，耐火で高さが４m 以上なので②の耐火の 30 m² となり，必要個数は 100÷30＝3.33…より，繰り上げて４個設置となります。

2．差動式スポット型(2種),補償式スポット型(2種),定温式スポット型(特種)

（4m未満）	4m	（4m以上）
① 耐 火：70m²		② 耐 火：35m²
その他：40m²		その他：25m²

こうして覚えよう！

さ　　ぼって得　なし　　①
差動式　補償式　定温式特種　70　40

②
3言（みこと）　2言（ふたこと）
35　　　　　　25

いただいた

　すべてスポット型なので，ゴロにスポットを入れてありませんが，差動式の場合，分布型もあるので，「さ」は差動式スポット型である，ということを再確認するようにして下さい。

3．煙式スポット型（1，2種）　（煙式に耐火とその他の区別はない）

（4m未満）	4m	（4m以上）
① 150m²		② 75m²

こうして覚えよう！　＜煙式の感知面積＞

煙式以後は　　なごやか
150　　　　　75

　（煙式を設置する前は火災の感知に神経をすり減らしていたが，煙式を設置した後は煙式が感知してくれるので，なごやかに過ごせるようになった，という意味です）

4．差動式分布型の熱電対式　（参考資料）

　熱電対式の場合，「3．煙式スポット型」までとは違い取り付け面の高さ（4 m）による区分は無く，またその他も少し方法が異なりますが，比較対照できるようにここで説明しておきます（なお，空気管の場合は面積ではなく空気管の長さによって決まるのでここでは省きます）。

① 耐火構造の場合（個数は全て「熱電対部」の個数です）

　○ 感知区域の床面積が 88 m² 以下の時

　　　4 個以上設置

　○ 88 m² を超える場合

　　　4 個プラス 88 m² を超える 22 m² ごとに 1 個追加する

　　⇒ この場合，計算方法としては床面積をそのまま 22 m² で割ればよいだけです（小数点は繰り上げる）

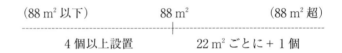

（88 m² 以下）	88 m²	（88 m² 超）
4 個以上設置		22 m² ごとに ＋ 1 個

【例 1】 床面積が 32 m² の場合

　　　　88 m² 以下の場合ですから，4 個以上を設置します。

【例 2】 床面積が 200 m² の場合

　　　　88 m² を超える場合ですので，床面積をそのまま 22 m² で割ります。

　　　　200 ÷ 22 ＝ 9.09……　⇒繰り上げて 10

　　　　すなわち 10 個必要，となります。

② その他の構造の場合（個数は全て熱電対部の個数です）

　○ 感知区域の床面積が 72 m² 以下の時

　　　4 個以上設置

　○ 72 m² を超える場合

　　　4 個プラス 72 m² を超える 18 m² ごとに 1 個追加する

　　⇒ この場合，計算方法としては 1 と同じく床面積をそのまま 18 m² で割ればよいだけです（小数点は繰り上がる）

（72 m² 以下）	72 m²	（72 m² 超）
4 個以上設置		18 m² ごとに ＋ 1 個

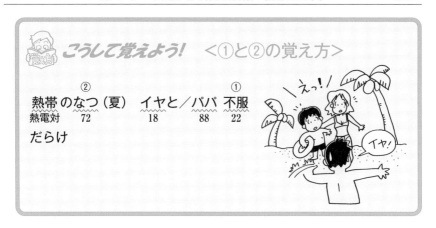

こうして覚えよう！　＜①と②の覚え方＞

②
熱帯 のなつ（夏）　イヤと／パパ　不服 ①
熱電対　　72　　　　18　　88　　22
だらけ

(5)　感知器の取り付け面の高さ

　P.219の感知面積のところでは，取り付け面の高さによって感知面積が異なる，ということで，取り付け面の高さに触れましたが，ここでは取り付け面の高さのみに注目して，それに適応する感知器の種別を説明したいと思います（Sはスポット型の略です）。

　まず表にまとめると，次頁の表のようになります。

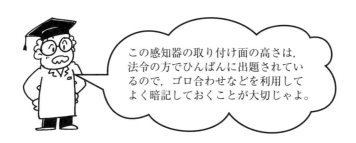

この感知器の取り付け面の高さは，法令の方でひんぱんに出題されているので，ゴロ合わせなどを利用してよく暗記しておくことが大切じゃよ。

感知器の取り付け面の高さ

（○印：設置可能，－印：設置不可）

取り付け面の高さ	定温式S型			差動式S型	差動式分布型	補償式S型	煙式		
	特種	1種	2種				1種	2種	3種
①4m未満	○	○	○	○	○	○	○	○	○
②4m以上 8m未満	○	○	－	○	○	○	○	○	－
③8m以上 15m未満	－	－	－	○	○	－	○	○	－
④15m以上 20m未満	－	－	－	－	－	－	○	－	－
20m以上	炎感知器のみ								

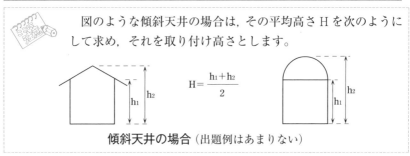

図のような傾斜天井の場合は，その平均高さHを次のようにして求め，それを取り付け高さとします。

$$H = \frac{h_1 + h_2}{2}$$

傾斜天井の場合（出題例はあまりない）

これも少々複雑なので，限界の高さに焦点を絞って覚えればよいと思います（下線部は「こうして覚えよう！」に使う部分です。）。

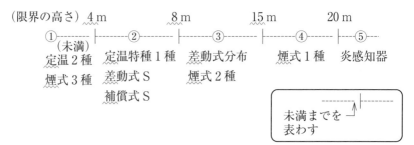

これでいえば，定温2種は4m未満が限界（＝4m未満の高さまで設置可能），煙式2種は15m未満が限界ということです。

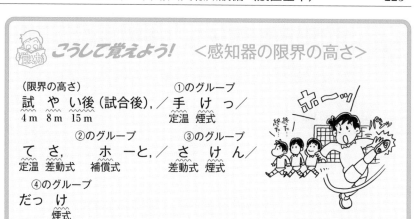

注）ゴロの中に「け」が3回出てきますが，早く出てきた方（すなわち限界の高さが低い方）から3種，2種，1種となります。

つまり，3種⇒2種⇒1種と感度が良くなるほど取付け面の限界の高さが高くなる，ということです。

なお，「さ」も2回出てきますが，これは差動式を表し，最初の「さ」がスポット型，あとの「さ」が分布型となります。

- 「け」（煙感知器）⇒早く出てきた方から3種，2種，1種
- 「さ」（差動式）⇒最初がスポット型，あとが分布型

第4類消防設備士 Q&A

熱感知器の定温式スポット型と差動式スポット型は，どのような場所に設置するのですか？

解説

ボイラー室など熱気や蒸気で一気に温度が上昇する（＝温度差大）場所に差動式を設置すると，すぐに作動してしまい，誤報の原因になるので，このような温度変化が大きいところでは，定温式感知器を設置します。逆に温度変化がほとんどない事務室などは，急激な温度上昇は異常な状態となるので，それを感知する差動スポット型感知器を設置するわけです。（P.216の表参照）

感知器の設置基準(その2)・各感知器の設置基準

ここではその感知器のみに適用される基準について説明したいと思います。

(1)　熱感知器

【1．定温式スポット型と補償式スポット型感知器】

規則では

『正常時における最高周囲温度が感知器の (※) 公称作動温度より 20 ℃ 以上低い場所に設けること』となっています。

たとえば，公称作動温度が 80 ℃ である感知器は最高周囲温度が 60 ℃ までの場所にしか設けることができない，ということです。

逆な言い方をすると，たとえば最高周囲温度が 60 ℃ の場合，それより 20 ℃ 以上高い 80 ℃ や 90 ℃ の公称作動温度である感知器を設ければよい，ということになります。

 感知器の公称作動温度－最高周囲温度≧20 ℃

（※）公称作動温度

感知器が火災を感知する温度のことで，その設定値は 60 ℃ のものから 150 ℃ のものまであります（60〜80 ℃ は 5 ℃ ごとに，80〜150 ℃ は 10 ℃ ごとに設定値があります）。

なお，補償式スポット型の場合は，公称定温点となります。

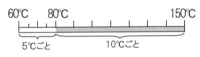

 こうして覚えよう！　＜定温式の公称作動温度＞

低温のイチゴは　　老齢者が作っている
定温　　150　　　　60

各感知器の設置基準

【2．差動式スポット型感知器】

共通の設置基準（P.214）を参照して下さい。

【3．差動式分布型感知器】

1．空気管式

① 空気管は他の感知器同様，取り付け面の下方 0.3 m（注：煙感知器は 0.6 m）以内に設けること。

また，感知区域の取り付け面の各辺から 1.5 m 以内に設けること。

〈参考資料〉：検出部を異にする空気管が並行して隣接する下図(a) のような空気管相互間隔も，1.5 m 以内とする必要がありますが，はりが 0.6 m 以上で感知区域が異なる下図 (b) のような場合は，上記下線部より，はりの取付け面から 1.5 m 以内となるように設置する必要があります。

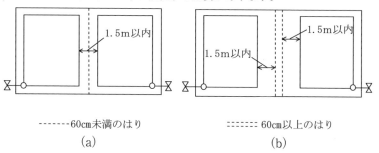

------- 60cm未満のはり　　　======= 60cm以上のはり
(a)　　　　　　　　　　　(b)

図1

② 空気管の露出部分（熱を感知する部分）は感知区域ごとに 20 m 以上とすること。

もし部屋が小さくて一回りさせても 20 m 以上とならなければ，二回りさせるか，または空気管を部分的にコイル状に巻くなりして長さをとります。

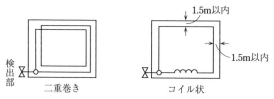

図2　空気管の露出部分

（注：図中の○印は，貫通箇所を表します）

③　一つの検出部に接続する空気管の長さは 100 m 以内とすること。

④　検出部の傾斜➡ 5 度以上傾斜させないこと（P. 215，⑴の④参照）

⑤　相対する空気管の相互間隔は 6 m 以下（耐火は 9 m 以下）とすること。

　　ただし，感知区域の規模や形状によっては次のように布設をすることが
できます。

㋐　相互間隔（L）が 6 m 以下（耐火は 9 m 以下）でよい場合

　　次のような形状の場合は，相互間隔（L）を原則どおり 6 m 以下（耐火は
9 m 以下）にすることができます。

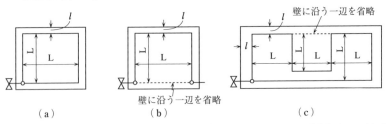

（注：aにおいて，一方のLを 6 m（耐火は 9 m）より　　L＝ 6 m 以下（耐火は 9 m 以下）
長くしたい場合は下の図 2 の(a)のようにします。）　　l＝ 1.5 m 以内

図 1　L が 6 m 以下（耐火は 9 m 以下）の場合

　一辺を省略しても空気管の露出部分は 20 m 以上必要です。

㋑　相互間隔（L）を 5 m 以下（耐火は 6 m 以下）とする場合

　　次のような形状の場合は，相互間隔（L）を 5 m 以下（耐火は 6 m 以下）
とする必要があります。

図 1(a)の一方の L を右
図(a)のように 5 m 以下
（耐火は 6 m 以下）に
すると L′は㋐の数値
（6 m，耐火は 9 m）を
超えることができます。

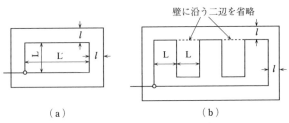

L＝ 5 m 以下（耐火は 6 m 以下）
ℓ＝ 1.5 m 以内

図 2　L が 5 m 以下（耐火は 6 m 以下）の場合

⑥　空気管の取り付け工事に関する基準

1．ステップル等の止め金具の間隔について

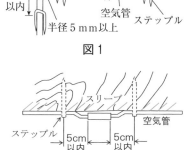

図1

　　空気管の直線部分では **35 cm 以内**，（図1）空気管相互の接続部分では接続部から **5 cm 以内**（図2），屈曲部からは5 cm 以内にステップル等の止め金具で固定すること。（下線部⇒「直接，スリーブの上から止め金具により止める」は誤り。）。

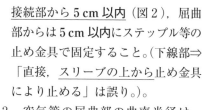

図2

2．空気管の屈曲部の曲率半径は，**0.5 cm 以上**（5 mm 以上）とすること（図1）。

　　なお，参考までに傾斜天井の場合を説明しておきます。

　　天井の傾斜角度が **3/10 以上** の時は次のように布設する必要があります。

(ア)　空気管の布設方向は図のように傾斜と直角方向にすること。

(イ)　空気管の間隔は傾斜の上の方が密になるように，おおむね1：2：3の割合とし（図では2 m，4 m，6 m となっています）その平均間隔は⑤の(イ)と同じく5 m 以下（耐火は6 m 以下）とすること。

(ウ)　最頂部には必ず1本以上の空気管を布設すること。

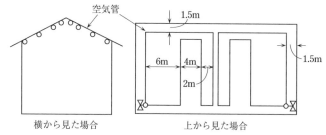

図3　傾斜天井の場合

2．熱電対式　（感知面積に関しては P. 219 参照）

①　熱電対部の最低接続個数は1感知区域ごとに4個以上設けること。

　　これは，感知区域がたとえ押し入れなどの小区画であっても適用され，最低4個は設けます。

②　熱電対部の最大個数は，1つの検出部について **20個以下** とすること。

③　検出部は **5度以上** 傾斜させないこと（P. 215 参照）。

(2) 煙感知器

【1．煙感知器（光電式分離型以外）】

① 感知器は，取付け面の下方 0.6 m 以内に設けること。

② 壁またははりから 0.6 m 以上離れた位置に設けること。

　　（①②については，P.214 の共通の設置基準の①②より）

③ 感知器の傾斜角度⇒45 度以上傾斜させないこと（⇒P.215 の表）。

④ 天井が低い居室または狭い居室の場合は入り口付近に設けること。

⑤ 天井付近に吸気口がある場合は，その吸気口付近に設けること。

⑥ 空気吹き出し口からは 1.5 m 以上離すこと。

　　（P.214「感知器の設置上の原則」の③参照）

⑦ **廊下および通路に設ける場合**

　(ア) 歩行距離 30 m（3 種は 20 m）につき 1 個以上設けること。

　　　感知器が廊下の端にある場合は，壁面から歩行距離で 15 m（3 種は 10 m）以下の位置に設けること。👉**出た！**

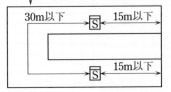

　　　┌── 鑑別で図に「30 m 以下」と記入させる出題あり。

（注）距離は，あくまで歩行距離であり，水平距離ではありません。

図1　廊下，通路

　(イ) 感知器が省略できる場合（(ア)の 30 m と(イ)の 10 m は製図での出題例あり！）

　　1．**階段に接続していない廊下や通路が 10 m 以下の場合**

　　2．**廊下や通路から階段までの歩行距離が 10 m 以下の場合**（図の a・b 部分）👉**出た！**（鑑別）

　　（階段には煙感知器が設置してあることによる緩和規定です）

　　　この場合，b 点は図の位置より右へ行っても左へ行っても常に階段まで 10 m 以下となるので，省略できるのです。

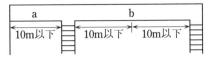

図2　感知器が省略できる場合

⑧　階段（エスカレーター含む）および傾斜路に設ける場合

　　垂直距離 15 m（3 種は 10 m）につき 1 個以上設けること（最頂部にも設置）。
（注：特定 1 階段等防火対象物の場合は，7.5 m につき 1 個以上。但し 3 種は設置
できません。なお，鑑別で，特定 1 階段等防火対象物の階段に設置できる感知器
を選択し，かつ，その縦の設置間隔や設置個数と算出式を求める出題例があるの
で注意して下さい。⇒答：煙感知器の 1 種か 2 種を選び，距離は 7.5 m））

　　高層建物における警戒区域の 45 m と混同しないように！
　　（P. 211 の②のウ参照）

　　なお，地階が 1 階までの場合と 2 階以上の場合では，次のように設置の
仕方が異なってきます。

㋐　地階が 1 階までの場合

　　地上階と同一警戒区域なので，下図(a)のように垂直距離をとります。

㋑　地階が 2 階以上の場合

　　地上階と地下階は別の警戒区域となるので，下図(b)のように分けて垂
直距離をとります。

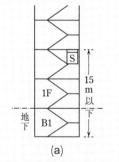
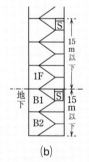

　　　　　(a)　　　　　　　　　　(b)

　　（地階が 1 階までの場合）　　（地階が 2 階以上の場合）

⑨　たて穴区画に設ける場合

　　エレベーターの昇降路，リネンシュート，パイプダクトなどに設ける場
合は（ただし，水平断面積が 1 m² 以上の場合に限ります。従って，1 m² 未
満の場合は省略可，ということです⇒P. 405 の下図），その最頂部に設けま
す（⑧の階段の場合でも同じく最頂部に設ける）。

　　ただし，エレベーター昇降路の場合，その頂部とエレベーター機械室の
間に規定以上の開口部があれば，エレベーター機械室の方に設置すること
ができます（製図試験では，一般的にエレベーター機械室に設置する）。

【2．光電式分離型感知器】

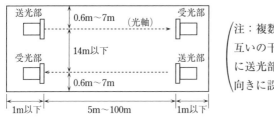

(a) 光電式分離型（上から見た図）

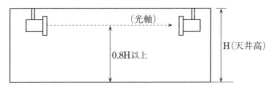

(b) 光電式分離型（横から見た図）

① 感知器の光軸（感知器の送光面の中心と受光面の中心とを結ぶ線）について

(ｱ) 並行する壁からの距離 図（a）

0.6 m 以上 7 m 以下となるように設けること。

(ｲ) 光軸間の距離 図（a）

14 m 以下となるように設けること。

(ｳ) 光軸の高さ 図（b）

天井などの高さの 80 % 以上の高さに設けること。

（【関連】 炎感知器でも「監視空間」という高さに関する規定があり，その場合は床から 1.2 m 以内の空間を言います（P. 235 の図参照））

② 感知器の送光部および受光部は，その背部の壁から 1 m 以内の位置に設けること。

③ 感知器の受光面が日光を受けないように設けること。

④ 感知器の傾斜角度⇒90 度以上傾斜させないこと（⇒P. 215 の(1)の④）。

⑤ 感知器の光軸の長さ

その感知器の (※) 公称監視距離の範囲内となるように設けること。

（※）公称監視距離

　光電式分離型と炎感知器での火災を監視できる距離のことを言い，光電式分離型では5m以上100m以下（5m刻み）となっています。

例題　次の図のa，bに入る数値及びその種別として，適当なものには○，不適当なものには×を付しなさい。ただし，光軸の長さは公称監視距離内にあるものとする。

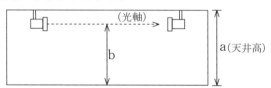

	a	b	種別
(1)	20 m	17.2 m	2種
(2)	18 m	14.5 m	1種
(3)	15 m	12 m	2種
(4)	9 m	8.8 m	1種

解説

　まず，bは天井高の×0.8以上なので，それについては全て○。次に，

P.224 より，2種は15m未満までしか設置できないので，(1)と(3)のa
の値を確認すると，ともに15m以上となっているため×となります。ま
た，1種は20m未満までしか設置できないので，(2)と(4)のaの値を確認
すると，(2)(4)とも80％以上なので○となります。

[解答]　(1)　×　(2)　○　(3)　×　(4)　○

(3)　炎感知器

　炎感知器には設置場所に応じて，**屋内型，屋外型，道路型**の3種類があり
ます。また，他の感知器と違って道路部分に設ける場合の規定もあります。

【1．共通の設置基準】

① 　感知器は，障害物などにより有効に火災の発生を感知できないことがな
いように設けること。

② 　感知器は，日光を受けない位置に設けること。ただし，感知障害が生じ
ないように遮光板などを設けた場合は，この限りでない。

③ 　(※) 監視距離が公称監視距離の範囲内であること（⇒次頁の図の*1*）。
　　ただし，道路型で設置個数が1個となる場合は，2個設置しておくこと。

　(※) 監視距離 （「床面から1.2m」は鑑別でよく出題されている）
　　⇒　感知器から監視空間（当該区域の**床面**＊から高さ**1.2m**までの空
　　間）の各部分までの距離（＊工場などでは「地面」の可能性もある）。

④ 　その他，留意事項　重要

　・ライター等の小さな炎でも近距離の場合は作動するおそれがあるので，
炎感知器を**ライター等の使用場所の近傍に設けない**こと。👉**出た!**

　・**紫外線式**の炎感知器は，ハロゲンランプ，殺菌灯，電撃殺虫灯が使用さ
れている場所に設けないこと。

　・**赤外線式**の炎感知器は，自動車のヘッドライトがあたる場所には設けな
いこと。

　　なお，P.217，3．の①と⑥には，注意してください（⇒駐車場に設置可能）。

　炎感知器の場合，他の感知器のように「(取り付け面から) ～m
以内に設置」，というような設置基準はないので注意が必要です。

　次の文の（A），（B）に当てはまる数値，語句を答えよ。

「炎感知器における監視空間とは，当該区域の床面から（A）mまでの空間をいい，感知器からその監視空間の各部分までの距離を(B)という。」

（答えは下）

【2．炎感知器（道路部分に設けるもの）】

①　感知器は道路型を設けること。

②　感知器は道路の側壁部分または路端の上方に設けること。

③　感知器は道路面から1.0 m以上1.5 m以下の高さに設けること。

【3．炎感知器（道路部分に設けるものを除く）】

①　感知器は屋内型，または屋外型のものを設けること。

②　感知器は壁，または天井などに設けること。

＜炎感知器の設置個数を計算する方法＞（注：製図での出題は極めて少ない）

　　炎感知器の設置個数を計算する時は，床面から1.2 mの高さの平面上で計算します。

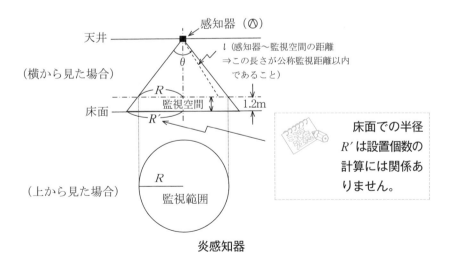

炎感知器

〔例題の答〕：A＝1.2，B：監視距離

　たとえば，上の図において，感知器の視野角（監視できる角度）が θ 度の場合，感知器が監視できる範囲は，図のように床面から $1.2\,\mathrm{m}$ の高さの平面上に出来る半径 R の円内となります。従って，隣に設置する感知器は，未監視部分が出来ないように少なくともこの円に接する以上の位置に円が出来るよう，感知器を設置する必要があります。

　また，感知器の個数を求めるには，この円に内接する正方形の寸法を求め，部屋の縦と横の寸法でそれぞれ割れば，必要な個数が求まります。

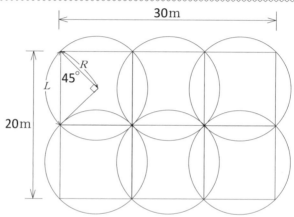

　たとえば，図の場合，円に内接する正方形の一辺の長さ L は，$\cos 45° = \dfrac{R}{L}$ より，$L = \dfrac{R}{\cos 45°}$ で求められます。仮に，その L が $10\,\mathrm{m}$ だとした場合，図の部屋には縦 2 個，横 3 個，計 6 個の炎感知器が少なくとも必要，ということになります。

(4) アナログ式感知器 (参考資料)

　アナログ式感知器は，それぞれ次の感知器の基準によって設置します。

アナログ式感知器	対応する感知器の種別
熱アナログ式スポット型感知器	定温式スポット型特種
イオン化アナログ式スポット型感知器 光電アナログ式スポット型感知器	光電式スポット型感知器 （1種〜3種）
光電アナログ式分離型感知器	光電式分離型感知器（1種2種）

4　発信機の設置基準

（注：P 型は GP 型，R 型は GR 型を含みます。）

① 押しボタンは，床面から 0.8 m 以上 1.5 m 以下の高さに設けること。（受信機の操作スイッチと同じ⇒次ページ 5 の③参照）

② 各階ごとに，その階の各部分から 1 の発信機までの歩行距離が 50 m 以下となるように設けること（右図参照）。

③ 受信機との接続は次によること

　㋐ P 型 1 級発信機と接続する受信機

　　　　P 型 1 級受信機（GP 型 1 級受信機）

　　　　R 型受信機　　（GR 型受信機）

　㋑ P 型 2 級発信機と接続する受信機

　　　　P 型 2 級受信機

a：歩行距離
b：水平距離

歩行距離と水平距離

　つまり，発信機が 1 級なら受信機も 1 級か，または R 型，発信機が 2 級なら受信機も 2 級に接続すればよい，ということです。

④ P 型 2 級受信機で 1 回線のもの，および P 型 3 級受信機には，発信機を接続しなくてもよいことになっています（規則第 24 条第 8 の 2 号より）。

　また，接続した場合でも，①～③，⑤の規定による必要はありません。

⑤ 発信機の近くに赤色の表示灯を設けること。

　これは位置を表示するためのもので，取り付け面と 15 度以上の角度となる方向に沿って，10 m 離れた位置から点灯していることが容易に識別できるように設置する必要があります。

● なお，設置する直近に屋内消火栓用表示灯がある場合は，発信機の表示灯を省略することができます。

発信機は非常によく出題されておるが，中でも①～③の太字の部分はひんぱんに出題されておるので，よく把握しておくことが大切じゃよ。

発信機と受信機の設置基準

受信機の設置基準

① 受信機は防災センターなどに設けること。

② 受信機は感知器や中継器，または発信機が作動した場合，それらの警戒区域を連動して表示できること。

③ 受信機の操作スイッチは，床面から 0.8 m（いすに座って操作する場合は 0.6 m）以上 1.5 m 以下の高さに設けること。

④ 主音響装置（または副音響装置）の音圧や音色は，他の警報音や騒音と明らかに区別して聞き取ることができること。

⑤ 1の防火対象物に2台以上の受信機が設けられている時は，これらの受信機のある場所相互の間で同時に通話できる装置を設けること。

⑥ 1つの防火対象物に設置可能な受信機数（注：GP型も同じ。）

P型1級受信機（多回線）	3台以上設けることができる
P型1級受信機（1回線） P型2級受信機 P型3級受信機	2台以下しか設置出来ない

つまり，3台以上設置できるのは**P型1級受信機（多回線）**のみで，それ以外は2台以下しか設置できない，ということです。

⑦ 設置に関する面積制限（注：GP型も同じ）

次の受信機は，表の右欄に掲げた延べ面積以下の防火対象物にしか設置できません。

P型2級受信機（1回線）	350 m² 以下
P型3級受信機	150 m² 以下

⑧ 原則として，受信機の付近に**警戒区域一覧図**を備えておくこと。

また，アナログ式受信機（または中継器）の場合は，**表示温度等設定一覧図**（注意表示や火災表示の際に設定した温度）を付近に備えること。

6 # 地区音響装置（地区ベル）

① 　1の防火対象物に2以上の受信機が設けられている時は，いずれの受信機からも鳴動させることができること。

② 　各階ごとに，その階の各部分から1の地区音響装置までの**水平距離**が，25 m以下となるように設けること（下図）。

 下線部分⇒歩行距離
ではないので注意！

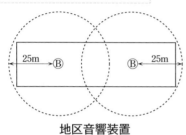

地区音響装置

＜地区音響装置の規格＞
主要部の外箱の材料は，**不燃性又は難燃性のもの**とすること。

③ 　音響装置の鳴動（＝警報の報知）

　全館**一斉鳴動**が原則です。ただし，次の(ア)のような大規模な防火対象物の場合，最初は(イ)のように**区分鳴動**とし，「**一定時間が経過した場合**」または「**新たな火災信号を受信した場合**」は自動的に一斉鳴動へと移行するよう措置されている必要があります（⇨　全館一斉鳴動によって，出口や階段等に殺到することによるパニックを防ぐためです）。

(ア) 　鳴動制限のある大規模防火対象物（⇒両方の条件が必要）

地階を除く階数	5以上
延べ面積	3000 m² を超えるもの

(イ) 　区分鳴動

原則	**出火階とその直上階のみ鳴動すること。**
出火階が1階または地階の場合	原則＋**地階全部（出火階以外も）**も鳴動すること。

　つまり，(ア)の防火対象物の場合，まずは次の部分を区分鳴動させればよいわけです。

・出火階が2階以上の場合（図のaの場合）

⇒　**出火階＋その直上階**⇒（原則のみ）

・出火階が1階の場合（図のbの場合）

⇒　**1階**（出火階）**＋2階**（その直上階）**＋地階全部**

・出火階が地階の場合（図のc，d，eの場合）

⇒　**地階全部**（ただし，出火階が地下1階の場合は，その直上階は1階になるので1階も含みます）

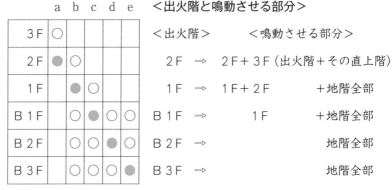

＜出火階と鳴動させる部分＞

	a	b	c	d	e	＜出火階＞	＜鳴動させる部分＞
3F	○						
2F	●	○				2F ⇒	2F＋3F（出火階＋その直上階）
1F		●	○			1F ⇒	1F＋2F　　＋地階全部
B1F			●	○	○	B1F ⇒	1F　　＋地階全部
B2F			○	●	○	B2F ⇒	地階全部
B3F			○	○	●	B3F ⇒	地階全部

●出火階　○鳴動させる階

区分鳴動（地上5階建てのビルとし，4Fと5Fは省略）

④　地区音響装置の音圧（⇒P.161. 1．音響装置参照。）

⑤　地区音響装置の省略

音声警報音を発する非常放送設備が設けられている場合は，その有効範囲内において地区音響装置を省略することができます。

⑥　地区音響装置の**再鳴動機能**

「地区音響停止スイッチが地区音響装置の鳴動を停止する状態（＝スイッチがOFF）にある間に，受信機が火災信号を受信したときは，当該音響停止スイッチが一定時間以内に自動的に（<u>地区音響装置が鳴動している間に停止状態にされた場合においては自動的に</u>）地区音響装置を鳴動させる状態に移行するものであること。」

つまり，

㈠　地区音響停止スイッチが鳴動を停止する状態（OFF）にある場合

⇒　スイッチが<u>一定時間以内に</u>自動的に鳴動させる状態に移行すること。

㈢　地区音響装置が鳴動している間にスイッチを停止状態にされた場合

⇒　自動的に地区音響装置を鳴動させる状態に移行すること。

（要するに，スイッチが OFF のときに火災信号を受信すれば，一定時間内にベルを鳴らし，すでにベルが鳴っているときにスイッチが OFF になれば，直ちにベルを鳴らす状態に復帰させなさい，ということです。）

⑦　(地区音響鳴動装置の)感知器作動警報の音声は女声で，火災警報の音声は男声によるものとすること。（覚え方：カン高い女性の声⇒感知器は女声）

例題　地区音響装置の鳴動が，区分鳴動から一斉鳴動（全区域鳴動）に移行した際の理由として，適切なものを2つ答えよ。

解説

「一定の時間が経過した場合」と「新たな火災信号を受信した場合」（P.239, ③の下線部参照⇒鑑別での出題例がある）。

7　電源

電源には常用電源，予備電源および非常電源があります。

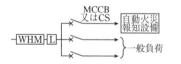

WHM	：電力量計
L	：電流制限器
MCCB	：配線用遮断器
CS	：カットアウトスイッチ（ヒューズ付）

常用電源の例

(1) 常用電源

①　蓄電池または交流低圧屋内幹線から他の配線を分岐せずにとること。

②　電源の開閉器には，自動火災報知設備用のものである旨を表示すること。

(2) 非常電源

非常電源には**非常電源専用受電設備**または**蓄電池設備**を用いますが，特定防火対象物で延べ面積が 1000 m² 以上の場合は蓄電池設備しか設置できません。

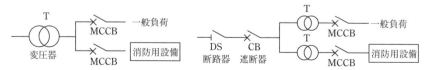

(a)　変圧器2次側から供給する場合　　(b)　専用の変圧器から供給する場合

非常電源専用受電設備

電
源

その設置基準等は次のとおりです。

① 非常電源として非常電源専用受電設備を設置すれば常用電源を省略することができる。

　　なお，非常電源専用受電設備とは，耐火性能を備えた受電設備のことです。

② 非常電源は，他の電気回路の開閉器（配線用遮断器＝MCCB）または遮断器（CB）によって遮断されないようにすること。

③ 蓄電池設備について（次ページの蓄電池設備の基準参照）

　㋐ **直交変換装置**（下記＊参照）を有しないものであること。

　㋑ **自動火災報知設備** を 10 分間有効に作動できる容量以上であること。

　㋒ 停電時には自動的に非常電源に切り替わり，停電復旧時には自動的に常用電源に切り替わること。

　㋓ 鉛蓄電池は自動車用以外のものを用いること。

④ 非常電源を省略できる場合

　　予備電源の容量が非常電源の容量以上である場合は，非常電源を省略することができます。

　　一般には，非常電源の容量以上の予備電源を用いることによって，非常電源を省略しています。

 予備電源≧非常電源 ⇒ 非常電源省略可

☆ この逆の場合，つまり非常電源の容量が予備電源の容量以上であっても予備電源は省略できません。

＊**直交変換装置**について⇒交流を直流に変換し，また直流を交流に変換する装置で，充電装置及び**逆変換装置**（直流を交流に変換するインバーターなど）などからなります。この装置は，上記③のアにあるように，自動火災報知設備に使用する蓄電池設備には使用できません（⇒常用電源が停電してから非常電源に切り替わる際，正常な電流を供給できるまでに若干時間を要することなどの理由から）。

　なお，この装置に使用される**逆変換装置**に関する基準の出題例があるので，そのポイントを挙げると，① 半導体を用いた静止形とし，**放電回路**（⇒「充電回路」とした出題例あり）の中に組み込むこと。② 出力点検スイッチ及び出力保護装置を設けること。……など。

蓄電池設備の基準 （昭和 48 年消防庁告示第二号の抜粋）

> 蓄電池設備とは，蓄電池（鉛蓄電池等）と充電装置（直流出力の場合）または**逆変換装置**（交流出力の場合で直流を交流に変換する装置）等によって構成される設備

（1）　蓄電池設備の構造及び性能(●印は過去に出題されたことがある項目です。)

①　直交変換装置を有しない蓄電池設備にあっては常用電源が停電した直後に，電圧確立及び投入を行うこと（注：自動火災報知設備には**直交変換装置**を有する蓄電池設備は使用できません）。　重要

●②　蓄電池設備は，自動的に充電するものとし，充電電源電圧が定格電圧の±10％の範囲内で変動しても機能に異常なく充電できるものであること。

●③　蓄電池設備には**過充電防止機能**を設けること（下線部⇒過放電ではない）。

④　蓄電池設備には，自動的に又は手動により容易に**均等充電**を行うことができる装置を設けること。ただし，均等充電を行わなくても機能に異常を生じないものにあっては，この限りではない。

⑤　蓄電池設備から消防用設備等の操作装置に至る配線の途中に**過電流遮断器**のほか，**配線用遮断器**または**開閉器**を設けること。

●⑥　蓄電池設備には，当該設備の**出力電圧**又は**出力電流**を監視できる**電圧計**又は**電流計**を設けること。

●⑦　蓄電池設備は，0 ℃ から 40 ℃ までの範囲の周囲温度において，機能に異常を生じないこと。

（2）　蓄電池の構造及び性能（液面は容易に確認できなければならない）

●①　鉛蓄電池は，**自動車用以外**のものを用いること（⇒自動車用は NG）。

●②　蓄電池の単電池当たりの公称電圧

　　○　鉛蓄電池，ナトリウム硫黄電池（NaS 電池）：**2 V**（ボルト）

　　○　レドックスフロー電池：**1.3 V**　　○　アルカリ蓄電池：**1.2 V**

●③　**減液警報装置**が設けられていること。ただし，補液の必要のないものにあっては，この限りでない（⇒　設けなくてもよい）。

（3）　蓄電池設備の充電装置の構造及び機能

①　**自動的に充電でき**，かつ，充電完了後は，**トリクル充電**または**浮動充電**に自動的に切替えられるものであること。ただし，切替えの必要のないものにあってはこの限りでない。

②　充電装置の入力側には，**過電流遮断器**のほか，**配線用遮断器**または**開閉器**を設けること（類似の規定が 1 の⑤にあります）。

●③　**充電中**である旨を表示する装置を設けること。

配線

##

(1)　配線の基準

　Ｐ型受信機に接続する感知器回路の配線においては，容易に導通試験ができるように**送り配線**にするとともに，回路の末端に**発信機，押しボタン**，または終端器（終端抵抗）を設けること。

> ①　配線を**送り配線**とすること。
> ②　回路の末端に**発信機，押しボタンまたは終端器（終端抵抗）を接続すること**

（注：押しボタンとは回路試験器のことです。）

１．Ｐ型２級の場合

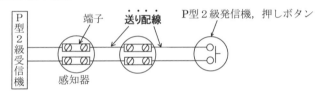

Ｐ型２級受信機の配線方法（平面図）

　送り配線というのは，図のように信号が数珠つなぎに一つ一つの感知器を経由して流れるようにした配線のことです。こうすることによって，感知器回路の配線が１箇所でも断線した場合，２級なら発信機を押すことにより，また，１級なら受信機の回路導通試験装置のスイッチを入れることにより，断線を確認することができるというわけです。

　従って，感知器回路の配線は送り配線とする必要があり，次頁図１のような枝出し配線（ブランチ配線）としては導通は確認できません。

> 送り配線としなかった場合に生じる不具合　👉**出た!**
> ⇒送り配線にしなかった部分以降で断線が発生しても検出できない

　なお，容易に導通試験が行えないような場所，たとえば小屋裏などに感知器を設置しなければならない場合は，容易に導通試験が行える廊下などに回路試験器（押しボタン）を設け，それを末端とします。

配
線

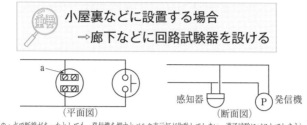

（図のa点で断線があったとしても，発信機を押すとベルや表示灯が作動してしまい，導通試験にパスしてしまう）

図1　枝出し配線（悪い例）

２．P型1級の場合

　P型1級の場合もP型2級の場合と同様に下図のように接続し（但し，押しボタンを末端にすることはできないので注意！），受信機側の導通試験スイッチなど（自動断線監視機能を含む）によって導通を確認します。

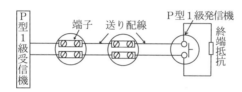

図2　P型1級受信機の配線方法（平面図）

回路の末端
・P型2級⇒発信機，回路試験器
・P型1級⇒終端抵抗

なお，末端が感知器の場合は，その感知器に終端抵抗を接続します。

終端器（終端抵抗）を設ける理由
⇒受信機側で断線の有無を確認するため

③　例外

　（※）自動試験機能を有するアナログ式感知器に接続するR型受信機の場合は，配線を送り配線としたり終端器を設けるなどの措置は不要となります。

　（※）**自動試験機能**　感知器の機能試験を自動で行ったり，配線が感知器や発信機から外れたり断線した場合などに自動的に警報を発する機能のこと。

④　接地電極に常時直流電流を流す回路方式を用いないこと。

(2)　共通線

　P型（またはGP型）受信機の感知器回路の共通線は，1本につき**7警戒区域以下**とすること。

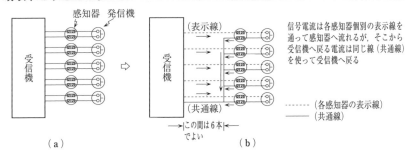

共通線（警戒区域が5の場合）

　これはどういうことかというと，感知器回路はP.244の図のように一つの警戒区域について2本の配線が必要となります。従って，たとえば受信機に5警戒区域の感知器回路が接続されているとすると，本来なら全部で10本必要となります（上図の (a)）。

　しかし，2本のうちの1本を「共通線」として共有することができるので，その結果，各警戒区域に1本ずつと共通線との合計6本で済ますことができるのです（上図の (b)）。

　ただし，共通線1本を共有することができるのは7回路（7警戒区域）までとなっているので，それ以上の場合は2本以上必要となります。

(3)　誘導障害の防止

　他の回路からの誘導障害を防止するため，自動火災報知設備の配線と他の回路の電線とは同一の管やダクト，線ぴ，プルボックスなどの中に設けないこと。ただし，**60V以下の弱電流回路**なら一緒に設けても構いません。

(4)　配線の耐火・耐熱保護の範囲

　　まず，耐火配線，耐熱配線は，配線の**工事方法の名称**であり，その工事に使用する電線には，耐熱性を有する電線と耐熱電線，耐火電線および **MI ケーブル**があります。

　　この「<u>耐火配線，耐熱配線</u>」と「<u>耐火電線，耐熱電線</u>」の名称を混同しないようにしてください。

　　さて，次の場合に配線を耐火配線，または耐熱配線とする必要があります。（ただし中継器に**予備電源＝蓄電池**，を内蔵している場合，**中継器の非常電源回路（次頁の図のア）は一般配線（IV 線）**のままでよいことになっています）

① 　耐火配線工事の方法（次頁の図のアの部分）

　　・非常電源から受信機まで

　　・受信機から中継器までに至る非常電源回路

使用する電線	工事の方法
1．600 V 2 種ビニル絶縁電線(HIV)，（またはこれと同等以上の耐熱性を有する電線⇒下の＊）	金属管等に収め，**埋設工事**を行う（埋設深さは壁体等の表面から 10 mm 以上）。
2．耐火電線（FP）または MI ケーブル	**露出配線**とすることができる。

＊600 V 2 種ビニル絶縁電線（HIV）と同等以上の耐熱性を有する電線（抜粋）

　　・EP ゴム絶縁電線　　　　　　　・ポリエチレン絶縁電線
　　・シリコンゴム絶縁電線　　　　　・架橋ポリエチレン絶縁電線
　　・CD ケーブル　　　　　　　　　・鉛被ケーブル
　　・クロロプレン外装ケーブル　　　・架橋ポリエチレン絶縁ビニルシース
　　・アルミ被ケーブル　　　　　　　　ケーブル（CV）

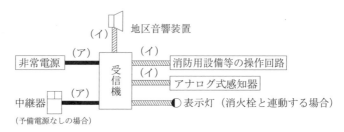

配線の耐熱保護

② 耐熱配線工事の方法（図のイの部分）

・受信機から地区音響装置までの回路

・受信機（または中継器）からアナログ式感知器

・消防用設備等の操作回路までの回路

使用する電線	工事の方法
1. 600 V 2 種ビニル絶縁電線（HIV）， （またはこれと同等以上の耐熱性 を有する電線）	金属管等*に収める（埋設工事は不 要）。
2. 耐火電線（FP） 　　耐熱電線　　または 　　MIケーブル	露出配線とすることができる。

＊金属管等（金属管，可とう電線管，金属ダクト工事など）

　つまり，耐火配線，耐熱配線両者ともほとんど同じですが，ただ，耐火
配線の場合はよりハードな条件を求められているので，金属管等を埋設す
る必要があり，耐熱配線の場合は，埋設まではする必要はなく，耐熱電線も
使用が可能である，ということです。

★　なお，一般配線（IV線）でよいものは，次のとおりです。

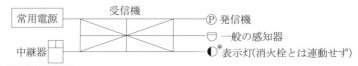

＊発信機を他の消防用設備等と兼用する場合（⇒連動）は非常電源付の**耐熱配線**とする。
　しかし，単に「表示灯の電源は受信機より供給するものとする。」としか条件のない
　場合は，IV線でよい。

回路抵抗，および絶縁抵抗

回路抵抗，および絶縁抵抗について，ここでまとめておきます。

(1)　回路抵抗

　P 型（または GP 型）受信機の感知器回路の電路の抵抗は，50 Ω 以下となるように設けること。（規則第 24 条）

⇒　火災発生時に信号を円滑に伝達させるためです。

(2)　絶縁抵抗

1．配線の場合　（規則第 24 条）

　直流 250 V（注：ガス漏れは直流 500 V）の絶縁抵抗計を用いて測ります。

① 　電源回路の電路と大地間，および配線相互間の絶縁抵抗値 **重要**
- ○　対地電圧が 150 V 以下の場合　　⇒　0.1 MΩ 以上
- ○　対地電圧が 150 V を超え 300 V 以下　⇒　0.2 MΩ 以上
- ○　対地電圧が 300 V を超える場合　⇒　0.4 MΩ 以上

② 　感知器回路または付属装置回路（いずれも電源回路は除く）の電路と大地間，および配線相互間の絶縁抵抗値
- ○　1 警戒区域ごとに 0.1 MΩ 以上であること。

　　(1)の感知器回路の抵抗値（絶縁抵抗ではなく単なる回路の抵抗値）50 Ω 以下，と混同しないように！

 感知器回路　　回路抵抗値：50 Ω 以下
　　　　　　　　　　絶縁抵抗値：0.1 MΩ 以上

2．感知器，発信機および受信機の場合

　直流 500 V の絶縁抵抗計を用いて測ります。

① 　発信機の場合
　　発信機の端子間および充電部と金属製外箱間の絶縁抵抗値
⇒　20 MΩ 以上であること。

② 　感知器の場合（注：上記「ここに注意」の感知器回路と混同しないように）
　　感知器の端子間および充電部と金属製外箱間の絶縁抵抗値

　　⇒　50 MΩ 以上であること。

③　受信機の場合

　　　受信機の充電部と金属製外箱及び電源変圧器の線路相互間の絶縁抵抗値

　　⇒　5 MΩ 以上であること（一部例外あり）。

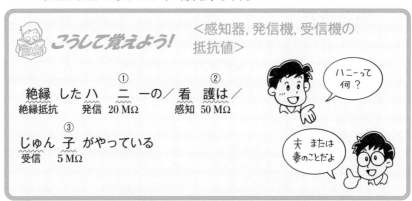

以上をまとめると次の表のようになります（電圧の値は出題例あり）。

絶縁抵抗のまとめ（注：太字の数値は出題例があります）

		絶縁抵抗計	絶縁抵抗
配線	1．電源回路	直流250 V（注：ガス漏れは直流500 V）	〜150 V：0.1 MΩ 以上 150 V〜300 V：0.2 MΩ 以上 300 V を超える場合：0.4 MΩ 以上
	2．感知器回路	〃	1警戒区域ごとに0.1 MΩ 以上
発　信　機		直流500 V	20 MΩ 以上
感　知　器		〃	50 MΩ 以上
受　信　機		〃	5 MΩ 以上

　　なお，地区音響装置回路の電路と大地間との絶縁抵抗の場合は，上の表の1．電源回路で判断し，それが，仮に直流24 V なら0.1 MΩ 以上あればよく，また，受信機のライン端子（L₁…）とC端子（アース端子）間の絶縁抵抗の場合は，上記の受信機より，5 MΩ 以上あればよいことになります（出題例あり！）。

・絶縁抵抗の測定方法（配線と大地間および配線相互間）は次の通りです。
①　分岐開閉器を開く（⇒電源を OFF の状態にする）
②　電路と大地間は負荷は接続したまま，配線相互間は負荷を取外して測定する。

10 電気設備技術基準

(1) 電線の接続

　電線の接続は，次の点などに注意して行う必要があります。

1. 電線の強さを，20 %以上減少させないこと。
2. 接続点の電気抵抗*を増加させないこと。
3. 接続の際に電線をはぎ取る際は，芯線にきずをつけないこと。
4. 接続部分の絶縁性は，他の部分と同等以上になるように処置すること。
5. 電線の接続は，ハンダ付け，スリーブ，圧着端子等により堅固に接続すること。
6. 接続部分をろう付けしてから，電線の絶縁物と同等以上の絶縁効力のあるもので被覆をすること。

（*コンセントとプラグの接触抵抗に関して，「接触部分の**ほこり**，過熱等による**絶縁性の酸化被膜**により**接触抵抗が大きくなる**が，接触部分に凸凹があると接触面積が小さくなり，接触抵抗は小さくなる」は誤り（下線⇒大きくなる）。）

(2) 金属管工事

1. 金属管内に接続点を設けないこと（⇒チェックできないので）
2. 金属管の屈曲部の曲げ半径は，管の内径の**6倍以上**とすること。
3. 金属管の厚さは**1.2 mm 以上**とすること。
4. 原則として，電灯や動力などの**強電流回路**の電線と電話線などの**弱電流回路**の電線は，同一金属管内に収めないこと。

(3) 接地工事

　接地工事を施す主な目的は，漏電が生じている電気機器に人体が触れた場合，漏洩電流を接地線の方に流して（⇒**導通をよくする**）人体が損傷するのを防ぐためと，電気工作物の保護および漏電による火災を防ぐためです。

 接地工事を施す主な目的⇒漏電による感電防止と電気工作物の保護および火災防止

　その接地工事には，A種，B種，C種，D種接地工事があり，電気設備技術基準では，接地抵抗をA種とC種は10Ω以下，D種は100Ω以下と定められており，自動火災報知設備は商用交流100V電源を用いるので，D種接地工事の100Ω以下が適用されます。

　ただし，地絡を生じた場合に0.5秒以内に電路を自動的に遮断する装置を施設すれば500Ω以下でよいことになっています（出題例あり）。

	電圧の区分	接地抵抗
A種	高圧（600Vを超えるもの）	10Ω以下
C種	300V〜600V	10Ω以下
D種	300V以下	100Ω以下

 D種接地工事⇒100Ω以下
（地絡時0.5秒以内に遮断する装置があれば500Ω以下でよい）

こうして覚えよう！　　デパートは　　百貨店
　　　　　　　　　　　　D種　　　　　100

＜本試験情報＞
　絶縁抵抗については，鑑別で，下図のように消防設備士が端子盤のアースとC1回路を計測している図を示して，「①測定器具の名称，②測定結果が0.001MΩであったときの問題点」を答えさせる出題例がありますが，①は「絶縁抵抗計（メガ）」，②は，「C1回路の絶縁不良」などが解答になります。

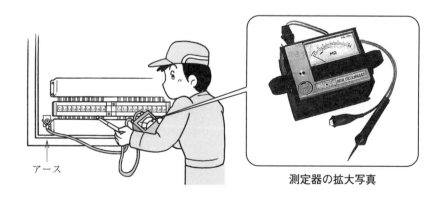

アース

測定器の拡大写真

第4編 (構造, 機能・工事, 整備)
電気に関する部分

第2章

ガス漏れ火災警報設備 (設置基準)

　　ガス漏れ火災警報設備についてはほぼ**毎回出題されており**，そのほとんどは**検知器**についての出題で，**検知方式や検知器の取り付け場所**，及び**遅延時間**についての問題が頻繁に出題されています。

　　そのほか，**警報装置** (P.258) では，**音声警報装置の位置に関する基準** (水平距離が 25 m 以下など) や**ガス漏れ表示灯**，及び**検知区域警報装置**についての出題もよくあるので，これらのポイントをよく理解して確実に把握しながら学習を進めていってください。

警戒区域

　ガス漏れ火災警報設備における警戒区域は『ガス漏れの発生した区域を他の区域と区別することが出来る最小単位の区域』のことをいい，その内容は次のようにほぼ自動火災報知設備と同じです（●印の部分だけ，ガス漏れ火災警報設備のみの規定です）。

① 　一つの警戒区域の面積は 600 m² 以下とすること。

● 　　ただし，その警戒区域内のガス漏れ表示灯を通路の中央から容易に見通すことができる場合は，警戒区域の面積を 1000 m² 以下とすることができます（下図）。

　⇒ 　どの部屋でガス漏れが発生したかがすぐ分かるので緩和されているのです。

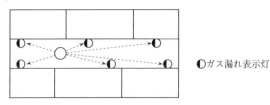

❶ガス漏れ表示灯

1000 m² 以下でよい場合

② 　防火対象物の 2 以上の階にわたらないこと。

　　ただし，それらの床面積の合計が 500 m² 以下の場合には，2 の階にわたることができます。

●③ 　(※) 貫通部に設ける検知器に係る警戒区域は，他の検知器に係る警戒区域と区別して表示することができること。

(※) 貫通部

　燃料用ガスを供給する導管が防火対象物の外壁を貫通する場所のことで，ガス燃焼機器と同じくガス漏れの生じる恐れのある部分です（破損の可能性があるので）。⇒次頁の図 1 の右図参照

検知器の設置基準

　ガス漏れ検知器の設置に際しては，まず対象となるガスの空気に対する比重が大きく関係してきます。というのは，空気より軽いガスの場合，漏れると上昇するので天井付近に設置する必要があり，また空気より重いガスの場合は床面付近に設置する必要があるからです。

(1)　空気に対する比重が1未満のガスの場合（空気より軽いガスの場合）

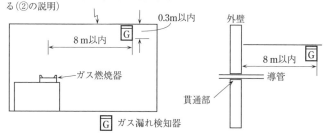

図1　検知器の位置（軽ガスの場合）

① 　燃焼器（ガス燃焼機器のこと。以下同じ）または導管の貫通部分から水平距離で**8m以内**，および天井から**0.3m以内**に設けること。

② 　天井面に**0.6m以上**突き出したはりなどがある場合は，そのはりなどから内側（燃焼器または貫通部分のある側）に設けること。

　⇒　ガス漏れを検知しやすくするためです。

③ 　天井付近に吸気口がある場合は，その**吸気口付近**に設けること（下図）

　⇒　漏れたガスが吸気口へと流れるからです。

　　　（この場合もはりの**内側**にある吸気口が対象です。また，吸気口が複数ある場合は燃焼器等から最も近い吸気口付近に設けます）

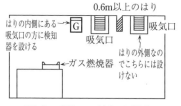

図2　吸気口がある場合

(2)　空気に対する比重が１を超えるガスの場合(空気より重いガスの場合)

○　燃焼器または導管の貫通部分から水平距離で４ｍ以内，および床面から
上方0.3ｍ以内の壁などに設けること。

⇒　軽いガスが８ｍなのに対して重いガスが４ｍと強化されているのは，
重いガスの方が拡散しにくく，検知器をより近くに置かないとガス漏れ
を検知しないためです。

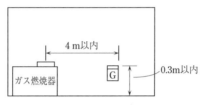

検知器の位置（重ガスの場合）

　　　検知器には以上のほか，（使用例は少ないですが）空気より軽
いガス，空気より重いガスの両方に使用できる「全ガス用の
検知器」があり，設置に際しては，対象となるガスが空気より軽いガスか
重いガスかによって，それぞれの基準に従う必要があります。（⇒　床面と
天井面の中間に設置するものではないので注意！）

(3)　検知器を設けてはならない場所

次の場所は「ガス漏れの発生を有効に検知することができない場所」とし
て検知器を設けてはならない，とされています。

① 出入り口付近で外部の気流がひんぱんに流通する場所
② 換気口の空気吹き出し口から1.5ｍ以内の場所
③ ガス燃焼機器の廃ガスに触れやすい場所
④ その他，ガス漏れの発生を有効に検知することができない場所

なお，次ページにガス漏れ検知器の設置例を示しておきます。

注）図のａ，ｂ，ｃで示すガス漏れ表示灯は，ガス漏れの発生を通路にいる者に警報する
ための設備であり，通路に面している店舗の場合，通路に面する部分の出入り口付近に
設ける必要があります。
　　また，店舗Ａのように，１室で１警戒区域となっている場合は，ガス漏れ表示灯の

設置を省略することができるので，aのガス漏れ表示灯は省略することができます（⇒鑑別で設置個数を求める出題例があるので，要注意！下図の場合は2コが正解）。

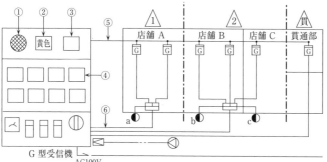

　：G型受信機　　　　　　　　　G：ガス漏れ検知器

　：音声警報装置用増幅器　　　　：中　継　器

　：スピーカー　　　　　　　　No：警戒区域番号

　：ガス漏れ表示灯　　　　------：警戒区域境界線

ガス漏れ火災警報設備の構成例

例題 1 　ガス漏れの発生を廊下にいる人に知らせるための装置の名称は何か。

例題 2 　上の図，①〜⑥の装置および配線の名称を答えなさい（出題例あり）。

［例題1の解答］ガス漏れ表示灯

［例題2の解答］①主音響装置　②ガス漏れ灯　③故障灯
　　　　　　　　④地区表示灯　⑤検知器電源回路　⑥信号回路

③ 受信機の設置基準

　受信機の設置基準は，ほぼ自動火災報知設備と同じです。

① 　受信機は防災センター等に設けること。

② 　受信機は，検知器や中継器の作動と連動して検知器の作動した警戒区域を表示できること。

③ 　受信機の操作スイッチは，床面から0.8 m（いすに座って操作する場合は0.6 m）以上1.5 m以下の高さに設けること。

④ 　主音響装置の音圧や音色は，他の警報音や騒音と明らかに区別して聞き

取ることができること。

⑤　1の防火対象物に2以上の受信機が設けられている時は，これらの受信機のある場所相互の間で同時に通話できる設備を設けること。

④ 警報装置

構造・機能のところでも説明しましたが，警報装置には音声警報装置，ガス漏れ表示灯及び検知区域警報装置の3種類があります。

(1) 音声警報装置

（■印の部分は自動火災報知設備の地区音響装置と同じ内容です）

①　スピーカー

各階ごとにその階の各部分から1のスピーカーまでの水平距離が25 m以下となるように設けること。

②　1の防火対象物に2台以上の受信機を設ける時は，これらの受信機があるいずれの場所からも作動させることができること。

■③　音声警報装置の省略

適法な非常放送設備がある場合は省略できます（ただし，その有効範囲内）。

(2) ガス漏れ表示灯

①　検知器を設ける室が通路に面している場合は，その通路に面する部分の出入り口付近に設けること。

⇒　通路にいる関係者にガス漏れの発生した店舗等（＝検知器の作動した店舗等）が判別できるようにするためです。

②　前方3 m離れた位置で点灯しているのが識別できること（下線部⇒鑑別で出題例あり）。

③　1の警戒区域が1の室からなる場合（＝一室ごとに警戒区域が設定してある場合）には，ガス漏れ表示灯を省略することができます。

（⇒どの室の検知器が作動したか受信機側でわかるからです…前ページの図参照）

(3)　検知区域警報装置

　　各検知区域ごとに設けた検知器が作動した際に警報音を鳴らす装置で，次の場所（場合）には省略することができます。

①　機械室その他，常時人が居ない場所および貫通部

②　警報機能付きの検知器を設置する場合（⇒P. 431 の④）

> 例題　検知区域警報装置の音圧は，検知区域警報装置から (A) m
> 離れた位置で (B) dB 以上となるものであること。
>
> ［解答］(A)：1　　　(B)：70

5　配線・電源

　　ガス漏れに関する基準は，次のようになっています。

　　「検知器または中継器の回路とガス漏れ火災警報設備以外の設備の回路とが同一の配線を共用する回路方式を用いないこと。

　　ただし，ガス漏れ信号の伝達に影響を及ぼさないものを除く」

その他の基準については，自動火災報知設備の基準に準じて設置します。

　　（注：P. 249 の(2)の絶縁抵抗値も同じですが，自火報が直流 250 V の絶縁抵抗計なのに対し，ガス漏れは直流 500 V の絶縁抵抗計を用いる必要があるので，要注意です。）

コーヒーブレイク

解答に際して

「難問は後回し。」

　　これは，解答速度とも関連することですが，１問にあまり長い時間を掛けていると残りの問題をすべて解答できなくなってしまいます。

　　従って，「これは（自分にとっては）難問だな」，と判断したら即，後回しにし，次の問題に取りかかった方が得策です。

　　ただしその際，その問題の解答用紙にはとりあえず何番かの解答を書いておき，問題用紙の問題番号の横辺りには「？」のように印をつけておけば後で「再挑戦」する際，見つけやすくなります。

【水平距離と歩行距離】

　最後に，距離を水平距離でとるか歩行距離でとるかが少々まぎらわしいので，ここで表にして整理しておきます。(P. 237 の図参照)

水平距離と歩行距離

水平距離	1．警戒区域のたて穴区画の例外 (P. 211，2 (例外) ①) 　　　階段やパイプダクトなどが**水平距離**で 50 m 以下にあれば同一警戒区域とすることができる。 2．地区音響装置 (P. 239 の②) 　　　各階ごとに，その階の各部分から 1 の地区音響装置までの**水平距離**が 25 m 以下となるように設けること。
歩行距離	1．発信機の設置基準 (P. 237 の②) 　　　各階ごとに，その階の各部分から 1 の発信機までの**歩行距離**が 50 m 以下となるように設けること。 2．煙感知器の設置基準 (P. 230，⑦の㋐) 　　　廊下および通路に設ける場合，**歩行距離** 30 m につき 1 個以上設けること。

こうして覚えよう！　＜歩行距離を用いる場合＞

発　　　煙　灯を持って 歩行 した。
発信機 煙感知器　　　　　　　歩行距離

　(注：歩行距離とは，実際に人が歩いた場合の通常の動線より測った距離のことをいいます。)

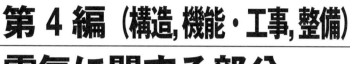

第4編（構造, 機能・工事, 整備）
電気に関する部分

第3章

消防機関へ通報する火災報知設備

　　消防機関へ通報する火災報知設備には，M型火災報知設備と火災通報装置がありますが，M型はほとんど使用されていないため，ここでは火災通報装置についてのみ説明をします（なお，火災通報装置は範囲が狭いので，**構造機能**と**設置基準**をこの部分で同時に説明しています）。

　その火災通報装置ですが，ポイントとしては全体の構成と装置の設置が省略できる場合，および設置の省略ができない場合などが重要です。

　法令的には, 令第23条や規則第25条などから出題されるので, これらにもできるだけ目を通しておいた方がよいでしょう。

消防機関へ通報する火災報知設備とは

　従来は，街頭などに M 型発信機が設置され，それを受信する M 型受信機が消防機関等に設置されていましたが，現在では設置されておらず，代わりに次の**火災通報装置**が使用されています（次の色アミの付いた文章は重要）。

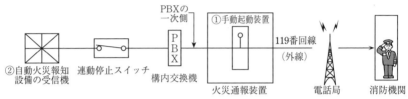

火災通報装置

PBX：**構内交換機**の記号で，内線どうし，または内線と外線をつなぐ装置で，この交換機の**一次側**に火災通報装置を設置します（つまり，交換機の一次側と電話会社からの外線との間に設置する。⇒「一次側」は出題例がある）。

火災通報装置

　その火災通報装置ですが，「火災が発生した場合，①の**手動起動装置（押しボタン）**を操作することにより，または連動した**自動火災報知設備**からの**火災信号**等を受けることにより電話回線を利用して消防機関を呼び出し，**蓄積音声情報**（あらかじめ住所や施設名および火災が発生した旨などを記憶させてある音声情報）を消防機関に**通報する**とともに，**通話も行える設備**のことをいう」となっています（⇒いちいち受話器を取る必要がない。なお，下線部穴埋めの出題あるので注意）。

　発信の際に接続されている電話回線が使用中の場合は，**強制的に発信可能の状態にできる**こと，となっています。

　なお，自力避難が困難な者が入所する**要介護の老人福祉施設等**（⇒令別表第 1(6)項ロ＊）については，**自動火災報知設備の感知器の作動によっても連動して起動させ，消防機関に通報する**必要があります（⇒①の押しボタンを押せないことを想定し，それだけ厳しくしている）。

　ただし，**自動火災報知設備の受信機**及び**消防機関へ通報する火災報知設備**が防災センター（常時人がいるものに限る。）に設置されるものにあっては，連動して起動しなくてもよいことになっています。
（＊(6)項ロの用途部分が存する (16) 項イ（⇒特定用途が存する複合用途防火対象物），(16の2) 項（⇒地下街）及び (16の3) 項（⇒準地下街）を含む)

設置基準

(1)　消防機関へ通報する火災報知設備を設置しなければならない防火対象物

(a)　全て設置	●病院，診療所等（6項イ）で入院施設のあるもの ●要介護の老人福祉施設等（6項ロ） ・地下街，準地下街
(b)　500 m² 以上で設置	●旅館，ホテル等（5項イ） ●無床診療所等（6項イで入院施設のないもの） ●要介護除く老人福祉施設，保育所等（6項ハ） ・幼稚園，特別支援学校（6項ニ） ・（その他，1項，2項，4項，12項，17項）
(c)　1000 m² 以上で設置	上記以外の防火対象物

(2)　消防機関へ通報する火災報知設備の設置を省略することができる場合

①　消防機関から著しく離れた場所（約 10 km 以上）

②　消防機関からの歩行距離が 500 m 以下の場所

③　消防機関へ常時通報できる<u>電話</u>を設けた場合。

　（下線部⇒119 番通報できる電話のことで，いわゆる一般的な電話が該当する）

　　ただし，③の消防機関へ常時通報できる電話を設けた場合でも，上記の表の●印のある施設では，通報の遅れが重大な事故を生じるおそれがあるので，同表の延べ面積に応じて必ず**火災通報装置**を設けなければなりません（⇒設置が免除されない）。

設置基準

問題にチャレンジ！
（第4編 設置基準について）

<警戒区域 →P.210>

【問題1】 自動火災報知設備の警戒区域について，次のうち誤っているのはどれか。

(1) 1つの警戒区域の面積は 600 m² 以下とすること。ただし，主要な出入り口から内部を見通せる場合には，警戒区域の面積を 1000 m² 以下とすることができる。

(2) 原則として，2以上の階にわたらないこと。

(3) 警戒区域の一辺の長さは，原則として 50 m 以下とすること。

(4) 警戒区域の床面積の合計が 600 m² 以下の場合には 2 の階にわたることができる。

解説

　警戒区域は，原則として「2以上の階にわたらないこと」となっていますが，(ア)面積が 500 m² 以下で，かつ2の階にまたがる場合，(イ)煙感知器を階段，傾斜路，エレベーターの昇降路，リネンシュート，パイプダクトなどに設ける場合はこの限りでない，となっています。従って(4)の 600 m² 以下が誤りです（500 m² 以下が正解）。

<感知区域 →P.212>

【問題2】 感知区域についての説明で，次のうち正しいのはどれか。

(1) 火災の発生した区域を他の区域と区別することができる最小単位の区域のことをいう。

(2) 壁，または取り付け面から 0.3 m 以上（煙感知器のみ 0.6 m 以上）突き出したはりなどによって区画された部分をいう。

(3) 壁，または取り付け面から 0.4 m 以上（差動式分布型と煙感知器は 0.6 m 以上）突き出したはりなどによって区画された部分をいう。

(4) 感知器が有効に火災の発生を感知できる面積のことをいう。

解答

解答は次ページの下欄にあります。

(1)は警戒区域の説明です。(2)は感知器の設置上の原則「取り付け面の下方0.3 m（煙感知器は0.6 m）以内に設けること」の数値が使われているので誤りです。また，(4)は「面積」を「区域」に換えれば感知区域の説明となります。

<共通の設置基準　→P.214>

【問題3】　自動火災報知設備の感知器を設置しなくてもよいとされている場所について，次のうち誤っているのはどれか。

(1)　主要構造部を耐火構造とした建築物の天井裏の部分

(2)　感知器（炎感知器は除く）の取り付け面の高さが20 m 以上の場所

(3)　天井裏において，その天井と上階の床との間が1.0 m 未満の場所

(4)　上屋その他外部の気流が流通する場所で，感知器によっては火災の発生を有効に感知することができない場所

「感知器を設置しなくてもよい場合」の「1．共通部分」の④（P.215）より，(3)は「天井と上階の床との間が0.5 m 未満の場合」には設置しなくてもよい，とされています。従って(3)が誤りです。

<煙感知器の設置禁止場所　→P.216>

【問題4】　定温式スポット型感知器の設置場所として，不適当な場所は次のうちどれか。

(1)　防水型の特種の感知器を湯沸室と消毒室に設置した。

(2)　公称作動温度75℃以下の特種の感知器を石材の加工場に設置した。

(3)　耐酸型の特種の感知器を汚水処理場に設置した。

(4)　特種の感知器を荷物取扱所と自家発電室に設置した。

P.216 の煙感知器の設置禁止場所の表より，定温式の感知器は，駐車場，荷物取扱所，自家発電室などの排気ガスが多量に滞留する場所には設置できません。

解　答

【問題1】…(4)　　　　　　　　　　【問題2】…(3)

【問題5】　次のうち1種の差動式スポット型感知器を設置できない場所はどれか。

(1)　ごみ集積所　　(2)　湯沸室　　(3)　調理室　　(4)　駐車場

問題の場所を煙感知器の設置禁止場所の表に当てはめると，次のようになります。

　ごみ集積所：じんあい等が多量に滞留する場所

　湯　沸　室：水蒸気が多量に滞留する場所

　調　理　室：厨房その他煙が滞留する場所

　駐　車　場：排気ガスが多量に滞留する場所

このうち「厨房その他煙が滞留する場所（調理室）」には差動式スポット型感知器を設置できないことになっています（P.216の表参照）。

　（注：下線部が定温式スポット型なら，(4)が正解になる⇒出題例あり）

<煙感知器の設置場所　→P.218>

【問題6】　煙感知器の設置義務がある場所として，次のうち適当でないのはどれか。

(1)　学校や図書館の階段　　　(2)　旅館やホテルなどの廊下，および通路

(3)　図書館や博物館の地階　　(4)　感知器の取り付け面の高さが18mの場合

　P.218の表の②より，(3)の図書館や博物館は特定防火対象物ではないので，地階であっても設置の必要はありません。

<類題>　消防法令上，自動火災報知設備を設ける場合の感知器を煙感知器，熱煙複合式スポット型感知器又は炎感知器としなければならない場所は，次のうちどれか。

(1)　百貨店の地階の食品売場

(2)　銀行の1階のロビー

(3)　小学校の2階の廊下

(4)　美術館の3階の展示室

解　答

【問題3】…(3)　　　　　　　　　　【問題4】…(4)

【解説】

　P.218の表より，(1)は②に該当しますが，(2)は③に該当せず（ロビーは廊下，通路に該当しない），(3)は非特定防火対象物なので，③に該当せず，(4)は①～⑤のいずれにも該当しません。

＜感知面積　→P.219＞

【問題7】　定温式スポット型（1種）の感知面積の基準について，次のうち誤っているのはどれか。

(1)　主要構造部が耐火構造で，取り付け面の高さが6mの場合
　　　30 m²につき1個を設置する。

(2)　主要構造部が耐火構造で，取り付け面の高さが3mの場合
　　　15 m²につき1個を設置する。

(3)　主要構造部が耐火構造以外の構造で，取り付け面の高さが6mの場合
　　　15 m²につき1個を設置する。

(4)　主要構造部が耐火構造以外の構造で，取り付け面の高さが3mの場合
　　　30 m²につき1個を設置する。

【解説】

　定温式スポット型（1種）の場合，感知区域の基準は次のようになります。

　(1)と(3)は4mより右の部分，(2)と(4)は左の部分になります。

　従って，(2)の15 m²が誤りです（60 m²が正解です）。

（取り付け面の高さ）		
（4m未満）	4m	（4m以上）
耐　火：60 m²		耐　火：30 m²
その他：30 m²		その他：15 m²

【問題8】　煙感知器（光電式分離型を除く）の感知面積の基準について，次のうち誤っているのはどれか。

(1)　1種の煙感知器の場合で，取り付け面の高さが6mの場合
　　　75 m²につき1個を設置する。

(2)　1種の煙感知器の場合で，取り付け面の高さが3mの場合
　　　150 m²につき1個を設置する。

(3)　2種の煙感知器の場合で，取り付け面の高さが6mの場合

解　答

【問題5】…(3)　　　　　　　　　【問題6】…(3)　　　　　　＜類題＞…(1)

150 m² につき1個を設置する。

(4)　3種の煙感知器の場合で，取り付け面の高さが3mの場合

50 m² につき1個を設置する。

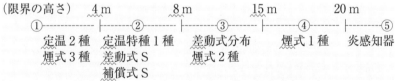

　　煙感知器（光電式分離型を除く）の場合，1種と2種の感知面積は同じ値で，4m未満が150 m²，4m以上が75 m² となっています。従って，(1)と(3)は同じ値（4m以上⇒75 m²）となるので，(1)が正しく(3)が誤りとなります（注：取り付け面の高さが他の感知器のように4m以上8m未満ではなく，4m以上20m未満となっているので要注意）。また，(2)は4m未満なので150 m²，(4)は3種の場合，4m未満は50 m² となっているので，いずれも正しい値です。

<感知器の取り付け面の高さ　→P. 223>

【問題9】　感知器は，その種別によって取り付け面の高さに制限が設けられているが，次のうち，その制限の高さに誤りがあるものはどれか。

(1)　定温式スポット型の特種は8m未満

(2)　煙感知器の2種は15m未満

(3)　差動式スポット型は4m未満

(4)　煙感知器の1種は20m未満

　　感知器の取り付け面の高さ（P. 223）より，限界の高さは次のようになっています。

```
（限界の高さ）　　 4 m　　　　　 8 m　　　　　15 m　　　　　20 m
   ①------------ +------②--------- +------③-------- +------④------- +-------⑤
   定温2種　　定温特種1種　　差動式分布　　　煙式1種　　　炎感知器
   煙式3種　　差動式S　　　　煙式2種
   　　　　　補償式S
```

従って，(3)の差動式スポット型は正しくは「8m未満」です。

【問題10】　消防法令上，取り付け面の高さが16mの天井面に設置することのできる感知器は，次のうちどれか。

(1)　光電式分離型感知器（2種）

| 解　　答 |

【問題7】…(2)

(2)　イオン化式スポット型感知器（2種）

(3)　炎感知器

(4)　定温式スポット型感知器（特種）

　　前問の図で確認すると，16 m なので，④か⑤のグループの感知器であれば
よいことになります。

　　従って，(3)の炎感知器は⑤の感知器なので，これが正解となります。

　　なお，(1)は煙式の2種なので③の感知器，(4)は②の感知器，(2)は(1)と同じ
く煙式の2種なので③の感知器となり，いずれも 16 m の高さに設置すること
はできません。

【問題11】　感知器と，その取り付け面の高さの組み合わせにおいて，次のうち
正しいのはどれか。

(1)　差動式スポット型の2種………6 m

(2)　定温式スポット型の1種………10 m

(3)　差動式分布型（空気管式）……16 m

(4)　光電式スポット型の2種………16 m

　　問題9の解説の図より，(2)の定温式スポット型の1種は②の8 m 未満，
(3)の差動式分布型は空気管式，熱電対式とも③の 15 m 未満，(4)の光電式スポ
ット型の2種は煙感知器の2種だから③の 15 m 未満となり，いずれも誤りで
す。

【問題12】　差動式スポット型感知器を天井などに取り付ける際の工事について，
次のうち正しいのはどれか。

(1)　感知器を取り付け面の下方 0.6 m に設けた。

(2)　換気口から 1.2 m の位置に設けた。

(3)　壁や，はりから 0.6 m 以上離して設置する必要がある。

(4)　感知器を 18 度傾斜させて設置した。

解　答

【問題8】…(3)　　　　　　　　　　　　【問題9】…(3)

解説

差動式スポット型感知器の設置については，共通の設置基準（P.214）のみ考えればよく，従って

(1) 取り付け面の下方の原則は 0.3 m 以内で，煙感知器のみ 0.6 m 以内となっているので誤り（図の①）。

(2) 換気口などの空気吹き出し口からは 1.5 m 以上離して設けるので誤り。（図の③）

(3) この規定は煙感知器のみの規定なので誤り（図の②）。

(4) スポット型（炎感知器除く）は 45 度以上傾斜させないこと，となっているので，正しい。なお，光電式分離型と炎感知器は「90 度以上傾斜させないこと」となっているので念のため。

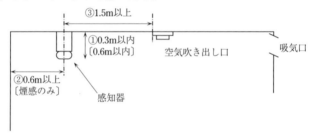

感知器の設置上の原則

（類題）……○×で答える。

差動式スポット型感知器のリーク孔にほこり等がつまったときは，周囲温度の上昇率が規定値より大きくないと作動しない。

解説

リーク孔にほこり等がつまると，リーク抵抗が増加するので，空気室内の空気の膨張速度が上り，周囲の温度上昇率が規定値より小さくても接点が閉じるようになります（⇒非火災報）。よって，誤りです。 （答）×

＜各感知器の設置基準…差動式分布型感知器 →P.227＞

【問題13】 差動式分布型感知器の空気管式を設置する場合，次のうち正しいの

解　答

はどれか。

(1)　空気管は，取り付け面の下方 0.6 m 以内に設ける。

(2)　一つの検出部に接続する空気管の長さは 100 m 以内とし，かつ，空気管の露出部分は，感知区域ごとに 20 m 以上とすること。

(3)　主要構造部を耐火構造とした場合，相対する空気管の相互間隔は原則として 6 m 以下とする必要がある。

(4)　感知器の機能に異常を生じない傾斜角度の最大値は 45 度である。

解説

　(1)　0.6 m 以内というのは煙感知器の場合です（0.3 m 以内が正解）。(3)　空気管の相互間隔は原則として 6 m 以下ですが，耐火の場合は 9 m 以下まで距離をとることが許されています。(4)　45 度というのはスポット型（炎感知器は除く）に対する基準で，差動式分布型の場合は，5 度傾斜させても機能に異常が生じないこと，となっています。

【問題 14】　差動式分布型（空気管式）の取り付け工事において，次のうち誤っているのはどれか。

(1)　空気管を止める場合は，止め金具（ステップル）の間隔を 35 cm 以内とすること。

(2)　空気管を接続する場合は，銅スリーブを用いて確実に接続するが，直接スリーブの上から止め金具により止めてはいけない。

(3)　空気管を壁体等に貫通させる場合は，貫通部分に保護管等を取り付ける。

(4)　屈曲部を止める場合は，屈曲部から 10 cm 以内にステップルで止めること。

解説

　空気管の取り付け工事は図のように施工します。

　すなわち，屈曲部を止める場合は，屈曲部から 5 cm 以内にステップルで止め（よって，(4)が誤り），屈曲部の半径は 5 mm 以上にする必要があります。

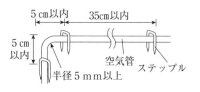

　また，止め金具（ステップル）の間隔は 35 cm 以内（(2)の空気管相互の接続は，接続部分から 5 cm 以内を止め金具で止める）とする必要があります。

　なお，空気管を検出部に接続する際は，検出部の空気管接続端子に空気管を挿入し，ハンダづけをする必要があります（空気が漏れないよう）。

【問題15】　差動式分布型感知器の熱電対式を設置する場合において，次のうち誤っているのはどれか。
(1)　熱電対部は1感知区域ごとに4個以上設ける。
(2)　熱電対部の最大個数は，1つの検出部について20個以下とする。
(3)　感知器の機能に異常を生じない傾斜角度の最大値は5度である。
(4)　熱電対部は取り付け面の下方0.6 m以内に設ける。

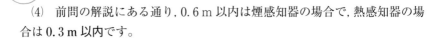

　(4)　前問の解説にある通り，0.6 m以内は煙感知器の場合で，熱感知器の場合は0.3 m以内です。

【問題16】　差動式分布型（熱電対式）の取り付け工事について，次のうち誤っているのはどれか。
(1)　熱電対部と検出部との接続は，確実にネジ止めをして接続すること。
(2)　熱電対部を止める場合は，その両端5 cm以内をステップルで止めること。
(3)　熱電対部には極性があり，接続をする際には，接続電線をはさんで（＋）と（＋），（－）と（－）となるように接続をする。
(4)　止め金具（ステップル）の間隔は35 cm以内とすること。

　熱電対式の場合の止め金具は，図のような配置にする必要があります。
　すなわち，熱電対部の両端5 cm以内をステップルで止め，止め金具の間隔は35 cm以内とします。
　また，誘導障害の起こる恐れのある場所に設置する際には，図のように，往復の熱電対部を平行に布設する必要があります。
　従って，図からもわかるように誤りは(3)で，（＋）と（－）となるように接続をします。

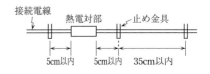

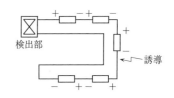

<煙感知器の設置基準　→P. 230>

【問題17】　煙感知器（光電式分離型は除く）の設置について，次のうち誤っているのはどれか。

(1)　感知器の下端は，取り付け面の下方0.3m以内に設ける。

(2)　天井が低い居室にあっては出入り口付近に設ける。

(3)　換気口などの空気吹き出し口からは1.5m以上離れた位置に設ける。

(4)　壁や，はりからは0.6m以上離して設ける。

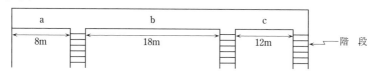

　　(1)　一般に感知器は取り付け面の下方0.3m以内に設けますが，煙感知器の場合は0.6m以内に設置，となっているので注意が必要です。

　　(2)と(4)は煙感知器のみの基準。(3)は「光電式分離型，差動式分布型，炎感知器以外は吹き出し口（の端）から1.5m以上離して設けること」となっています。

【問題18】　次の図の廊下に光電式スポット型感知器を設置する場合，設置を省略できる位置はどれか。但し，a，b，cはそれぞれの中央部分に位置するものとする。

(1)　a　　(3)　c

(2)　b　　(4)　3箇所とも省略できる

①　煙感知器（光電式分離型は除く）を廊下や通路に設ける場合は

　1．歩行距離30m（3種は20m）につき1個以上設けること。

　2．感知器が廊下の端にある場合は，壁面から歩行距離で15m（3種は10m）以下の位置に設けること，となっています（次図参照）。

解　答

【問題15】 …(4)　　　　　　　　【問題16】 …(3)

```
┌─────────────────────────────────────────────────────────────────┐
│ ←──15m以下──→  ┌─┐  ←────30m以下────→  ┌─┐  ←──15m以下──→       │
│                │S│                      │S│                        │
│                └─┘                      └─┘                        │
└─────────────────────────────────────────────────────────────────┘
```

②　一方，感知器を省略できる場合は

　　1．階段に接続していない廊下や通路が 10 m 以下の場合。

　　2．廊下や通路から階段までの歩行距離が 10 m 以下の場合。

となっており，従って a と b と c は②の 2 の条件（左右どちらかの階段までが 10 m 以下）に当てはまるので，3 箇所とも省略できることになります。なお，L 字形の廊下に煙感知器を設置させる製図問題が出題されていますが，その場合も上記の基準に沿って作図すればよいだけで，末端には受信機が 1 級なら終端器，2 級なら発信機等を接続しておきます。

【問題19】　煙感知器を階段などに設置する場合について，次のうち正しいのはどれか。

(1)　特定 1 階段等防火対象物の階段に設置する場合は，垂直距離 45 m（3 種は 30 m）につき 1 個以上設けること。

(2)　エレベーターの昇降路やパイプダクトなどに設置する場合は，垂直距離 15 m（3 種は 10 m）につき 1 個以上設けること。

(3)　スポット型の感知器の場合，設置に際しては 5 度以上傾斜させないように設けること。

(4)　階段に設置する場合において地階が 2 階以上の場合は，地階と地上階は別々に垂直距離をとる。

🖐解説

　(1)　煙感知器を階段（エスカレーター含む）および傾斜路に設ける場合は垂直距離 15 m（3 種は 10 m）につき 1 個以上設けるのが原則ですが，特定 1 階段等防火対象物の場合は 7.5 m につき 1 個以上となっているので誤りです（45 m というのは高層建物において警戒区域を設定する際の垂直距離です）。

　(2)　エレベーターの昇降路やパイプダクトなどに煙感知器を設置する場合は，その最頂部に設けること，となっているのでこれも誤りです。(3)　感知器の傾斜に関しては，スポット型（炎感知器を除く）と差動式分布型の規定があり，それによるとスポット型の感知器の場合は 45 度以上傾斜させないこと，とな

っており，また差動式分布型の場合は5度以上傾斜させないこと，
となっているので，問のスポット型で5度
以上というのは誤りです。(4)　地階がある
場合の基準は次のようになっています。

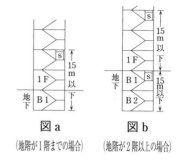

図 a　　　　　図 b
(地階が1階までの場合)　(地階が2階以上の場合)

　　㋐　地階が1階までの場合（図 a）
　　　　地上階と同一警戒区域となるので，
　　　図のようにして垂直距離をとります。
　　㋑　地階が2階以上の場合（図 b）
　　　　地上階と地下階は別の警戒区域とな
　　　るので，図のように分けて垂直距離を
　　　とります。
　従って，(4)が正解となります。

＜光電式分離型感知器　→P.232＞

【問題20】　光電式分離型感知器の設置について，次のうち正しいのはどれか。
　(1)　感知器の光軸は，並行する壁から1.0 m以上離れた位置になるように設
　　ける。
　(2)　感知器の光軸の高さは天井などの高さの60％以上の高さに設ける。
　(3)　感知器の送光部および受光部は，その背部の壁から0.6 m以内の位置に
　　設ける。
　(4)　感知器の光軸の長さは当該感知器の公称監視距離の範囲内となるように
　　設ける。

解説

　P.232の設置基準より，(1)は①の㋐より，1.0 mではなく0.6 m，(2)は㋒よ
り60％ではなく80％，(3)は②より，0.6 mではなく1.0 mとなります。なお，
鑑別などで，天井高と光軸の高さの組合せ問題が出題されていますが，①の
ウより，光軸の高さが天井高の80％以上あるかを確認すればよいだけです。

＜炎感知器　→P.234＞

【問題21】　炎感知器（道路型を除く）の設置場所について，誤っているのはどれか。
　(1)　炎感知器は，ライター等の小さな炎でも近距離の場合は作動するおそれ
　　があるので，ライター等を使用する場所には設けないこと。

解　答

【問題19】 …(4)

(2) 屋内型の感知器は，天井の取り付け面の下方 0.3 m 以内に設けること。

(3) 赤外線式の炎感知器は，自動車のヘッドライトがあたる場所や太陽の直射日光が直接あたる場所には設けないこと。

(4) 紫外線式の炎感知器は，ハロゲンランプや殺菌灯などが使用されている場所に設けないこと。

　(2) 道路部分以外に設ける炎感知器の場合，共通の設置基準以外に，

① 感知器は屋内型，または屋外型のものを設けること。

② 感知器は壁，または天井などに設けること。

となっていて，他の感知器のように「（取り付け面から）〜m 以内に設置」，というような数値は入っていないので，「0.3 m 以内に設ける。」の部分が誤りです。

【問題 22】　炎感知器の設置場所について，次のうち正しいものはどれか。

(1) 道路型は，道路の側壁部又は路端の上方に設け，道路面から高さ 1.0 m 以上，2.5 m 以下の部分に設けること。

(2) 天井の高さが 20 m 以上である場所には設置できない。

(3) 湯沸室などの水蒸気が多量に滞留する場所には設置できない。

(4) 駐車場など，排気ガスが多量に滞留する場所には設置できない。

(1) 1.0 m 以上 1.5 m 以下です。

(2) 炎感知器は 20 m 以上でも設置可能です。

(3)(4) P.217 の「3．炎感知器を設置できない場合」を参照。

＜類題＞　次のうち，赤外線式の炎感知器（屋内型）が設置できない場所はいくつあるか。

ア．自動車のヘッドライトがあたる場所

イ．ハロゲンランプ，殺菌灯，電撃殺虫灯などが使用されている場所

ウ．ライター等の使用場所

エ．道路の用に供される部分

解　答

【問題 20】…(4)

オ．天井高が 22 m の場所

カ．じんあい，微粉等が多量に滞留する場所

(1)　1つ　　(2)　2つ　　(3)　3つ　　(4)　4つ

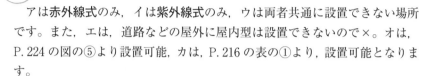

　アは赤外線式のみ，イは紫外線式のみ，ウは両者共通に設置できない場所です。また，エは，道路などの屋外に屋内型は設置できないので×。オは，P.224 の図の⑤より設置可能，カは，P.216 の表の①より，設置可能となります。

　従って，赤外線式が設置できない場所は，イ，ウ，エの3つになります。なお，P.312 の炎感知器はいずれも屋内型なので，鑑別で写真を示してエに示した道路部分にも「使用できる」とあれば×になるので，注意してください。

＜アナログ式感知器　→P.236＞

【問題23】　アナログ式感知器を設置する際，その基準となる感知器との組み合わせにおいて，次のうち誤っているのはどれか。

(1)　熱アナログ式スポット型感知器…………定温式スポット型の特種

(2)　イオン化アナログ式スポット型感知器…イオン化式スポット型感知器

(3)　光電アナログ式スポット型感知器………光電式スポット型感知器

(4)　光電アナログ式分離型感知器……………光電式分離型感知器

　アナログ式感知器を設置する際，それぞれ従来の感知器の基準によって設置しますが，イオン化アナログ式は光電アナログ式と同じく光電式スポット型感知器の基準に従って設置します。なお，アナログ式の煙感知器の場合は設定した注意表示濃度または火災表示濃度の範囲に対応する種別（光電式スポット型は1種〜3種，光電式分離型は1種と2種）の基準に従います。

＜発信機　→P.237＞

【問題24】　発信機の設置について，次のうち誤っているのはどれか。

(1)　各階ごとに，その階の各部分から1の発信機までの水平距離が 30 m 以下となるように設けること。

解　答

【問題21】…(2)　　　　　　　　　　　【問題22】…(3)

(2)　床面から 0.8 m 以上 1.5 m 以下の高さに設けること。

(3)　発信機の近くに赤色の表示灯を設けること。

(4)　P 型 2 級受信機で 1 回線のもの，および P 型 3 級受信機には，発信機を接続しなくてもよい。

---

(1)は**歩行距離**で 50 m 以下が正解です。(2)は受信機の操作スイッチの位置と同じ数値です。（問題 25 の 1 参照）(3)の表示灯は 10 m 離れた位置から点灯していることが容易に識別できる必要があります。(4)の場合，P 型（または GP 型）2 級受信機で 1 回線のもの，および P 型（または GP 型）3 級受信機には，発信機を接続しなくてもよい，となっており，正しい。なお，受信機が R 型か P 型 1 級で発信機が P 型 2 級という組合せは誤りなので，注意して下さい。

<受信機　→P. 238>

【問題 25】　自動火災報知設備の受信機について，次のうち正しくないのはどれか。

(1)　受信機の操作スイッチは，床面から 0.8 m（いすに座って操作する場合は 0.6 m）以上 1.5 m 以下の高さに設けること。

(2)　1 の防火対象物に 2 の受信機が設けられている時は，これらの受信機のある場所相互の間で同時に通話できる装置を設けること。

(3)　1 の防火対象物に 2 の受信機を設けることはできるが，3 以上の受信機を設けることはできない。

(4)　原則として，受信機の付近に警戒区域一覧図を備えておくこと。

---

(3)　1 の防火対象物に 3 以上の受信機を設けることも可能です（⇒次の問題 26 参照）。(4)　アナログ式受信機（または中継器）の場合は，更に表示温度等設定一覧図も付近に備える必要があります。

【問題 26】　自動火災報知設備において，1 の防火対象物に 3 以上設けることができる受信機は次のうちどれか。

(1)　P 型（または GP 型）1 級受信機で多回線のもの。

解　答
<問題 22 の類題>…(3)　　　　　　　　　【問題 23】…(2)

　(2)　P型（またはGP型）1級受信機で1回線のもの。

　(3)　P型（またはGP型）2級受信機で多回線のもの。

　(4)　P型（またはGP型）3級受信機

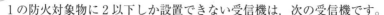

　1の防火対象物に2以下しか設置できない受信機は，次の受信機です。

① 　P型（またはGP型）1級受信機で1回線のもの。

② 　P型（またはGP型）2級受信機

③ 　P型（またはGP型）3級受信機

　逆にいうと，3以上設けることができる受信機は，P型（またはGP型）1級受信機で多回線のもの，ということになります。

【問題27】　自動火災報知設備の受信機を次の防火対象物に設置する場合，不適当なものはどれか。

　(1)　P型1級受信機で1回線のもの
　　　延べ面積が450 m² の防火対象物に設けた。

　(2)　P型1級受信機で多回線のもの
　　　延べ面積が1050 m² の防火対象物に設けた。

　(3)　GP型2級受信機で1回線のもの
　　　延べ面積が450 m² の防火対象物に設けた。

　(4)　P型3級受信機
　　　延べ面積が150 m² の防火対象物に設けた。

　受信機を設置する場合に面積による制限があるのは，(ア)P型（またはGP型）2級受信機で1回線のもの→延べ面積が350 m² 以下の防火対象物にのみ設けることができる，(イ)P型（またはGP型）3級受信機→延べ面積が150 m² 以下の防火対象物にのみ設けることができる，となっているので，(1)，(2)，(4)が正しく，(3)が誤りとなります（(ア)より）。

┌─────┐
│ 解　答 │
└─────┘

【問題24】 …(1)　　　　　　　　　　【問題25】 …(3)

<地区音響装置　→P.239>

【問題28】　自動火災報知設備の地区音響装置について，次のうち誤っているのはどれか。

(1)　地区音響装置は，1の防火対象物に2以上の受信機が設けられている時は，いずれの受信機からも鳴動させることができること。

(2)　各階ごとに，その階の各部分から1の地区音響装置までの歩行距離が，25m以下となるように設けること。

(3)　音声警報音を発する非常放送設備が設けられている場合は，その有効範囲内において地区音響装置に換えることができる。

(4)　公称音圧は，音響により警報を発する音響装置にあっては90dB以上，音声により警報を発する音響装置にあっては92dB以上とすること。

(2)は歩行距離ではなく「水平距離」となっています。

【問題29】　自動火災報知設備の地区音響装置について，次のうち正しいものはいくつあるか。

A　区分鳴動方式の場合は，階段，傾斜路，エレベータ昇降路等に設置した感知器の作動と連動して，地区音響装置を鳴動させないこと。

B　区分鳴動方式の場合は，「一定の時間が経過した場合」又は「新たな火災信号を受信した場合」には，自動的に全館一斉鳴動とする措置がなされていること。

C　自動火災報知設備の地区音響装置が鳴動した場合は，放送設備において非常放送中であっても，地区音響装置の鳴動を継続させるものであること。

D　感知器作動警報に係る音声は，男声によるものとし，自動火災報知設備の感知器が作動した旨の情報又はこれに関連する内容を周知するものであること。

(1)　1つ　　(2)　2つ
(3)　3つ　　(4)　4つ

A，○。

B　○（2つの理由は要注意！）

C　×。非常放送中は地区ベルの鳴動を停止させます。

D　×。<u>感知器作動警報の音声は**女声**</u>で，火災警報の音声は**男声**です。

　　従って，正しいのは，A，Bの2つとなります。

【問題30】　区分鳴動，および区分鳴動が適用される大規模防火対象物について，次のうち正しいのはどれか。

(1)　区分鳴動が適用されるのは，階数が5以上で延べ面積が3000 m² を超える防火対象物の場合である。

(2)　出火階が2階の場合は2階と3階，および1階を区分鳴動させる。

(3)　出火階が1階の場合は1階と2階，および地階を区分鳴動させる。

(4)　出火階が地下1階の場合は地下1階，およびその他の地階を区分鳴動させる。

　　(1)　区分鳴動が適用されるのは，「階数が5以上」ではなく，「<u>地階を除く</u>階数が5以上」なので誤りです（その他は正しい）。

　　(2)　区分鳴動の原則は「<u>出火階とその直上階のみ鳴動すること</u>」なので，2階と3階のみでよく1階は不要です。(3)(4)　出火階が1階または地階の場合は，「原則＋<u>地階全部</u>（出火階以外も）」なので，1階の場合は1階と2階，および

3F	○		
2F	●	○	
1F		●	○
B1F		○	●	○
B2F			○	○	●

●出火階　○鳴動させる階

地階となり，従って(3)が正解となります。また，地下1階の場合は，原則を適用すると直上階は1階となり，「1階と地階（すべて）を区分鳴動させる」となるので，(4)は誤りです。

＜配線　→P.244＞

【問題31】　自動火災報知設備の配線工事について，誤っているのはどれか。

(1)　差動式分布型感知器の空気管を取り付け面の各辺から2 m 離して設置した。

(2)　受信機が，自動試験機能を有するR型受信機であったので，終端器を設

解　答

【問題28】…(2)　　　　　　　　【問題29】…(2)

けなかった。

(3)　他の設備の弱電流回路の電圧が 60 V 以下だったので，自動火災報知設備の配線と同一の金属管に収めて施工した。

(4)　発信機を他の消防用設備の起動装置と兼用する必要があったので，発信機上部表示灯の回路を非常電源付の耐熱配線とした。

（1）　1.5 m 以内に設置する必要があります（P. 227 の①）。(2)　正しい。なお，送り配線にする必要もありません（P. 245 の③）。(3)　誘導障害を防止するため，自動火災報知設備の配線と他の回路の電線とは同一の管やダクトなどの中に設けないことになっていますが，60 V 以下の弱電流回路なら一緒に設けても構わないことになっています（P. 246 の(3)）。(4)　正しい。

【問題 32】　自動火災報知設備の屋内配線工事を金属管で行う際の基準について，次のうち誤っているのはどれか。

(1)　金属管の屈曲部の内側曲げ半径は，管内径の 6 倍以上とすること。

(2)　金属管内で電線を接続する場合は，スリーブを用いて堅牢に接続し，その周囲を絶縁テープで 3 重以上に巻いておくこと。

(3)　金属管の厚さは 1.2 mm 以上とすること。

(4)　メタルラス張りまたはワイヤラス張りの壁等を貫通させる場合は，電気的に十分絶縁すること。

「金属管内では電線の接続点を設けないこと」，となっているので，(2)が誤りです。

【問題 33】　次の回路と配線工事の組み合わせにおいて，誤っているのはどれか。

(1)　受信機から地区音響装置までの回路
　　⇒600 V ビニル絶縁電線を金属管に収め，耐火構造である主要構造部の深さ 20 mm のところに埋設した。

(2)　非常電源から受信機までの非常電源回路
　　⇒MI ケーブルの端末と接続点を除く部分を居室に面した壁体に露出配線し

━━ 解　答 ━━
【問題 30】　…(3)

た。
(3)　受信機から消防用設備等の操作回路
　⇒HIV 電線を金属管に収め，埋設をせずに工事をした。
(4)　中継器の非常電源回路（予備電源を内蔵している場合）
　⇒IV 電線を用いて一般配線工事をした。

　P.248 上の図を参照しながら確認していきます。
(1)　図の（イ）に該当し，耐熱配線が必要となるので，600 V ビニル絶縁電線
　（IV 電線）ではなく 600 V 2 種ビニル絶縁電線（HIV）などを用いるか，また
　は MI ケーブルを用います。
(2)　図の（ア）に該当するので，耐火配線とする必要があり，正しい。
(3)　（イ）に該当するので，耐熱配線とする必要があり，正しい。
(4)　予備電源を内蔵する場合は，電源配線を一般配線とすることができるの
　で正しい（P.247 の色の付いた部分参照）。

【問題34】　金属管に収め，耐火構造の壁に埋め込まなくても耐火配線工事と同
等であると認められるものは，次のうちどれか。
(1)　600 V 2 種ビニル絶縁電線を使用したもの
(2)　クロロプレン外装ケーブルを使用したもの
(3)　MI ケーブルを使用したもの
(4)　シリコンゴム絶縁電線を使用したもの

　MI ケーブルは，耐火，耐熱とも露出配線とすることができます。
＜類題＞　配線の耐火又は耐熱保護の範囲に使用することが認められていない
電線は，次のうちどれか。
(1)　600 V ビニル絶縁電線　　(2)　EP ゴム絶縁電線
(3)　シリコンゴム絶縁電線　　(4)　CD ケーブル

　P.434，資料 3 の①参照（「2 種」が抜けている）

─┤ 解　答 ├─

【問題 31】 …(1)　　　　　　　　【問題 32】 …(2)

【問題35】　自動火災報知設備の配線について，次のうち誤っているのはどれか。

(1)　原則として，自動火災報知設備の配線と他の回路の電線とは同一の管やダクトなどの中に設けないこと。

(2)　弱電流回路の場合，その電圧が30V以下の場合に限り，自動火災報知設備の配線と同一の管に設けてもよい。

(3)　P型受信機の感知器回路の共通線は，1本につき7警戒区域以下とすること。

(4)　P型受信機の感知器回路の電路の抵抗は，50Ω以下となるように設けること。

〈解説〉

　(1)は誘導障害を防止するための措置ですが，60V以下の弱電流回路なら同一の管などに設けてもよいことになっているので，(2)が誤りです。

　なお，(3)ですがR型（またはGR型）の場合は警戒区域に制限はないので注意してください。

【問題36】　感知器回路の配線について，次のうち誤っているのはどれか。

(1)　配線を送り配線とすること。

(2)　感知器の信号回路の末端には，容易に導通試験をすることができるように，発信機，押しボタン又は終端器を設けること。

(3)　P型1級受信機の場合において，受信機に断線監視機能が備わっている場合，受信機に回路導通試験装置を設ける必要はない。

(4)　自動試験機能を有する受信機であっても終端器を設置しない場合は，配線を送り配線とする必要がある。

〈解説〉

　感知器回路の配線では，容易に導通試験ができるよう，問題の(1)～(3)のように施工する必要がありますが，自動試験機能を有するR型受信機でアナログ式感知器に接続した場合は，終端器の有無に関わらず配線を送り配線とする必要はありません（終端器も不要です）。

感知器回路の末端の一例

<回路抵抗・絶縁抵抗　→P.249>

【問題37】　自動火災報知設備の配線の絶縁抵抗について，次のうち正しくないのはどれか。

(1)　直流 250 V の絶縁抵抗計を用いて測定する。

(2)　対地電圧が 105 V の場合，電源回路の電路と大地間の絶縁抵抗値は 0.1 MΩ 以上あればよい。

(3)　対地電圧が 210 V の場合，電源回路の配線相互間の絶縁抵抗値は 0.2 MΩ 以上あればよい。

(4)　感知器回路の電路と大地間の絶縁抵抗値は，1 警戒区域ごとに 0.2 MΩ 以上であること。

解説

　電源回路の電路と大地間，および配線相互間の絶縁抵抗値は，対地電圧が 150 V 以下の場合，0.1 MΩ 以上，対地電圧が 150 V を超え 300 V 以下の場合，0.2 MΩ 以上必要なので，(2)，(3)は正しい。また，感知器回路または付属回路の電路と大地間，および配線相互間の絶縁抵抗値は，1 警戒区域ごとに 0.1 MΩ 以上必要なので，(4)の 0.2 MΩ 以上というのは誤りになります。

【問題38】　下表は単相 100 V，三相 200 V 及び三相 400 V 回路を有する 4 つの工場で絶縁抵抗を測定し，記録したものである。このとき，絶縁不良が発見された工場は，次のうちどれか。

		100 V 回路	200 V 回路	400 V 回路
(1)	第 1 工場	0.3 MΩ	0.4 MΩ	0.5 MΩ
(2)	第 2 工場	0.2 MΩ	0.3 MΩ	0.3 MΩ
(3)	第 3 工場	0.2 MΩ	0.5 MΩ	0.4 MΩ
(4)	第 4 工場	0.4 MΩ	0.4 MΩ	0.4 MΩ

解説

　絶縁抵抗の測定に際しては，直流 250 V の絶縁抵抗計を用いて，「電源回路の電路と大地間」及び「配線相互間」の絶縁抵抗を測定します。その際，対

解　答

【問題 35】…(2)　　　　　　　　【問題 36】…(4)

地電圧の大きさによって，前問の絶縁抵抗値の範囲内であれば良好となるわけです。従って，100 V 回路は全て 0.1 MΩ 以上，200 V 回路も全て 0.2 MΩ 以上となり○。しかし，400 V 回路では，0.4 MΩ 以上必要なので，(2)の 0.3 MΩ が基準以下であり絶縁不良となります。

＜電気設備技術基準　→P.251＞

【問題39】　電線の接続や接地工事等について，次のうち誤っているものはどれか。
(1)　電線を接続する際は，電線の引張り強さを 20 % 以上減少させないこと。
(2)　電線を接続する際は，接続点の電気抵抗を増加させないこと。
(3)　接地工事の主な目的は，漏電による電気工作物の保護と感電防止である。
(4)　D 種接地工事における接地抵抗値は，10 Ω 以下とすること。

　D 種接地工事における接地抵抗値は，100 Ω 以下です。なお，「接続後通電したところ接続部が発熱した。」は×になります（電気抵抗増加による発熱なので，(2)の「電気抵抗を増加させない」より誤り）。

　(類題)……○×で答える。
　電線をワイヤーコネクターで接続する場合には，必ずろう付けをすること。

　電線を接続する際は，接続部分をろう付けしてから，電線の絶縁物と同等以上の絶縁効力のあるもので被覆をする必要がありますが，**ワイヤーコネクー**（電線の端末接続に用いられる接続器具）や**圧着端子**を用いる場合はその必要はありません。　　　　　　　　　　　　　　　　　　　(答)　×

＜ガス漏れ火災警報設備　→P.254＞

【問題40】　ガス漏れ火災警報設備における警戒区域について，次のうち適当でないのはどれか。
(1)　1 の警戒区域の面積は 600 m² 以下とすること。
(2)　警戒区域内のガス漏れ表示灯を通路の中央から容易に見通すことができる場合は，警戒区域の面積を 1000 m² 以下とすることができる。

解　答

(3)　防火対象物の2以上の階にわたらないこと。ただし，それらの床面積の合計が 600 m² 以下の場合には，2の階にわたることができる。

(4)　貫通部に設ける検知器に係る警戒区域は，他の検知器に係る警戒区域と区別して表示することができること。

ガス漏れ火災警報設備における警戒区域は『ガス漏れの発生した区域を他の区域と区別することができる最小単位の区域』のことをいい，その内容はほぼ自動火災報知設備と同じですが，(2)と(4)の内容はガス漏れ火災警報設備のみの規定です。(3)は 500 m² 以下が正解です。

【問題41】　空気に対する比重が1未満のガス漏れを検知するため，検知器を次のように設置したが，正しいのはどれか。

(1)　燃焼器から4mの位置に天井面から 0.4 m 突き出したはりがあったが，そのはりの外側（燃焼器または貫通部分がない側）に設置した。

(2)　天井付近に空気吹き出し口があったので，その付近に設置した。

(3)　ガス燃焼機器からは水平距離で8m以内に設置したが，導管の貫通部分からは水平距離で4m以内に設置する必要がある。

(4)　検知器の下端が天井から 0.6 m 以内になるように設置した。

(1)　0.6 m 以上突き出したはりなどがある場合には，その内側に設置する必要がありますが，0.4 m ではその必要はなく，よって正しい。なお，0.4 m というのは自動火災報知設備の感知区域の規定に出てくる数値です。

(2)　空気吹き出し口の場合，1.5 m 以内に設けないこと，となっているので誤りです。この場合，「天井付近に吸気口があったので，その付近に設置した。」が正しい内容です。

(3)　導管の貫通部分からも水平距離で8m以内に設置する必要があります。従って誤りです。なお，「水平距離で4m以内」，というのは空気に対する比重が1を超えるガスの場合の規定です。

(4)　0.6 m 以内ではなく，自動火災報知設備の感知器（ただし，煙感知器は 0.6 m 以内）と同じく 0.3 m 以内なので誤り。

解　答

【問題39】 …(4)

【問題 42】　ガス漏れ火災警報設備の検知器を設けてはならない場所として，次のうち誤っているのはどれか。

(1)　出入り口付近で外部の気流がひんぱんに流通する場所。

(2)　ガス燃焼機器の廃ガスに触れやすい場所。

(3)　ガス燃焼機器から水平距離で4m以内の場所。

(4)　換気口の空気吹き出し口から1.5m以内の場所。

ガス漏れ検知器を設けてはならない場所として，(1)，(2)，(4)の他，「ガス漏れの発生を有効に検知することができない場所」もあります。(3)は，空気に対する比重が1を超えるガスの場合における検知器の設置場所の規定です。

【問題 43】　ガス漏れ火災警報設備の受信機や警戒区域について，次のうち適当でないのはどれか。

(1)　1の防火対象物に2以上の受信機が設けられている時は，これらの受信機のある場所相互の間で同時に通話できる装置を設けること。

(2)　受信機の操作スイッチは，床面から0.6m以上1.5m以下の高さに設けること。ただし，いすに座って操作する場合を除く。

(3)　受信機は，検知器や中継器の作動と連動して検知器の作動した警戒区域を表示できること。

(4)　貫通部に設ける検知器に係る警戒区域は，他の検知器に係る警戒区域と区別して表示することができること。

(4)以外，自動火災報知設備の設置基準とほぼ同じ内容です（(3)の検知器は自火報では感知器となります）。従って，(2)の0.6m以上は誤りで，0.8m以上（いすに座って操作する場合は0.6m以上）が正しい値です。

【問題 44】　ガス漏れ火災警報設備の警報装置について，次のうち正しいのはどれか。

(1)　音声警報装置のスピーカーは，各階ごとにその階の各部分から1のスピーカーまでの水平距離が35m以下となるように設けること。

解　答

【問題 40】 …(3)　　　　　　　　　【問題 41】 …(1)

(2)　1の警戒区域が1の室からなる場合には，検知区域警報装置を省略することができる。

(3)　ガス漏れ表示灯は，前方5m離れた位置で点灯しているのが識別できること。

(4)　適法な非常放送設備がある場合は，音声警報装置を省略することができる（ただし，その有効範囲内）。

　(1)は25m以下，(2)は検知区域警報装置ではなくガス漏れ表示灯，(3)は3mが正しい値です。(4)は自動火災報知設備の地区音響装置と同じ内容です。

【問題45】　ガス漏れの検知区域警報装置を設置する必要がある場所は次のうちどれか。

A　常時人が居ない機械室
B　検知器（警報装置なし）が設置してある場所
C　燃焼器を使用する際に常時人が居る場所
D　ガス導管の貫通部分
(1)　A　　(2)　B, C　　(3)　C　　(4)　C, D

　検知区域警報装置とは各検知区域ごとに警報音を鳴らす装置で，

①　機械室その他，常時人が居ない場所および貫通部
②　警報装置付きの検知器を設置する場合

には設置を省略することができます。
　従って，Bは警報装置がないので設置する必要があり，またCは常時人が居るので，これも設置する必要があります。

＜消防機関へ通報する火災報知設備　→P.262＞
【問題46】　消防機関へ通報する火災報知設備について，次のうち誤っているのはどれか。

(1)　発信の際，火災通報装置が接続されている電話回線が使用中であった場合には，強制的に発信可能の状態にすることができるものであること。

解　答
【問題42】…(3)　　　　　　　【問題43】…(2)

⑵　火災通報装置の蓄積音声情報は，119番信号を送信後，自動的に送信されるものであること。

⑶　消防機関から著しく離れた場所（約10 km以上），および消防機関からの歩行距離が500 m以下の場所には設置を省略することができる。

⑷　養護老人ホームや老人福祉センターに消防機関へ常時通報できる電話を設けた場合は，火災通報装置を省略することができる。

解説

　消防機関へ常時通報できる電話を設けた場合，原則として，火災通報装置を省略することができますが，P.263，表の●印の場合は省略できず，⑷の養護老人ホーム（6項ロ）は延べ面積に関わらず，老人福祉センター（6項ハ）は500 m²以上で設置義務が生じます。

類題　次の文中の（A）～（D）に当てはまる語句を答えよ。

「消防機関へ通報する火災報知設備とは，火災が発生した場合において，（A）を操作することにより，又は連動した自動火災報知設備からの（B）等を受けることにより，電話回線を使用して消防機関を呼び出し，（C）により消防機関に（D）するとともに通話も行える設備のことをいう。」

［解答］

（A）押しボタン，（B）火災信号，（C）蓄積音声情報，（D）通報

（P.262の色アミ下線部参照）

第4編 (構造, 機能・工事, 整備)
電気に関する部分

第4章

自動火災報知設備(試験・点検)

1. 感知器については, 差動式分布型感知器の**空気管の試験**についての出題が, 頻繁に (概ね2回に1回程度の割合) 出題されています。従って, 各試験の内容やマノメーターの水位 (**約 100 mm**) などをよく整理しておく必要があります。

2. 受信機については, 試験に関する出題, たとえば, 導通試験を行ったのに導通表示をしないのは次のうちどれか, などという問題がたまに出題されています。
　これらのポイントをよく理解しながら, 効率的に学習を進めていってください。

この試験・点検は鑑別でも出題されるので, 電気に関する部分を免除で受験される方であっても, できるだけ目を通してください。

感知器

　感知器を所定の方法によって作動させ（地区音響装置の鳴動や受信機の表示灯の点灯など），時間などを測定して試験を行います。

(1) スポット型 （作動試験のみです）

(1) 熱感知器のスポット型(差動式スポット型・補償式スポット型・定温式スポット型)

　感知器を (※) 加熱試験器を用いて加熱し,作動するまでの時間を測定して,それが所定の時間内であるかどうかを確認します（下の表）。

　ただし，定温式スポット型，または熱アナログ式スポット型の場合において周囲温度と公称作動温度,または火災表示設定温度との差が50℃を超える場合は，作動時間を2倍にまで延長することができます。

⇒　たとえば，公称作動温度が60℃だとした場合，周囲温度がそれより50℃以上低い10℃未満だと,感知器自体が冷えきっているので加熱してもなかなか作動しません。よって，このような緩和規定となっているわけです。

作動時間（単位：秒以内）

感知器	種別 感知器の種別				試験器
	特種	1種	2種	3種	
①差動式スポット型　補償式スポット型		30	30		加熱試験器
②定温式スポット型	40	60	120		
③煙感知器の非蓄積式（蓄積式は非蓄積式の時間に公称蓄積時間，および5秒を加えた時間以内であること。）		30	60	90	加煙試験器
④光電式分離型		30	30		減光フィルター

（平成10年消防予第67号問18より。なお①の作動時間については，よく出題されています。）

（※）加熱試験器

　白金カイロ式または赤外線電球によるものがあり，定温式を試験する場合は多少火力の強いものを用います。

　（白金カイロの火口（ひぐち）⇨差動式，補償式が2個なのに対して定温式は3個のものを用います）

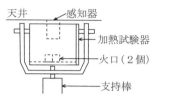

図1　白金カイロ式加熱試験器

（写真はP.318のA，Bを参照）

(2)　煙感知器のスポット型(イオン化式スポット型・光電式スポット型(アナログ式含む))

　煙感知器の場合は，加煙試験器を用いて**作動試験**のみを行います（前ページ表の③）。

　この加煙試験器には一般に渦巻き線香が発煙材に用いられていますが，現場の状況によっては気流の影響を受けるので，受けないような措置を講じる必要があります。

　なお，煙の代わりにガスを発生させるタイプの試験器もあります（P.318のC）。

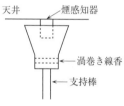

図2　加煙試験器

（写真はP.318のD）

(2)　光電式分離型

　光電式分離型は，減光フィルターを用いて**作動試験**を行います。

　所定の減光率になるよう，光の透過率の異なる減光フィルターを重ね，それで光軸を遮って，正常に作動するかどうかを確認します。

図3　減光フィルター

(3)　分布型 (作動試験, 作動継続試験, 流通試験, 接点水高試験)

熱感知器のみです。

1. 空気管式

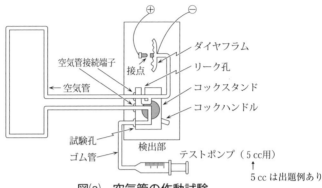

図(a)　空気管の作動試験

　分布型の場合，感知器は広範囲に布設してあるのでそれら全体に加熱して試験をするというわけにはいかず，そこで感知器を火災時と同じ状態にして試験をすることになります。

　つまり，空気管の中に空気を送り込んで膨張させ，接点が閉じるかどうかなどの機能を試験するわけです。

① **作動試験 (空気管式)**

　火災時に空気管内で膨張する空気量と同じ量の空気量，すなわち**作動空気圧に相当する空気量**をテストポンプ (5 cc 用) で注入し，注入した時から**作動するまでの時間を測定**します。

　その試験方法は次の順序で行います（図(a)参照）。

(ｱ)　**作動空気圧に相当する空気量をテストポンプに注入します。**

(ｲ)　テストポンプを試験孔に接続します。

(ｳ)　コックスタンドのハンドル（試験コック）を**作動試験**の位置にする（コックスタンド内の配管が切り替わり，注入した空気が空気管の方に導かれてからダイヤフラムへと入ります）。

(ｴ)　テストポンプの空気を注入すると同時に時間を計測し，ダイヤフラムの接点が閉じるまでの時間を測ります。

(ｵ)　その作動時間が，所定の時間内（検出部に明示されている時間内）であるかどうかを確認します。

② **作動継続試験**

　　①の試験に引き続いて行うもので，ダイヤフラムの接点が閉じてから再び開くまでの時間，すなわち感知器が作動している時間を測定し，それが所定の範囲内（検出部に明示されている時間内）であるかどうかを確認します（接点が開くのはリーク孔から空気が徐々に漏れるからです）。

③ **流通試験（図(b)）**

　　空気管に空気を注入し，空気管の漏れや詰まりなどの有無，および空気管の長さを確認する試験で，次の要領で行います。

　(ア)　空気管の一端（図の p 点）をはずして <u>(※) マノメーター</u> を接続し，コックスタンドの試験孔にテストポンプを接続します。

┌───
│ （※）マノメーター
│
│　　U字型のガラス管で，圧力を受けることによって水位が変動します。水
│　は目盛り盤の 0 点の位置に合わせて入れておきます。
└───

　(イ)　テストポンプで空気を注入し，マノメーターの水位を約 100 mm（半値）上昇させ，水位を停止させます（⇒100 mm は出題例があるので注意！）。

　　☆　水位が上昇しない場合

　　　　→空気管が詰まっているか切断されている可能性があります。

　　☆　水位は上昇するが停止せず，徐々に下降する場合

　　　　→空気管に漏れがあるということなので，接続部分の緩みや空気管のピンホールなどをチェックします。

　(ウ)　水位停止後，コックハンドルを操作して送気口を開き空気を抜きます。その際，マノメーターの水位が 1/2 まで下がる時間（流通時間）を測定して，それが空気管の長さに対応する流通時間の範囲内であるかを，空気管流通曲線により確認をします。

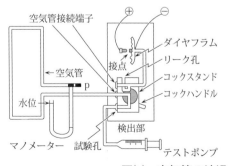
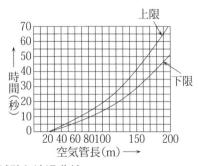

図(b)　空気管の流通試験と流通曲線

④　接点水高試験（図(c)）

　ダイヤフラムの接点間隔が適切であるかどうかを試験するもので，ダイヤフラムにテストポンプで空気を注入し，接点が閉じる時のマノメーターの水高（＝接点水高値）から接点間隔の良否を判定します。

　つまり，接点間隔をマノメーターの水高として表し，それが検出部に明示されている範囲内であるかどうかを判定するわけです。

(ｱ)　水位，つまり接点水高値が高い場合

　「水高値が高い」ということは，それだけ圧力をかけなければ接点が閉じないということで，結局それだけ**接点間隔が広い**ということになります。接点間隔が広いということは，感度が鈍いということでもあり，遅報の原因になる可能性があります。

 接点水高値が高い⇨遅報の原因となる可能性あり

(ｲ)　接点水高値が低い場合

　(ｱ)とは逆に，少しの圧力で接点が閉じるということで，それだけ**接点間隔が狭く感度が鋭敏**ということになり，非火災報の原因となります。

 接点水高値が低い⇨非火災報の原因となる可能性あり

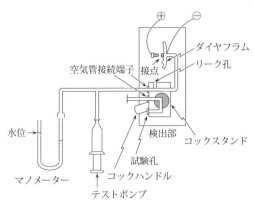

図(c)　接点水高試験

なお，これら①～④の試験を総称して「ポンプ試験」ともいいます。

（注：鑑別で出題例があるので，図(a)～図(c)などの図を見ただけで，○○試験と答えられるようにしておいた方がよいでしょう）

2．熱電対式

① 作動試験（熱電対式）

　　熱電対式の検出部，すなわちメーターリレーにメーターリレー試験器な
る試験器によって作動電圧に相当する電圧を印加し，感知器が正常に作動
するかどうかを試験します（印加電圧が検出部に明示されている値の範囲内
であるかどうかを確認します）。

② 回路合成抵抗試験

　　同じくメーターリレー試験器によって合成抵抗を測定し，その値が検出
部に明示されている値以下であるかどうかを確認します。この場合，もし
検出部に明示されている値より大きいと有効に作動しないおそれがありま
す（この試験では断線の検出も行うことができます）。

> **例　題**　メーターリレー試験器を使用して抵抗値（Ω）を測定する試
> 験の名称を答えなさい。
> ［解答］回路合成抵抗試験

3．熱半導体式

　　熱電対式に準じて試験を行います。

＜試験器の校正期間＞

　　なお，試験器の校正期間について，たまに鑑別で出題されていますので，
次にまとめておきました（各試験器の写真はP.318，319，320にあります）。

校正時期	試験器の区分
10年	加熱試験器，加煙試験器，炎感知器用作動試験器
5年	メーターリレー試験器，減光フィルター，外部試験器
3年	煙感知器用感度試験器，加ガス試験器

＜覚え方＞

① 基本的な熱，煙，炎の試験器は10年

② その他の試験器は5年

ただし，煙の感度試験器と加ガス試験器のみ3年

受信機 （鑑別等でよく出題されています。）

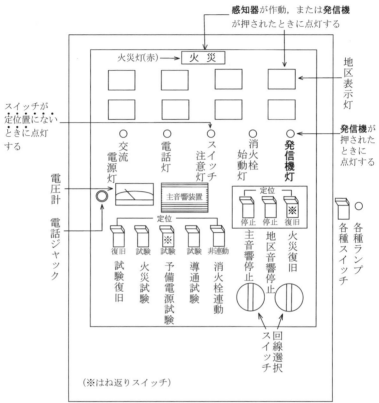

P型1級受信機（例）

(注) ガス漏れ火災警報設備の試験も次の①〜④と同じ手順で行いますが，ただ
①がガス漏れ表示試験，①の(ア)がガス漏れ表示試験スイッチ，(イ)にある火災
灯がガス漏れ灯という名称に代わります。

① **火災表示試験**

受信機が火災信号を受けた時に正常な作動をするかどうかを回線選択ス
イッチを操作して1回線ずつ確認をします。

(ア) **火災試験スイッチを試験側に倒す**（⇒警戒区域を試験状態にする）。

(イ) **回線選択スイッチのダイヤルを1に合わせ**，「**火災灯および地区表示灯**
が点灯しているかの確認」，「選択スイッチのダイヤル番号と**地区表示灯**
の番号が一致しているかどうかの確認」，および「**音響装置が正しく鳴動**

しているかどうかの確認」を行う。

　火災灯はＰ型１級の多回線のみ, 地区表示灯は（級に関係なく）多回線のみに設置義務があります。

㈦　それらが終わると（※）火災復旧スイッチで元の状態に復帰させ（はね返りスイッチを押して, リレーの自己保持を OFF にし, 表示灯の点灯や音響装置の鳴動を OFF にする）, 順次ダイヤルを回して, 同様の試験を行う（注：非火災報において,「復旧スイッチを押しても復旧しない理由」の出題例がありますが, 感知器回路の短絡（ショート）, 感知器が復旧していない, 発信機の押しボタンが押されたままになっている……などが考えられます）。

（※）　火災復旧スイッチと試験復旧スイッチについて

・火災復旧スイッチ（⇒はね返りスイッチ）

　受信機が作動状態になった時にこれを元の状態に復帰させるためのもので, 火災表示試験に用います（リレーの自己保持機能を OFF にします）。

・試験復旧スイッチ（⇒定位置に自動的に復旧しないスイッチ）

　通常, 感知器が作動すると受信機の自己保持機能が作動し, 地区表示灯が点灯し続けたり地区音響装置が鳴動し続けます。

　試験復旧スイッチはこの自己保持機能を解除するためのスイッチで, こうすることによって感知器の作動試験の際, 地区表示灯が点灯し続けたり地区音響装置が鳴動し続けたりすることなく, その瞬間だけ点灯や鳴動するので, 感知器の作動, 復旧の状態を把握しやすくなるのです。

受信機のスイッチは定位置に自動的に復旧しない倒れきりスイッチ（主音響停止スイッチなど）が一般的であり, 定位置に自動的に復旧するはね返りスイッチは, 火災復旧や予備電源試験スイッチ等, ごく一部なので要注意！

② 　回路導通試験

　感知器回路の断線の有無を試験するもので, これも火災表示試験同様, 回線選択スイッチのダイヤルを順にまわし１回線ずつ次のように試験を行っていきます。

㈦　導通試験スイッチを試験側に倒す。

㈧　電圧計の針が適正な範囲を指しているかどうかを確認する。

（注：電圧計ではなく，ランプの表示により良否を判断するタイプの受
　　　信機では，**導通表示灯**が表示しているかを確認します。）

　なお，P型2級のように末端に発信機が設けられている場合は，その発信
機を押してテストをすることもできます。この場合，「地区表示灯」の点灯
や「音響装置」が鳴動すれば正常となるのですが，元の状態に復帰させる
には発信機のボタンを元の状態に戻してから**火災復旧スイッチ**で復帰させ
る必要があります。

③　**同時作動試験**

　別々の回線（警戒区域）から火災信号が入ってきても受信機が正常に作動
するかどうかを**常用電源の場合は5回線，予備電源の場合は2回線**を同時
に作動させて確認します。

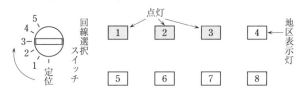

(a)　同時作動試験（回線3までまわしたところ）

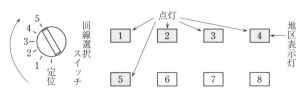

(b)　同時作動試験（回線5までまわしたところ）

(ア)　火災試験スイッチを試験側に倒す。

(イ)　回線選択スイッチを5回線同時に途中で復旧させることなく続けて回
　　す（予備電源の場合は2回線）。

(ウ)　それに対応する「地区表示灯」が順次点灯し，表示が保持されている
　　かを確認し，また「火災灯」の点灯や「主音響，地区音響」の鳴動が継
　　続されているかも確認する。

④　**予備電源試験**

　常用電源から予備電源への切替えや予備電源から常用電源への復旧が正
常に（自動的に）行われるか，予備電源の端子電圧が正常かを試験するもの
で，**予備電源試験スイッチ**（はね返りスイッチ）を入れて電圧計の指示が規
定の値以上か，あるいはランプであれば点灯すれば正常です。

問題にチャレンジ！

（第4編　試験・点検）

【問題1】　熱感知器の加熱試験を行った場合，その作動時間について次のうち正しいのはどれか。

(1)　差動式スポット型の特種は40秒以内に作動すること。

(2)　差動式スポット型の1種と2種は，ともに30秒以内に作動すること。

(3)　定温式スポット型の2種は，60秒以内に作動すること。

(4)　差動式分布型（空気管式）の場合，120秒以内に作動すること。

(1)(2)　差動式スポット型に特種はありません。あるのは1種と2種のみで，その作動時間は，ともに30秒以内となっています。(3)　定温式スポット型の場合，特種と1種と2種があり，作動時間はそれぞれ40秒以内，60秒以内，120秒以内となっています。(4)　差動式分布型（空気管式）の場合，加熱試験ではなく検出部より指定の空気を注入して行う火災作動試験を行います。

【問題2】　周囲温度が10℃において，公称作動温度が70℃の定温式スポット型感知器の加熱試験（作動試験）を行う場合，その作動時間について次のうち正しいのはどれか。

(1)　特種の場合，80秒以内に作動すること。

(2)　1種の場合，130秒以内に作動すること。

(3)　2種の場合，300秒以内に作動すること。

(4)　3種の場合，240秒以内に作動すること。

定温式スポット型の場合，周囲温度と公称作動温度との差が50℃を超える場合は，作動時間を2倍にまで延長することができます。従って，問題1の(3)解説より，特種は80秒以内，1種は120秒以内，2種は240秒以内となり，(1)が正解となります（(4)の3種というのは定温式スポット型にありません）。なお，熱アナログ式スポット型の場合も同様の緩和規定があります。

解　答

解答は次ページの下欄にあります。

【問題3】　感知器と機能試験の組み合わせで，次のうち誤っているものはどれか。

(1)　差動式スポット型感知器 ……………作動試験

(2)　定温式感知線型感知器 ………………回路合成抵抗試験

(3)　イオン化式スポット型感知器 ………接点水高試験

(4)　差動式分布型感知器（空気管式）……流通試験

(1)　差動式スポット型感知器は加熱試験器を用いて作動試験のみを行います（点検，整備後の感知器をチェックする際もこの作動試験を行います）。

(2)　定温式スポット型の場合は，作動試験のみですが，感知線型の場合には回路合成抵抗試験もあります。

(3)　熱感知器，煙感知器とも，スポット型は作動試験のみを行うので，誤り（接点水高試験は，差動式分布型感知器（空気管式）の試験です）。

【問題4】　差動式分布型感知器（空気管式）の工事完成時に次の機能試験を実施したが，それぞれの試験とその目的について，次のうち誤っているものはどれか。

(1)　火災作動試験……感知器の作動空気圧に相当する空気量を注入し，作動時間が検出部に示されている時間内であるかどうかを確認する。

(2)　作動継続試験……感知器が作動してから接点が開くまでの時間が検出部に示されている時間内であるかどうかを確認する。

(3)　流通試験…………空気管に空気を注入し，空気管の漏れや詰まりなどの有無の確認，および空気管の長さを確認する。

(4)　接点水高試験……空気を注入して，接点が閉じた時のマノメーターの水高値からリーク抵抗の良否を判定する。

(4)　接点水高試験とは，ダイヤフラムにテストポンプで空気を注入し，接点が閉じる時のマノメーターの接点水高値から接点間隔の良否を判定する試験です。言い換えると，「空気管の検出部が作動するのに必要な空気圧を測定

解　答

【問題1】…(2)　　　　　　　　　　　【問題2】…(1)

し，その圧力が正常であるかどうかを確認する試験」です。重要

【問題5】　差動式分布型感知器（空気管式）の火災作動試験を実施したところ，作動時間が検出部に示されている時間より遅かった。その原因として次のうち誤っているのはどれか。
(1)　リーク抵抗が規定値よりわずかに小さい。
(2)　空気管に小さな穴（ピンホール）が空いている。
(3)　接点水高値が規定値より低い。
(4)　ダイヤフラムに漏れがある。

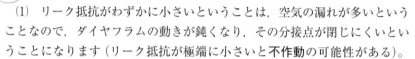

　(1)　リーク抵抗がわずかに小さいということは，空気の漏れが多いということなので，ダイヤフラムの動きが鈍くなり，その分接点が閉じにくいということになります（リーク抵抗が極端に小さいと**不作動**の可能性がある）。
(2)　空気管に小さな穴が空いていると，接点を閉じるための空気量がより多く必要となるので，その分，接点を閉じる時間もより多く必要となります。なお，「空気管に詰まりがある」という場合も，作動時間が**遅く**なります。
(3)　接点水高値が低いということは，少しの圧力で接点が閉じるということになり，作動時間は逆に**早く**なるので，誤りです。(4)　ダイヤフラムに穴が開いていると，ダイヤフラムの動きが**鈍く**なるので，接点が閉じにくくなります。

　なお，試験の結果，全く作動しなかった場合は，空気管の**流通試験**を行って空気管に漏れや詰まりがないか，また検出部との接続状態に異常はないか，或いは**接点水高試験**を実施して接点間隔に異常はないか，などを確認します。

【問題6】　差動式分布型感知器（空気管式）の流通試験を行った結果，マノメーターの水位がいったん上昇したが停止せず，徐々に下降した。その原因として次のうち誤っているのはどれか。
(1)　空気管が詰まっている。
(2)　空気管相互の接続部分に施したハンダ付けに不良部分がある。
(3)　空気管と空気管の接続部分に緩みがある。
(4)　空気管にピンホール（穴）がある。

解　答

【問題3】…(3)　　　　　　　　　　【問題4】…(4)

マノメーターの水位が下降したということは，空気管に（テストポンプで）注入した空気が徐々に漏れた，ということなので，(2)，(3)，(4)が正しく，(1)が誤りとなります。

なお，空気管が切断した場合の感知器と受信機の作動状態は，「感知器は不作動（空気が膨張せず接点が閉じないため）」「受信機は正常な状態を保持する（受信機には信号が来ないので）」となります（出題例あり）。

【問題7】　差動式分布型感知器（空気管式）の接点水高（フラム）試験について，次のうち適当でないのはどれか。
(1)　接点水高値が規定値より高い場合
　　感度が鈍いということであり，遅報の原因になる可能性がある。
(2)　接点水高値が規定値より低い場合
　　接点間隔が規定値より広いということであり，非火災報の原因になる可能性がある。
(3)　接点水高とは接点の間隔を水高で表したものである。
(4)　試験にはマノメーターを用いる。

接点水高値が低いということは，少しの圧力で接点が閉じるということであり，それだけ接点間隔が狭いということになるので(2)が誤りです（非火災報の原因になる，というのは正しい内容です）。

【問題8】　差動式分布型感知器（空気管式）の作動試験とリーク孔について，次のA〜Dに当てはまる語句の組み合わせとして正しいのはどれか。
　　「ほこりやじんあい，または結露などによりリーク孔が詰まるとリーク抵抗が（　A　）し，作動開始時間が（　B　）なる。また作動継続時間は（　C　）なる。この場合，周囲の温度上昇率が規定の値より（　D　）くても感知器は作動してしまう」

	A	B	C	D
(1)	増加	早く	長く	小さ

解　答

【問題5】…(3)　　　　　　　　【問題6】…(1)

　(2)　減少　　　早く　　　長く　　　大き
　(3)　減少　　　遅く　　　短く　　　小さ
　(4)　増加　　　遅く　　　長く　　　大き

　　リーク孔が詰まるとリーク抵抗は増加します。リーク抵抗が増加すると
　⇒空気の漏れが少なくなる　⇒空気管内の空気の膨張速度が早くなる
　⇒ダイヤフラムの動きが早くなる（鋭敏になる）　⇒接点が早く閉じる
　⇒作動開始時間が早くなる，ということになり非火災報（誤報）の原因に
なります（⇒空気室のある差動式スポット型も同様）。

　　また，いったん接点が閉じても空気の漏れが少ないので，接点が閉じてい
る時間，すなわち作動継続時間も長くなります。一方，ダイヤフラムの動き
が鋭敏なので，周囲の温度上昇率が規定値より小さくても接点が閉じてしま
う（＝感知器が作動してしまう）ことにもなります。

【問題9】　内径が 1.4 mm で全長が 90 m の空
気管の流通試験を行った。次の流通時間の
うち，図の流通曲線に適合しているものは
どれか。

　　　流通時間
　(1)　　8 秒
　(2)　　10 秒
　(3)　　14 秒
　(4)　　21 秒

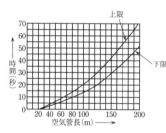

空気管流通曲線
（内径が 1.4 mm の場合）

　　図より，90 m の空気管の流通時間は，下限が 12 秒，上限が 17 秒なので，
この範囲内にある 14 秒が適合していることになります。

　　ちなみに，たとえば全長が 50 m の空気管の場合は，図より流通時間は 4
秒から 6 秒の範囲内にあればよいことになります。（出題例はあまりない）

　解　答

【問題7】　…(2)

【問題 10】 次のうち，差動式分布型感知器（熱電対式，または熱半導体式）の機能試験に関係のないものはどれか。

(1) 作動試験
(2) メーターリレー試験器
(3) 回路合成抵抗試験
(4) 作動継続試験

解説

　差動式分布型感知器（熱電対式，または熱半導体式）の機能試験に，火災作動試験と回路合成抵抗試験はありますが，作動継続試験はありません。

【問題 11】 P型1級受信機（多回線）の機能試験について，次のうち適当でないのはどれか。

(1) 回路導通試験では感知器回路の断線の有無を確認することができる。
(2) 火災表示試験では，火災灯，地区表示灯の点灯，および音響装置の鳴動や保持機能が正常かを確認することができる。
(3) 感知器の接点に接触不良がある場合，導通試験を行っても導通表示をしない。
(4) 予備電源による同時作動試験では2回線を同時に作動させて試験を行う。

解説

　感知器間の配線に断線がある場合や終端器の接続端子に接触不良がある場合に導通試験を行っても導通表示をしませんが，「感知器の接点に接触不良がある場合」「煙感知器の半導体が破損していた場合」「差動式分布型感知器（空気管式）の空気管の部分が切断されている場合」など，感知器自体に異常がある場合は，末端までの配線そのものが正常であれば，導通試験を行っても導通表示はします。
　(4) 同時作動試験では火災表示試験と同様，火災灯，地区表示灯の点灯，および音響装置の鳴動が正常かを確認します。

解 答

【問題8】 …(1)　　　　　　　　　　【問題9】 …(3)

【問題 12】　自動火災報知設備の点検，および整備について，次のうち誤っているのはどれか。

(1)　非火災報が連続したので，感知器が設置場所に適合しているものであるかを確認した。

(2)　発信機の電話ジャックに送受話器を差し込み，受信機側を呼んでいたら，受信機が火災表示をした。

(3)　P 型 1 級発信機の機能を点検したところ，受信機が火災表示をしなかったので，接点の接触状態，および端子と電線の接続状態を確認した。

(4)　感知器の点検を実施したところ故障していることが判明したので，新しいものと交換し，作動試験を実施した。

発信機の電話ジャックに送受話器を差し込んでも，発信機が ON の状態になるわけではないので，火災表示はしません。

【問題 13】　P 型受信機（多回線）に関する機能点検について，次のうち誤っているのはどれか。

(1)　火災表示試験を実施したところ，定温式感知器に異常が見つかったので新しいものと交換した。

(2)　非火災報が頻発したので，感知器の設置状況や回路の絶縁状態の点検のほか，受信機のリレーの点検なども行った。

(3)　予備電源の機能を点検したところ，電圧計の指示が不適正であったので，電圧計の機能や電池の劣化などを点検した。

(4)　2 級の受信機の場合，発信機を押すことによって感知器回路の導通を点検する。

(1)　火災表示試験は受信機自体の試験であり，感知器の機能（接点の作動状況など）の確認はできません。(4)　回路の導通を点検する場合，P 型 1 級は導通試験装置を用いますが，P 型 2 級には導通試験装置が不要なので発信機を押すことによって感知器回路の導通を点検します。

解　答

【問題 10】　…(4)　　　　　　　　【問題 11】　…(3)

【問題14】 自動火災報知設備の受信機で，火災表示試験を行ってもその機能に異常があるかどうかを確認できないものは，次のうちどれか。

(1) 受信機の各リレー　　(2) 感知器の接点
(3) 音響装置の鳴動状況　(4) 火災灯の作動状況

前問の(1)の解説より，火災表示試験は受信機に関する試験であり，感知器の接点の機能を確認することはできないので，(2)が誤りです。

【問題15】 ガス漏れ火災警報設備のガス漏れ表示試験について，次のうち誤っているものはどれか。

(1) ガス漏れ灯，警戒区域の表示装置の点灯が正常であること。
(2) 主音響装置の音圧は，85 dB 以上であること。
(3) 自己保持機能が正常であること。
(4) 遅延時間を有するものにあっては，60 秒以内であること。

ガス漏れ火災警報設備の表示試験については，自動火災報知設備の表示試験に準じて，次のように行います。

① ガス漏れ表示試験スイッチを入れ，1回線ごとに，ガス漏れ表示，地区表示，音響装置（主音響装置は 70 dB 以上）の作動が正常であるかを確認する。

② 遅延時間を有するものにあっては，1回線ごとにガス漏れ灯の点灯まで 60 秒以内であることを確認する。

③ 自己保持機能を有するものについては，自動火災報知設備同様，1回線ずつ確認してから，復旧スイッチで復旧し，次の回線へと移行する。

（注：回線選択スイッチのないものは，1回線ごとに表示試験スイッチを入れ，以上の操作を同様に行う）

従って，ガス漏れの主音響装置の音圧は，70 dB 以上でよいので，(2)が誤りです（85 dB 以上必要なのは，自動火災報知設備の主音響装置です⇒P. 161）。

解 答

【問題12】 …(2)　　【問題13】 …(1)　　【問題14】 …(2)　　【問題15】 …(2)

第5編

鑑別等試験

　　実技試験には鑑別等試験と製図試験があり，鑑別等試験が5問に対し製図試験は2問です（但し，乙種には製図試験はありません）。

　　そのうち，鑑別等試験では次のような問題が多岐にわたって出題されます。

1．点検，整備用の計測器や工具など

　　「**メーターリレー試験器，マノメーター，騒音計，絶縁抵抗計，接地抵抗計**」などがよく出題されており，それぞれの外観や用途，及び何の試験に使うか，などをよく把握しておく必要があります（特に**絶縁抵抗計**は頻繁に出題されているので，要注意です。なお，ペンシル型の**検電器**もイラストで出題されており，また，**金属管工事に用いる工具**も幅広く出題されているので注意が必要です）。

2．感知器について

　　感知器については，熱感知器，煙感知器ともよく出題されており，写真や姿図などから**名称**や**作動原理**などを問う問題がよく出題されています。

3．受信機について

　　受信機の試験については，ほぼ毎回出題されており，火災表示試験をはじめとして，各試験の**スイッチの操作順序**を確実に把握し，手順が示されてもすぐに「○○試験」と答えられるようにしておく必要があります。その他，「○○ランプが点灯，または消灯している原因は？」「○○の場合に断線を確認する方法」など，少し込み入った問題もたまに出題されています。

4．その他

　　地区音響装置の鳴動方式や電線の種類，耐熱配線や耐火配線について，感知器回路を増設する際の接続方法，そして，感知器の試験器などの問題がたまに出題されています。

　　従って，これらのポイントをよく把握するとともに，感知器等の現物または写真などにできるだけ多く接し，また，第3編の構造，機能や試験についての知識がベースになるので，これらについても再確認しておく必要があります。

　　なお，本編では，これらの出題に対応できるよう，問題形式をとって説明していきます。

写真鑑別 （P. 417 以降にカラー写真があるものは
そのページ数を表記してあります。）

1. 感知器

【問題1】　次の感知器の名称と作動原理について答えなさい。

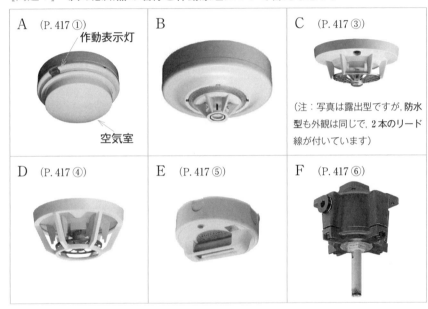

A　(P. 417 ①)
作動表示灯
空気室

B

C　(P. 417 ③)
(注：写真は露出型ですが、防水型も外観は同じで、2本のリード線が付いています)

D　(P. 417 ④)

E　(P. 417 ⑤)

F　(P. 417 ⑥)

（AからHまでは熱感知器、IからMまでは煙感知器です。）

解 答

	名 称	作 動 原 理
A	差動式スポット型感知器（空気の膨張を利用するもの）	急激な温度上昇により空気が膨張し、ダイヤフラムを押し上げ接点を閉じる
B	差動式スポット型感知器（半導体式）	温度検知素子（サーミスタ）により温度上昇を感知して接点を閉じる
C	定温式スポット型感知器（バイメタル式）	一定の温度に達するとバイメタルが反転して接点を閉じる(注：防水型にはリード線が付いているので、「リード線なし」という条件が提示されれば防水型以外から選択する)
D	定温式スポット型感知器（耐酸式）	
E	定温式スポット型感知器	金属の膨張係数の差を利用して接点を閉じる
F	定温式スポット型感知器（防爆型）	同上

G　(P. 418 ⑦)

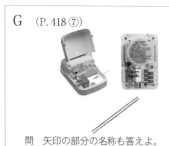

問　矢印の部分の名称も答えよ。

H　(P. 418 ⑧)

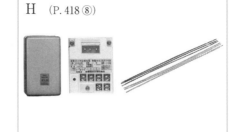

I

(I, J 共通):矢印部分 a に網, 円
孔板を設ける理由を答えなさい。

J　(P. 418 ⑨)

矢印 b の名称及びどのようなと
きに作動するかを答えなさい。

K　(P. 418 ⑪)

 のマークあり

解答

	名　称	作 動 原 理
G	差動式分布型感知器（空気管式）の検出部と空気管	・空気の膨張を利用して接点を閉じ, **広範囲の温度上昇を感知する** ・矢印の部分の名称は「**コックスタンド**」
H	差動式分布型感知器（熱電対式）の検出部と熱電対	温度が上昇すると, 天井面に張り巡らされた熱電対に**熱起電力**が生じ, それを感知する
I J	光電式スポット型感知器（煙が流入する窓と虫の侵入防止のための網がついている）	煙によって光が散乱することによる**光電素子の受光量の変化**を検出する （矢印 a の理由⇒**虫の侵入を防ぐ**） （矢印 b の答 　・**作動表示灯** 　・感知器が作動したときに点灯する。）
K	**イオン化式スポット型感知器**	煙による**イオン電流の変化**を利用

(注)　光電式とイオン化式を外観だけで見分けるのは難しいですが, のマークがあればイオン化式です。

例題　A, C の感知器の防水型において, 水蒸気が多い場所で, 急激に温度が上昇しない場所に設置するのに適応する感知器はどれか（答は P. 319 下）。

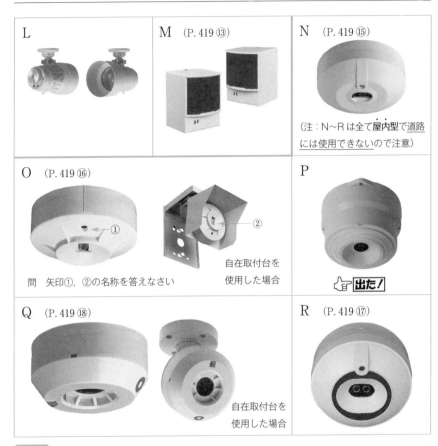

L

M　(P. 419 ⑬)

N　(P. 419 ⑮)

(注：N～R は全て屋内型で道路には使用できないので注意)

O　(P. 419 ⑯)

①

②

自在取付台を
使用した場合

問　矢印①，②の名称を答えなさい

P

👉 出た！

Q　(P. 419 ⑱)

自在取付台を
使用した場合

R　(P. 419 ⑰)

解答

	名　称	作 動 原 理
L M	光電式分離型感知器の送光部と受光部	煙が**光軸を遮る**ことによる受光量の変化を感知する（高天井や広い空間に使用できる）
N	炎感知器* （紫外線式スポット型）	炎が発する**紫外線**を感知する（20 m 以上の高所に設置でき，中央の穴は紫外線センサ）
O	炎感知器 （紫外線式スポット型）	同上 （名称⇒①作動表示灯　②受光素子）
P Q R	炎感知器 （赤外線式スポット型）	炎が発する**赤外線**を感知する （20 m 以上の高所に設置でき，また，中央の穴は赤外線センサ）

＊炎感知器の見分け方⇒紫外線式は受光部の形状が**四角状**，受光部の周りが**平ら**，赤外線式は受光部の形状が**丸く**，受光部の周りが受光部に向かって少し**凹ん**でいる。

【問題2】 次の写真は，差動式分布型感知器（空気管式）を設置する際に使用する部品である。各名称と用途を答えなさい。

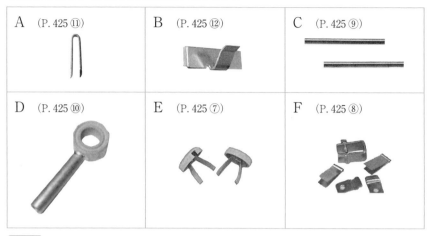

| A (P. 425 ⑪) | B (P. 425 ⑫) | C (P. 425 ⑨) |
| D (P. 425 ⑩) | E (P. 425 ⑦) | F (P. 425 ⑧) |

解　答

	名　称	用　途
A	ステップル	空気管を造営材に取り付ける際に用いる
B	ステッカー	空気管を造営材に取り付ける際に用いる
C	接続管（スリーブ）*	空気管どうしを接続する　☞出た！
D	銅管端子	空気管を検出部に接続する際に用いる　☞出た！
E	貫通キャップ**	空気管が壁やはりなどを貫通した箇所をふさぐ
F	クリップ	空気管を天井などに取り付ける際に用いる

（CとDの用途のみ示して写真から該当器具を選ばせる出題あり）。

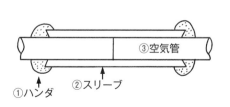

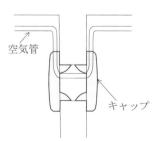

＊　Cのスリーブによる空気管の接続部分
（①～③の名称を問う出題例あり。なお，①の作業名は「はんだ付け」です。）

＊＊　Eの貫通キャップによる施工例

2. 受信機関係

【問題3】　次の受信機等の名称を答えなさい。

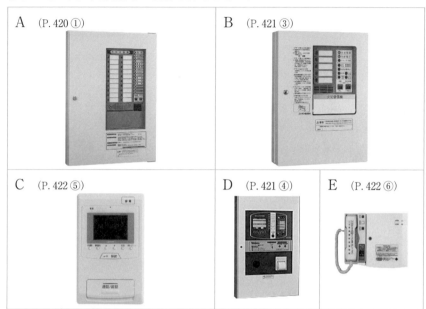

A　(P. 420 ①)	B　(P. 421 ③)
C　(P. 422 ⑤)	D　(P. 421 ④)　　E　(P. 422 ⑥)

解 答

	名　称	特　徴　な　ど
A	P型1級受信機	・地区表示灯が6以上あることや火災灯があることなどから1級と判断する。 ・回線数に制限はない。
B	P型2級受信機	・地区表示灯が5以下で火災灯がないことなどから2級と判断する。 ・回線数は5以下。
C	GP型3級受信機	回線数は1なので、1級や2級のような地区表示灯の窓はない。
D	R型受信機	・地区表示灯はなく、表示パネルに場所などの情報を表示し、写真の右に見えるプリンターで情報をプリントする。 ・回線数に制限はない（P型1級に同じ）。
E	火災通報装置	押しボタンを押すことにより火災情報信号を消防機関に送信する。

（注：A, Bは、1級や2級と判断した理由を答えさせる出題例がある⇒下線部が答）

【問題4】　次の受信機の名称を答えなさい。

A

B

解　答

	名　　称	特 徴 な ど
A	G 型受信機	ガス漏れ火災警報設備に用いる受信機。 ・ガス漏れ灯と**故障表示灯**があるのが自動火災報知設備と大きく異なる点。 ・ガス漏れ灯は**黄色**（自火報の表示灯は**赤**） ・受信からガス漏れ表示までの時間は 60 秒以内（自火報の非蓄積式は **5 秒以内**）
B	副受信機	受信機の子機で，保安員の居室に設置し，地区表示灯と音響装置を有している。

3．発信機など

【問題5】　**発信機・その他の付属品**について名称と用途を答えなさい。

A 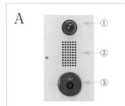　①　②　③

B　(P. 424 ③)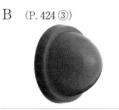

C

解　答

	名　　称	特 徴 な ど
A	機器収容箱（総合盤ともいい PBL で表す場合もある）	①表示灯，②地区音響装置，③発信機などを 1 つの箱に収めたもので，内部を感知器回路の接続端子として使用する場合もある。
B	表示灯	発信機の位置を表示するもの
C	表示灯用発光ダイオード	表示灯に用いるランプ

D　(P. 424 ②)

E　(P. 424 ①)

h 〔m〕
床面

問　h 及び 1 級の場合の接続
　　受信機を 2 つ答えなさい。

F

問　接続する発信機の
　　種別を答えなさい。

G　(P. 424 ⑤)

H　(P. 424 ⑥)

I

20 の
表示の
意味を
答えなさい

解 答

	名　称	特 徴 な ど
D	地区音響装置	火災の発生を知らせるもの
E	P 型 1 級発信機（P 型 2 級もほぼ外観は同じ）	・手動により火災の発生を受信機に報知するもので，1 級には矢印①に確認灯，矢印②に電話ジャックがある。 ・検定対象の機械器具である。**重要** （・h：0.8 m 以上～1.5 m 以下 　・接続受信機：P 型 1 級，R 型受信機）
F	送受話器	P 型 1 級発信機（または受信機）の電話ジャックに差し込み，**受信機**（または発信機）と通話を行う。（発信機の種別：P 型 1 級）
G	感知器中継器	感知器からの共通信号を固有のデジタル信号に変換し，受信機などに中継するもの
H	終端器，および終端抵抗	**導通試験**を行うため，感知器回路の末端に設けるもの
I	配線用遮断器（ブレーカ）	・過負荷や短絡などで過電流が流れた際に回路を遮断する。 ・20 の表示の意味⇒定格電流

【問題6】 次のガス漏れ火災警報設備に用いる機器の名称を答えなさい。なお，Aについては，①赤色と緑色のランプが点灯した時の意味，②赤色ランプが作動した際の機能（働き）を2つも答えなさい。

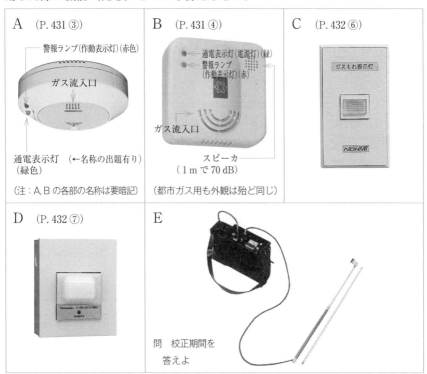

A （P. 431 ③）
警報ランプ（作動表示灯）(赤色)
ガス流入口
通電表示灯 （←名称の出題有り）
（緑色）
（注：A, Bの各部の名称は要暗記）

B （P. 431 ④）
通電表示灯（電源灯）(緑)
警報ランプ
（作動表示灯）(赤)
ガス流入口
スピーカ
（1 mで70 dB）
（都市ガス用も外観は殆ど同じ）

C （P. 432 ⑥）
ガスもれ表示灯
NOHMI

D （P. 432 ⑦）
Panasonic ガス漏れ火災警報器

E
問 校正期間を
答えよ

解 答

	名 称	特 徴 な ど
A	ガス漏れ検知器 （都市ガス用） （注：この検知器の試験装置がEになる）	・空気より軽いガスである都市ガス用で，天井面より0.3 m以内，燃焼器より8 m以内に設ける。 ①赤色⇒検知器が作動　　緑色⇒通電の表示 ②・ガス漏れの発生を音響により警報する。 　・受信機や中継器にガス漏れ信号を発信する。
B	ガス漏れ検知器 （LPガス用）	・空気より重いLPガス用で，床面より0.3 m以内，燃焼器より4 m以内に設ける。
C	ガス漏れ表示灯	廊下等に設置し，ガス漏れ検知器が作動した場所を表示する。
D	ガス漏れ中継器	受信機に複数のガス漏れ検知器を接続する際に用いる。
E	加ガス試験器	検知器の点検口から所定量の試験用ガスを加えて作動試験を行う。（問の答：3年⇒P. 436）

【問題 7】　次の試験器の名称と用途を答えなさい。

なお，C については，試験の対象となる感知器の名称を 2 種類答えなさい。

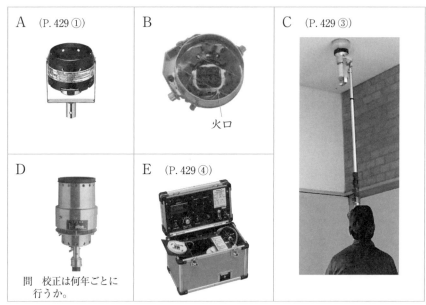

A　(P. 429 ①)

B

火口

C　(P. 429 ③)

D

E　(P. 429 ④)

問　校正は何年ごとに
　　行うか。

解答

	名　称	用　途
A B	加熱試験器（B は上から見た図）	**熱感知器（スポット型）の作動試験に用いる** （火口でベンジンを燃やして発熱）
C	加煙試験器 (本試験器では，P. 311 にあるような感知器の⇒ 写真の中から選ぶ出題 がある)	煙感知器（スポット型）の作動試験に用いる （ガスを発生するタイプのもの） ＜試験の対象となる感知器の名称＞ ・イオン化式スポット型感知器 ・光電式スポット型感知器 ・煙複合式スポット型感知器 （煙感知器の名称を 2 種類答えればよい）
D	加煙試験器	・**煙感知器（スポット型）の作動試験に用いる** ・（A〜D の）校正期間は **10 年**です（P. 436）
E	煙感知器用感度試験器	スポット型煙感知器の感度試験に用いる

（注：**試験器**とその**対象となる感知器**の**組合せ**がよく出題されているので，P. 318〜P. 320 の
写真を見て「○○型感知器に使用する」という具合に答えられるようにしておいてください。）

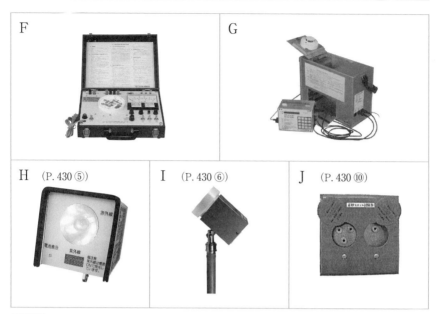

F

G

H （P. 430 ⑤）

I （P. 430 ⑥）

J （P. 430 ⑩）

解答

	名 称	用 途
F	煙感知器用感度試験器	スポット型煙感知器の**感度試験**に用いる
G	煙感知器用感度試験器	同上（実際に煙を発生させるタイプのもの）
H	炎感知器用作動試験器（赤外線紫外線共用）	**赤外線**または**紫外線**を放射して炎感知器の作動を試験する
I	炎感知器用作動試験器（赤外線式用）	**赤外線**を放射して炎感知器の作動を試験する
J	差動スポット試験器（感知器の種類，設置場所および設置する理由の出題例あり）	試験困難な場所にある差動式スポット型感知器から空気管*をこの差動スポット試験器まで延ばし，出入り口付近の安全な場所で作動試験を行う。

（＊この場合の空気管はP. 341，問題3にある空気管です）

（P. 311 の例題の答：C⇒急激に温度が上昇しないので，差動式ではなく定温式）

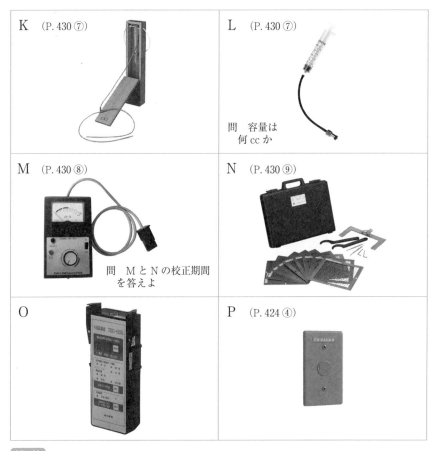

	名　称	用　途
K	マノメーター	差動式分布型感知器(空気管式)の**流通試験**や**接点水高試験**に用いる(⇒下線部の試験名を答える出題あり)。
L	試験ポンプ(テストポンプ)	差動式分布型感知器(空気管式)の作動試験,流通試験,接点水高試験などに用いる。(容量:**5 cc**の容量のものを用いる。)
M	メーターリレー試験器	差動式分布型感知器(熱電対式)の作動試験や回路合成抵抗試験に用いる。(校正期間:MNとも**5 年**⇒P. 436)
N	減光フィルター	**光電式分離型感知器**の作動試験に用いる。
O	外部試験器	共同住宅等で戸外より**遠隔試験機能付感知器**等の点検を行う際に使用する。
P	回路試験器	P 型 2 級受信機の回路の末端に取り付けて導通試験を行う(末端が発信機の場合は不要)

【問題8】 次の計測器の名称と用途を答えなさい。なお，D については，測定用特性レンジと音圧も答えなさい。

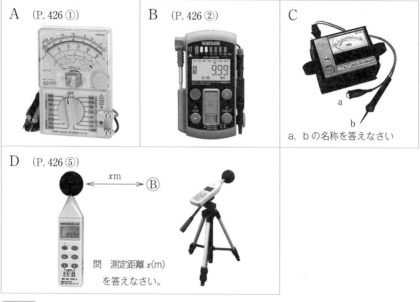

| A | (P. 426 ①) | B | (P. 426 ②) | C |
| | | | | a, b の名称を答えなさい |

D (P. 426 ⑤)

問 測定距離 *x*(m) を答えなさい。

解 答

	名　称	用　途
A	回路計	回路の**電圧，電流，抵抗値**などの測定および**断線チェック**などに用いる。(ロータリースイッチと AC，DC の表示などから判断する)
B C	絶縁抵抗計 （表示パネルの「MΩ」，ワニ口クリップ，テストピンの形状から判断する）	配線相互間及び配線と大地間の絶縁抵抗を測定する。(a：アース端子，b：ライン端子)（a を端子盤等の接地端子に，b を被測定物に当てる。なお，被測定物の電源は切っておくこと。）
D	騒音計 （本試験では，右の写真のように，三脚などに固定された写真でよく出題されています。）	・音響装置（主音響装置や地区音響装置など）の音圧を測定する（測定距離 *x*m⇒１ m）。 ・測定用特性レンジ：A レンジ（A 特性） ・音圧 　主音響装置　　　：85 dB 以上 　地区音響装置　　：90 dB 以上 　音声によるもの：92 dB 以上， 　ガス漏れ火災警報設備の検知区域警報装置 　　　　　　　　　：70 dB 以上

E　(P. 426 ④)

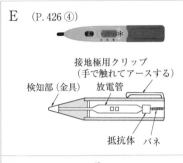

接地極用クリップ
（手で触れてアースする）

検知部（金具）　放電管

抵抗体　バネ

F　(P. 426 ③)

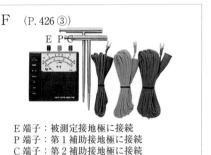

E 端子：被測定接地極に接続
P 端子：第 1 補助接地極に接続
C 端子：第 2 補助接地極に接続

G

解 答

	名　称	用　途
E	検電器（低圧用）	電圧の有無を検知する。
F,G	接地抵抗計	接地電極と大地間などの**接地抵抗**を測定する。

類題　接地抵抗の測定方法について簡単に答えなさい。（参考資料）

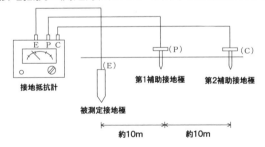

接地抵抗計

被測定接地極

第1補助接地極　　第2補助接地極

約10m　　　約10m

［解答］
被測定接地極（E）から約 10 m 離して第 1 補助接地極（P）を，更にその延
長線上の約 10 m 離れたところに第 2 補助接地極（C）を打ち込み，接地抵
抗計の E 端子を E に，P 端子を P に，C 端子を C にそれぞれ接続して測
定ボタンを押し，表示された接地抵抗値から良否を確認する。

【問題9】　配線工事に用いる次の工具等の名称と用途を答えなさい。

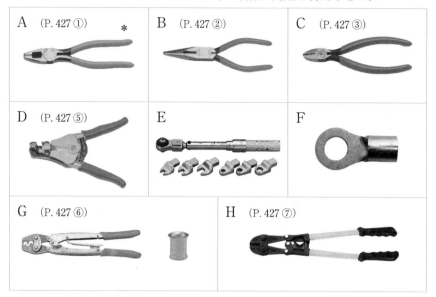

	名　称	用　途
A	ペンチ	電線や針金をはさんで曲げたり，切断等をするのに用いる。
B	ラジオペンチ	ペンチと同じだが，ペンチより細かい作業に適している。
C	ニッパー	電線や針金などを切断するのに用いる。
D	ワイヤーストリッパー	絶縁電線の被覆をはぎとるのに用いる。
E	ラチェット型トルクレンチ	ボルトやナットなどを一定のトルクで締めつける工具で，ソケットを交換することにより，数種類のボルトやナットに使用することができる。
F	圧着端子	電線を圧着して接続し，端子などに接続する。
G	圧着ペンチと圧着スリーブ	スリーブ内に電線を入れ，圧着して接続する。
H	ボルトクリッパ（ボルトカッターともいう）	鋼材や電線の切断に用いる。

（*握る部分を絶縁加工して絶縁に特化したペンチを特に**絶縁ペンチ**という。⇒P.427①参照）

【問題10】　配管工事に用いる次の工具等の名称と用途を答えなさい。

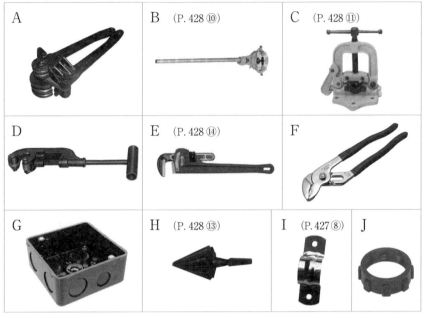

	A	B　(P. 428 ⑩)	C　(P. 428 ⑪)
	D	E　(P. 428 ⑭)	F
	G	H　(P. 428 ⑬)	I　(P. 427 ⑧)　J

解答

	名　称	用　途
A	パイプベンダ	金属管を曲げる際に用いる。
B	ねじ切り器	金属管にねじを切る際に用いる。
C	パイプバイス	金属管を固定する際に用いる。
D	パイプカッター	金属管を切断する際に用いる。
E	パイプレンチ	配管等を挟んで回転させる工具
F	ウォーターポンププライ ヤ	通常のプライヤが挟むものより大きなものを 挟んで回転等をさせる工具
G	アウトレットボックス	ボックス内で電線を接続する。
H	リーマ	金属管切断面の内側をなめらかにする。
I	サドル	金属管等を造営材に固定するのに用いる。
J	絶縁ブッシング	金属管の先端に取り付けて電線の被覆を保護する。

（注：Aのパイプベンダには下のような形状のものもあります）

感知器の構造等

（参）このマークがある問題は
参考程度に見ておいて下さい。

問題　　次の感知器の図より，①感知器の名称，②作動原理，③矢印で示した部分の名称等についての下記設問に答えなさい。

【設問1】　次の問いに答えなさい。

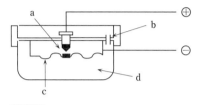

問

①感知器の名称
②作動原理
③各部の名称：a，b，c，d

解答

①感知器の名称	差動式スポット型感知器		
②作動原理	温度上昇により空気室内の空気が膨張し，接点を閉じる		
③各部の名称	a	接点	b	リーク孔
	c	ダイヤフラム	d	空気室（または感熱室）

【設問2】　次の問いに答えなさい。

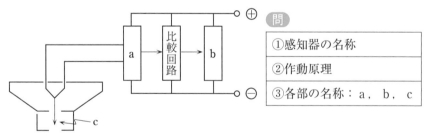

問

①感知器の名称
②作動原理
③各部の名称：a，b，c

解答

①感知器の名称	差動式スポット型感知器		
②作動原理	温度検知素子を利用し周囲温度の上昇を感知する		
③各部の名称	a	温度上昇率検出回路	b	スイッチング回路
	c	温度検知素子（サーミスタ）		

【設問3】 次の問いに答えなさい。

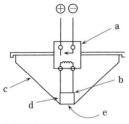

問

①感知器の名称
②作動原理
③各部の名称：a，b，c，d，e

解答

①感知器の名称	差動式スポット型感知器				
②作動原理	熱電対に発生する熱起電力を利用し温度上昇を感知する				
③各部の名称	a	リレー（高感度リレー）		b	冷接点
	c	感熱カバー	d 半導体熱電対	e	温接点

【設問4】 次の問いに答えなさい。

　次の(a)図に示す① 感知器の名称，② 作動原理および③ 各部の名称を答えなさい。なお，(b)図は(a)図の c を布設したものであり，(A)と(B)の数値も答えなさい。

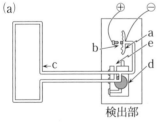

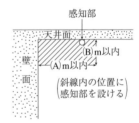

解答

①感知器の名称	差動式分布型感知器（空気管式）				
②作動原理	空気の膨張を利用し広範囲の温度上昇を感知する				
③各部の名称	a	ダイヤフラム	b	接点	c	空気管
	d	コックスタンド	e	リーク孔	
④(A), (B)の数値	(A)：1.5　(B)：0.3（空気管は取り付け面の下方0.3m以内，取り付け面の各辺から1.5m以内に設ける）				

【設問5】　次の問いに答えなさい。

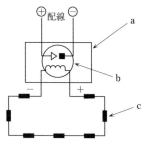

<table>
<tr><td>問</td></tr>
</table>

①感知器の名称
②作動原理
③各部の名称： a ， b ， c

解　答

①感知器の名称	差動式分布型感知器 (熱電対式)				
②作動原理	熱電対に発生する熱起電力を利用して温度上昇を感知し，接点を閉じる				
③各部の名称	a	検出部	b	メーターリレー	c	熱電対

【設問6】　次の問いに答えなさい。

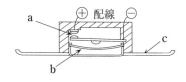

<table>
<tr><td>問</td></tr>
</table>

①感知器の名称
②作動原理
③各部の名称： a ， b ， c

解　答

①感知器の名称	定温式スポット型感知器				
②作動原理	温度上昇によるバイメタルの反転を利用して接点を閉じる				
③各部の名称	a	接点	b	円形バイメタル	c	受熱板

【設問7】　次の問いに答えなさい。

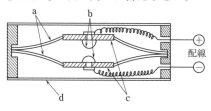

<table>
<tr><td>問</td></tr>
</table>

①感知器の名称
②作動原理
③各部の名称： a ， b ， c ， d

解答

①感知器の名称	定温式スポット型感知器						
②作動原理	金属の膨張係数の差を利用して温度上昇を感知し，接点を閉じる						
③各部の名称	a	低膨張金属	b	接点	c	絶縁物	d	高膨張金属

【設問8】　次の問いに答えなさい。重要

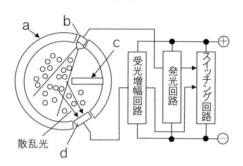

散乱光

問

①感知器の名称
②作動原理
③各部の名称：a，b，c，d

解答

①感知器の名称	光電式スポット型感知器				
②作動原理	光電素子の受光量の変化により煙の発生を感知する				
③各部の名称	a	暗箱	b	光源（発光素子）	c	遮光板
	d	受光素子（光電素子）			

【設問 9 】　次の問いに答えなさい。

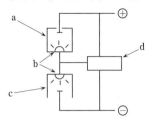

問

①感知器の名称
②作動原理
③各部の名称：a, b, c, d

解答

①感知器の名称	イオン化式スポット型感知器					
②作動原理	イオン電流の変化による電圧の変化を利用して煙の発生を感知する					
③各部の名称	a	内部イオン室	b	放射性物質	c	外部イオン室
	d	スイッチング回路				

【設問 10】　次の問いに答えなさい。

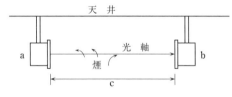

問

①感知器の名称
②作動原理
③各部の名称：a, b, c

解答

①感知器の名称	光電式分離型感知器					
②作動原理	光電素子の受光量の変化により煙の発生を感知する					
③各部の名称	a	送光部	b	受光部	c	公称監視距離

【設問 11】　次の問いに答えなさい。

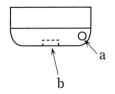

問	
①感知器の名称	
②作動原理	
③各部の名称：a，b	

解　答

①感知器の名称	紫外線式（または赤外線式）スポット型感知器（炎感知器）		
②作動原理	紫外線(または赤外線)による受光素子の受光量の変化により炎を感知する		
③各部の名称	a	作動確認灯	b	受光素子

【設問 12】　自動火災報知設備における誤報の原因を①差動式スポット型と②光電式スポット型に分けてそれぞれ 2 つ答えなさい。

解　答

①	・発信機端子の接触不良 ・空調機等による急激な温度上昇によって感知器接点が閉じる
②	・発信機端子の接触不良 ・喫煙による光の乱反射によって感知器接点が閉じる 　（下線部は，湯気，感知器内の空気の結露，虫の侵入などでもよい）

その他①②とも，雨漏りなどによる感知器配線のショート，経年劣化や雨水による感知器接点のショート，受信機不良なども原因に含まれます。
　なお，非火災報（誤報）については，P. 436 の巻末資料 6 にまとめてあります。

感知器の配線

　第4編，設置基準の⑧配線（P.244）でも説明しましたが，感知器の配線は，その断線の有無を容易に確認できるよう，次の条件を満たす必要があります。

① 送り配線であること（⇒容易に導通試験ができるよう）。

② 配線の末端には，発信機，押しボタンまたは終端器を設けること（一般的には，終端器を設けて受信機に自動断線監視機能を設け，導通をチェックしている。）

　具体的には，下図のように接続し，感知器が末端の場合は感知器に終端器を接続します（2級の場合は発信機か押しボタンを末端にする）。

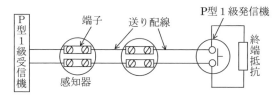

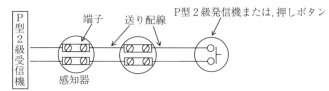

　これらを念頭に置いて，以下の問題に取り組んで下さい。

【問題1】　P型1級受信機に接続する感知器の配線で，次のうち誤っているのはいくつあるか。また，誤っているものはどこが誤っているかを答えなさい。

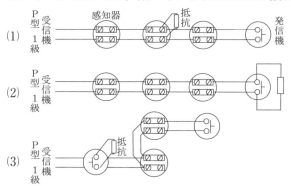

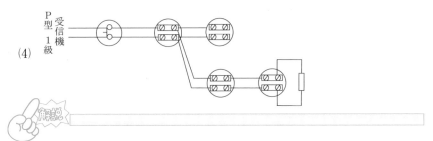

(4)

(1)　終端抵抗は回路の末端（発信機の部分）に設ける必要があります。

　　⇒　図の位置だと，回路導通試験装置
　　　を作動させても a の感知器までしか
　　　電流が流れず，b 点など，その終端抵
　　　抗以降の断線を受信機側で検出する
　　　ことができません（⇒出題例あり）。

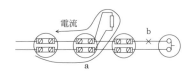

(2)　正しい。

(3)　抵抗の部分は(1)の説明と同じです。また，途中から分岐している部分は，
　　ブランチ配線で送り配線とはなっていないので，この部分も誤りです。

(4)　途中から配線が2方向に分岐していま
　　すが，ブランチ配線とはなっていないも
　　のの，並列に接続されているのでこれを
　　送り配線にする必要があります。その為
　　には図のように，a⇒b⇒c⇒d と感知
　　器を順に配線していく必要があります。

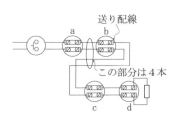

　　　なお，(4)のように感知器が末端の場合は，感知器に終端抵抗を設けます
　　が，(2)のように発信機が末端の場合は，発信機に終端抵抗を設けます。
　　　従って，(1)(3)(4)が誤りとなるので誤りは3つです。　　　　　| 解　答 | 3つ

【問題2】　下の図は，自動火災報知設備における感知器回路に発信機を接続し
　た系統の概略図である。受信機と発信機間の矢印A，Bで示す各2本の線の
　名称を答えなさい。なお，発信機はP型1級のものとする。

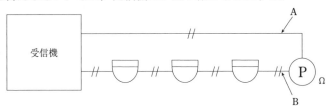

凡例		差動式スポット型感知器	Ω	終端抵抗
	Ⓟ	Ｐ型１級発信機	─//─	配線本数　２本

　Ｐ型受信機の場合，感知器への配線は，各警戒区域ごとに**表示線**と**共通線**（７警戒区域まで共有できる線）の２本が必要となるので，図のＢの線は，**表示線**と**共通線**ということになります。

　また，発信機がＰ型１級なので，受信機もＰ型１級となり，回路の末端に終端器を設ける必要がありますが，発信機が末端の場合は，その発信機に終端器を設けます。

　その発信機ですが，１級の場合，受信機との間において電話連絡と確認応答の機能が必要となるので，図のＡの線は，**電話線**（電話連絡線）と**応答線**（確認応答線）ということになります。

解答

A	電話線（電話連絡線）
	応答線（確認応答線）
B	表示線
	共通線

【問題３】　下の図は，自動火災報知設備の受信機と地区音響装置の系統図を示したものである。

　次の各設問に答えなさい。

　設問１　鳴動方式を答えなさい。

　設問２　法令基準で定められている地区音響装置までの回路に使用できる電線の種類を２つ答えなさい。

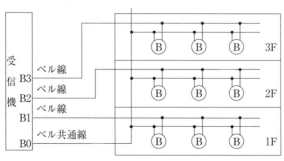

解説

設問1 鳴動方式には，一斉鳴動方式と区分鳴動方式がありますが，図の場合，ベル共通線の方は接続されていますがフロアが異なるベル線どうしは接続されておらず，個別に各フロアに配線されているので，区分鳴動方式ということになります。

（一斉鳴動方式の場合は，下の図のように，並列の共通接続となります。）

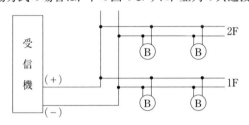

（各フロアとも（＋）と（－）を共有する並列接続となっている。）

解答 区分鳴動方式

設問2 「受信機から地区音響装置までの回路」と「消防用設備等の操作回路までの回路」については，耐熱配線とする必要があります。

その耐熱配線に使用することができる電線は，P. 248 より次のとおりです。

・耐熱性を有する電線（600 V 2種ビニル絶縁電線など）
・耐火電線（FP）
・耐熱電線（HP）
・MI ケーブル
・耐熱光ファイバーケーブル

従って，このうちの2つを書けばよいということになります。

解答 耐熱電線 MI ケーブル

【問題4】 次の図は，自動火災報知設備の各配線系統図である。

図に示した A～H の配線について，次の条件を考慮したうえで，耐火配線としなければならないものに◎，耐熱配線としなければならないものに○，一般配線でよいものに×を解答欄に記入しなさい。

<条件>

1．受信機及び中継器には予備電源が内蔵されているものとする。
2．発信機は他の消防用設備等の起動装置を兼用していないものとする。

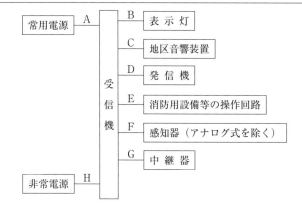

解答欄

A	B	C	D	E	F	G	H

主な配線の耐火，耐熱保護は，次の図のようになっています。

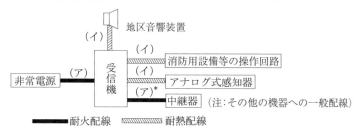

（＊中継器の非常電源回路について⇒受信機及び中継器に予備電源が内蔵されている場合は，中継器～受信機間は一般配線でよい）

この図から，A～Hをそれぞれ確認すると，まず，**耐火配線**としなければならない部分はGとHが該当しますが，条件1より，予備電源が内蔵されているので，Gは**一般配線**でかまいません（⇒P.247）。

　次に, 耐熱配線としなければならない部分は,「受信機～地区音響装置」「受信機～消防用設備等の操作回路」「受信機～アナログ式の感知器」「中継器～アナログ式の感知器」間となるので, C, E が該当することになります。

　また,「発信機が他の消防用設備等の起動装置を兼用している場合」は, 表示灯までの配線 B を耐熱配線とする必要がありますが, 条件の2に「兼用していない」とあるので, 一般配線でよいことになります。

　なお,「受信機～アナログ式の感知器」間は耐熱配線とする必要がありますが,「受信機～一般の感知器」間は, 一般配線でよいので, F は一般配線となります。

解 答

A	B	C	D	E	F	G	H
×	×	○	×	○	×	×	◎

【問題5】　次の図は, 自動火災報知設備の感知器回路を示したものである。

　図中の a～e のうち, 終端抵抗を接続する位置として正しいものはどれか。

なお, 受信機から機器収容箱までの配線は省略した。

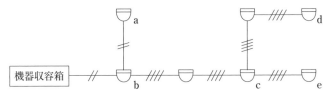

　終端抵抗は回路の末端に接続しなければならないので, まずは, 図の回路の末端を探します。

　図の2本線は「行き」だけの配線であり, 4本線は「行き」と「帰り」, つまり, 往復の配線です。

　従って, それを念頭において, すべての感知器を配線するには, 機器収容箱⇒b⇒c⇒d⇒c⇒e⇒c⇒b⇒a (または b⇒c⇒e⇒c⇒d⇒c⇒b⇒a) という経路になるので, a が末端ということになります (先に b⇒a と行ってしまうと, 帰りの配線がないので, そこで終わりになってしまいます)。

解 答　a

受信機，感知器の試験及びその他

【問題1】　図はP型1級受信機の一例である。これについて次の問に答えなさい。

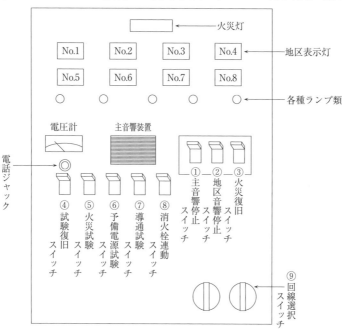

火災灯

地区表示灯

各種ランプ類

電圧計　　主音響装置

電話ジャック

① 主音響停止スイッチ
② 地区音響停止スイッチ
③ 火災復旧スイッチ

④ 試験復旧スイッチ
⑤ 火災試験スイッチ
⑥ 予備電源試験スイッチ
⑦ 導通試験スイッチ
⑧ 消火栓連動スイッチ

⑨ 回線選択スイッチ

(A)　火災表示試験を行う場合のスイッチの操作順序として，次のうち正しいのはどれか。

(1)　⑤→③→⑨　　　　　(2)　⑤→⑨→③

(3)　⑤→⑦→⑨→④　　　(4)　⑤→⑨→④

(B)　回路導通試験を行う場合のスイッチの操作順序として，次のうち正しいのはどれか。

(1)　⑦→⑨　　　　　　　(2)　④→⑦→⑨

(3)　⑦→④→⑨　　　　　(4)　⑨→⑦→③

(C)　同時作動試験を行う場合のスイッチの操作順序として，次のうち正しいのはどれか。また，この試験を予備電源を用いて行なう場合，同時に作動させることができる回線数も答えなさい。

(1)　⑨→⑤　　　　　　　(2)　⑤→⑨→④

(3)　⑤→⑨→③　　　　　(4)　⑤→⑨

(D)　次の試験のうち，Ｐ型 1 級受信機の機能試験として誤っているのはどれか。

　　(1)　回路導通試験　　　(2)　同時作動試験

　　(3)　火災作動試験　　　(4)　予備電源試験

(E)　受信機において，スイッチ注意灯の点灯と関係のないスイッチは次のうちどれか。

　　(1)　火災復旧スイッチ　　　(2)　導通試験スイッチ

　　(3)　火災試験スイッチ　　　(4)　消火栓連動スイッチ

(F)　図の受信機が感知器の火災信号を受信したときの主な作動状態を 4 つ答えなさい。

(G)　No. 3 の地区表示灯が工事中で断線しており，また，No. 8 が未接続だとした場合に回路導通試験を実施したときの地区表示灯の動作について答えなさい。

(H)　発信機のボタンを誤って押し，主音響装置，地区音響装置が鳴動し，受信機の火災灯も点灯している。この場合，受信機を元の状態に復旧するまでの手順を答えなさい。

(A)　火災表示試験は次の順序で行います。

　　①　**火災試験スイッチ**を試験側に倒す。

　　②　**回線選択スイッチ**のダイヤルを 1 に合わせ，「**火災灯**および**地区表示灯**が点灯しているかの確認」，「選択スイッチのダイヤル番号と**地区表示灯**の番号が一致しているかどうかの確認」，および「**主**および**地区音響装置**が正しく鳴動しているかどうかの確認」を行う。

　　③　それらが終わると**火災復旧スイッチ**で元の状態に復帰させ，順次ダイヤルを回して同様の試験を行う。

　　　　従って，(2)が正解となります。　　　　　　　　　解答　(2)

　　　(参)　消火栓などの連動スイッチ⑧も考慮に入れると，⑧→⑤→⑨→③という順序になります（(B)以降の問題も同様です）。

(B)　回路導通試験は感知器回路の断線の有無を試験するもので，これも火災表示試験同様，回線選択スイッチのダイヤルを順にまわし 1 回線ずつ次のように試験を行っていきます。

　　①　**導通試験スイッチ**を試験側に倒す。

　　②　計器（電圧計）の針が適性値を指しているかどうか（または導通表示灯

が表示しているか) を確認する。

従って，(1)が正解となります。　　　　　　　　　　　　解答　(1)

(なお，Ｐ型２級受信機の場合は，**発信機を押して試験を行います**)

Ⓒ　同時作動試験は次の順序で行います。

① **火災試験スイッチ**を試験側に倒す。

② **回線選択スイッチ**を５回線同時に途中で復旧させることなく続けて回す (対応する地区表示灯が全て点灯する)。

③　対応する「**地区表示灯**」が順次点灯し，表示が保持されているかを確認し，また「**火災灯**」の点灯や「**主音響，地区音響**」の鳴動が継続されているかなどの受信機の作動状況を確認します。

従って，(4)が正解となります。　　　　　　　　　　　　解答　(4)

また，予備電源を用いて行う場合は，２回線しか同時に作動させることはできません。　　　　　　　　　　　　　　　　　　　解答　２回線

Ⓓ　Ｐ型１級受信機の機能試験に**火災表示試験**はありますが，火災作動試験というのはありません (火災作動試験は感知器の試験です)。

従って，(3)が誤りとなります。　　　　　　　　　　　　解答　(3)

なお，予備電源試験は，**予備電源試験スイッチ**を ON にして電圧計の針の指示が規定のラインに達しているか (電圧計ではなく予備電源灯によるものは，予備電源灯が点灯しているか)，を確認します。

Ⓔ　受信機の規格省令には，**定位に自動的に復旧しないスイッチ** (つまり，はね返りスイッチでないタイプのスイッチ) を設けるものにあっては，当該スイッチが定位にない時，**音響装置**または点滅する**注意灯**が作動すること，となっています (予備電源スイッチも同じなので注意)。

従って，(1)の火災復旧スイッチは，はね返りスイッチなので，スイッチ注意灯は点灯しません。　　　　　　　　　　　　　　　解答　(1)

なお，「スイッチ注意灯が点滅している原因を２つ書け」という出題例もありますが，その場合は，上記はね返りスイッチ以外のスイッチを２つ書き，そのスイッチが定位にない旨を書けばよいだけです。

その他，ランプ関係では，受信機の表示灯では電球が**２個並列**に取り付けられていることにも注意する必要があります。

これは１個が予備というわけではなく，常に２個が点灯している必要があるので，１個が玉切れするとすぐに取り替える必要があります。

Ⓕ　１．火災灯の点灯

　　２．地区表示灯の点灯

　　3．主音響装置の鳴動

　　4．地区音響装置の鳴動

　なお，「蓄積確認灯が点灯している場合に保留されている機能をすべて答えよ」という出題も過去にありましたが，その場合も解答はこの4つの機能ということになります。

(G)　回線選択スイッチを No.3 および No.8 にして回路導通試験を実施しますが，断線や未接続であれば表示灯まで電流が流れないので，点灯はしません。　　　　　　　　　　　　　　　　　　　　　　　　　　　 解答　点灯しない。

　(注：火災表示試験の場合は，回線が断線や未接続であっても全ての地区表示灯が点灯します。)

> 　　　　回路導通試験の場合，断線があれば地区表示灯は点灯しませんが，火災表示試験の場合は，実際に回路に電流を流して実施する試験ではなく，受信機自体の試験（受信機の中だけで電流を流して行う試験）であり，回路が断線していてもランプが正常であるなら点灯するので，混同しないように！（鑑別でこの混同をねらった出題がよくある）

(H)　発信機による非火災報の場合，受信機を復旧させる手順は次のとおりです。

　　1．受信機の**主音響装置停止スイッチ**を押して停止。

　　2．**地区音響停止スイッチ**を押して地区音響装置を停止。

　　3．発信機のボタンを元の状態に戻す（従来は，ボタンを引き戻すことにより復帰させていましたが，最近は，ボタンの上にある小窓の中にリセットボタンがあり，それを押すことによりボタンが元の状態に復帰するタイプが主流になってきています。）。

　　4．受信機の**火災復旧スイッチ**（はね返りスイッチ）を押す（⇒火災灯，地区表示灯が消灯）。

　　5．受信機の主音響停止スイッチと地区音響停止スイッチを元の状態（警戒状態）に戻す。

<類題1>　感知器や配線の故障以外で火災灯が点灯する原因を答えなさい。

<類題2>　受信機の故障以外で火災復旧スイッチを押しても地区表示灯が消灯しない理由（＝復旧しない理由）を答えなさい。

<類題3>　配線の故障の場合，その調査方法を2つ答えなさい。

類題の答

　[類題1]　発信機が押された。

　[類題2]　発信機の押しボタンが押されたままになっている。感知器回路の配線が短絡（ショート）している。感知器が復旧していない（OFF になっていない）など。

　[類題3]　絶縁抵抗試験や回路導通試験などを行い，故障個所の特定を行う。

　なお，感知器による非火災報の場合は，当該感知器の赤いランプが点灯していることから判別します。

【問題2】　図は，空気管を用いて，ある感知器の点検を行うための機器を示したものである。機器 A の名称とその設置理由 B，およびその適切な設置場所 C，および試験対象となる感知器 D の名称，を答えなさい。

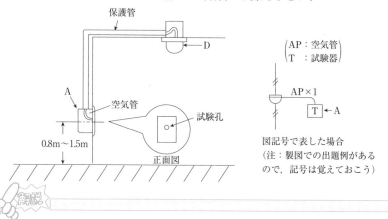

保護管

D

(AP：空気管)
(T　：試験器)

A

空気管

試験孔

0.8m～1.5m

正面図

AP×1

T ← A

図記号で表した場合
（注：製図での出題例があるので，記号は覚えておこう）

　変電室やダクトの裏など，感知器の点検が容易に行えない場所には，図のような差動スポット試験器を出入口付近など，安全かつ容易に点検できる場所（床面から 0.8 m～1.5 m の位置）に設けます（空気管は試験孔に差込んでハンダ付けをする）。

解答

A. 機器の名称	差動スポット試験器
B. 設置する理由	感知器の点検が容易に行えない場合
C. 適切な設置場所	安全かつ容易に点検できる場所
D. 試験対象となる感知器	差動式スポット型感知器

【問題3】　次の感知器と試験器類の組み合わせにおいて, 誤っているのはどれか。

(1)　差動式スポット型感知器…………加煙試験器

(2)　差動式分布型感知器 (空気管式) …マノメーター

(3)　差動式分布型感知器 (熱電対式) …メーターリレー試験器

(4)　イオン化式スポット型感知器………感度試験器

(1)　熱感知器スポット型の試験には加熱試験器を用いるので, 誤りです。

(2)　差動式分布型感知器 (空気管式) の流通試験や接点水高試験にはマノメーターやテストポンプなどを用いるので正しい。

(3)　熱電対式では, メーターリレー試験器を用いて作動試験や回路合成抵抗試験を行うので正しい。

(4)　感度試験器は煙感知器の感度試験に用いられるので, 正しい。

　　従って, 誤りは(1)となります。　　　　　　　　　解　答　(1)

【問題4】　配線試験のうち共通線試験を行う際の手順について, 次の①から④を正しい順に並べ替えなさい。

①　回線選択スイッチを順次回して, それぞれ回路導通試験を行い, 断線している回線の数 (=「断」となる警戒区域の数) が7以下であるかを確認する。

②　受信機に接続されている共通線のうち1本を端子から外す。

③　導通試験スイッチを倒して回路導通試験を行い, 全回線に断線のないことを確認する。

④　②で外した共通線を元の端子につなぎ, 他の共通線の中から1本を端子から外し, 再び回路導通試験を行い, 断線している回線の数が7以下であるかを確認する (以下, 他の共通線についてもこれらを繰り返す)。

(1)　②→①→③→④　　(2)　③→②→①→④

(3)　③→①→②→④　　(4)　②→③→①→④

　　共通線試験とは, 感知器回路の共通線1本につき接続されている回線の数が7回線以下 (=7警戒区域以下) であるかどうかを確認する試験で, その試験の手順は, ③→②→①→④となります。従って(2)が正解です。

解　答　(2)

【問題5】　下の図は，地区音響装置の区分鳴動方式に設定された防火対象物を示したものである。

　　次の各設問に答えなさい。ただし，防火対象物の地区音響装置は，音声により警報を発するものではないこととする。

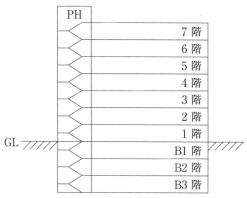

設問1　次の文中の（　　）内に当てはまる数値を答えなさい。

　　地区音響装置において，区分鳴動方式とする必要がある防火対象物は，地階を除く階数が（　ア　）以上で，延べ面積が（　イ　）m² を超える防火対象物である。

設問2　図において地下1階（B1階）で火災が発生し，感知器が作動した場合，初期の段階で鳴動させる階を答えなさい。

設問1

　　　　　　　　　　　　　　　　　　　解答　ア　5　イ　3000

設問2　区分鳴動方式において，鳴動させる階は次のようになります。

①原　則	出火階とその直上階のみ鳴動すること。
②出火階が1階または地階の場合	原則＋地階全部も（出火階以外も）鳴動すること。

　　従って，出火階が地階なので，②の条件になり，鳴動させる階は，「出火階＋その直上階＋地階すべて」となるため，1階と地階すべてということになります。

　　　　　　　　　　　　　　　　解答　1階，B1階，B2階，B3階．

5 警戒区域の設定

【問題1】　次の防火対象物に自動火災報知設備を設置する場合，最小警戒区域
の数を答えなさい（ただし，内部は見通しがきかない構造となっており，また，
光電式分離型感知器は設置しないものとする）。なお，⑽については，①階段
に煙感知器（2種）を設置する際の階数，②共通線の必要最少本数も答えな
さい。ただし，ダクトと屋内階段の距離は51 m で，また，EV 昇降路の頂部
と EV 機械室との間には開口部がある。

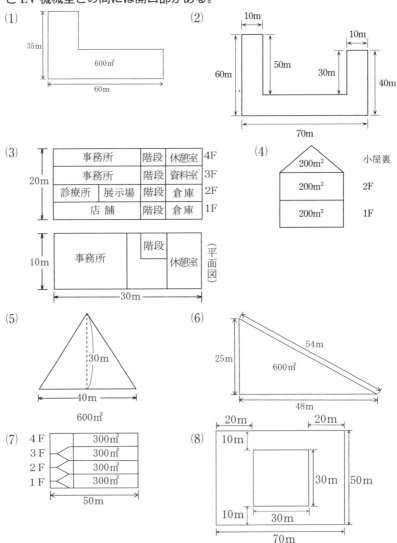

(9)　　　　　　(10)

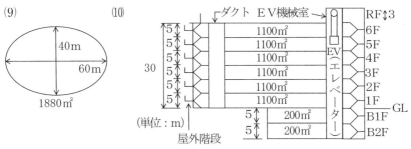

（単位：m）

屋外階段

（ＥＶ昇降路及びダクトの水平断面積は１㎡以上）

P.210の警戒区域の設定より判断します。

(1)　図の底辺の長さは50 mを超えており、また、右側部分の縦の長さは書い
　てありませんが、左側が35 mなので、当然、50 mはありません。
　　従って、長さの制限を受けるのは、底辺の60 mのみとなるため、図の中
　央付近で２分すれば、一辺の長さが50 m以下で600 ㎡以下という条件をク
　リアできるので、２警戒区域となります。

(2)　一辺の長さが50 mを超える部分が２箇所あり（60 mと70 m）、合計床面
　積も（70×10）＋（10×50）＋（10×30）＝1500 ㎡となるので３警戒区域とする
　必要があります。
　　ここでは、図のような位置で３分割する
　ことにして、①500 ㎡、②500 ㎡、③500 ㎡
　{（20×10）＋（30×10）} とします。

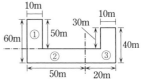

(3)　平面図より、10×30＝300 ㎡なので、上下の階の床面積の合計が500 ㎡
　を超え、１フロアで１警戒区域とします。従って、階段の１警戒区域と合わ
　せて５警戒区域となります。

(4)　小屋裏は階数には入らないので２Fと一体のものとし
　て扱います。従って、１Fで１警戒区域、２Fと小屋裏
　で１警戒区域となります（２F＋小屋裏＝400 ㎡と
　600 ㎡以下なので、１警戒区域でよい）。

警戒区域の設定

(5)　一辺が 50 m 以下なので面積のみで判断（40×30×1/2＝600 m²）

(6)　底辺が 50 m 以下でも，斜辺が 50 m 超なので，適当な部分で 2 分して 2 警戒区域となります。

(7)　上下の階の床面積の合計が 500 m² 超なので，1 F〜4 F の各警戒区域と階段の **5 警戒区域** となります。なお，1 フロアが 200 m² の場合，上下の階の床面積の合計が 500 m² 以下なので，1 階と 2 階で 1 警戒区域，3 階と 4 階で 1 警戒区域とすることができるので，合計，3 警戒区域になります。

(8)　底辺が 50 m を超えているので，床面積が 600 m² 以下になるように，図のように 5 つに区分して 5 警戒区域となります。

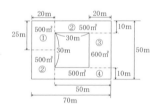

(9)　横が 50 m 超なので縦に 4 つに区分して（各 600 m² 以下にして）4 警戒区域になります。

(10)　階段は地階が 2 以上なので，階段の地階のみで 1 警戒区域。地上部分の階段＋EV で 1 警戒区域。ダクトで 1 警戒区域（階段まで 50 m 超なので同一警戒区域にできない）。また，たて穴区画以外は，地階部分の上下階の合計は 500 m² 以下なので，B 1 と B 2 で 1 警戒区域。その他の 1 F〜6 F は各 2 警戒区域となるので計 12 警戒区域。よって，合計 16 警戒区域（⇒受信機の種別は 5 警戒区域を超えているので P 型 1 級受信機を用いる）。

　　①：煙感知器（2 種）は 15 m につき 1 個なので，地階の B 1 F，地上の 3 F，6 F，RF の天井に設置しておきます（注：屋外階段は警戒区域に算入されないので，注意）。②：16 警戒区域なので，16÷7＝2.28……より，繰り上げて 3 本必要ということになります。なお，ダクトの頂部と EV 機械室の頂部（問題文より開口部があるので，EV 昇降路の頂部を省略して機械室の天井面の方に設置）にも煙感知器を設置する必要があります。

解答　(1) 2　(2) 3　(3) 5　(4) 2　(5) 1　(6) 2　(7) 5　(8) 2
　　　(9) 4　(10) 16（①：B 1 F，3 F，6 F，RF に設置　②：3 本）

第6編

製　図

　　製図試験の第1問には，①具体的に感知器や配線を記入して図を完成させる，という問題と，②設計図上の誤りを指摘したり，警戒区域の設定，及び感知器を選定して記入する，というような問題の2パターンが一般的に出題されています。従って，特に①のような問題が出題されると，製図の知識を正確に理解しておかないとなかなか図を作成することができないので，単に図を見て理解するだけではなく，**実際に自分で警戒区域や感知器などを記入し，それを配線で接続して図を完成させる能力**が必要となります。そのためには，やはり，「第3編の設置基準をよく理解しておく」ということが重要なポイントになります。

　　次に，製図試験の第2問ですが，**系統図**の問題がよく出題されています（そうでないケースもたまにある）。内容的には，**配線本数**を求める問題が圧倒的に多いので，本書のP.364以降に説明してある**系統図の作成法**をよく理解して，確実に本数を計算できるようにしておく必要があります。こちらの方は，計算のパターンさえつかんでおけば，比較的点数が取れる部分なので，特に第1問の①の製図に自信がない人は，確実に理解して点数が取れるようにしておく必要があるでしょう。

　　その他，系統図では，**受信機の種類や警戒区域数**（たまに電線の種類も），また，製図の①と同じく**凡例記号を用いて図に感知器などを記入する**，というような問題なども出題されているので，こちらの方も本書に記載されている例題などをよく理解して，確実に把握しておく必要があるでしょう。

（注）　（本文や問題文中における）感知器等の「設置個数」については，消防法令基準上必要最少個数を考えるものとします。

自動火災報知設備に用いられる主な図記号

　もう既に構造や機能などで一部の図記号については用いてきましたが，ここではそれらも含めて設計図で用いられる主な図記号を示しておきます。

表(a)　自動火災報知設備に用いられる主な図記号

名　称	図記号	摘　要
差動式スポット型感知器		必要に応じ，種別を傍記する。 (特に条件がなければ一般的にこの感知器を設置します)
補償式スポット型感知器 熱複合式スポット型感知器		必要に応じ，種別を傍記する。
定温式スポット型感知器		① 必要に応じ，種別を傍記する。 ② 特種は $\bigcirc_0$ ，防水型は とする。 ③ 耐酸のものは とする。 ④ 耐アルカリのものは とする。 ⑤ 防爆のものは EX を傍記する。
煙感知器	S	必要に応じ，種別を傍記する。 なお，光電式分離型感知器の送光部と受光部は次のように表示する。 　送光部　S→ 　受光部　→S
炎感知器		必要に応じ，種別を傍記する。
差動式分布型感知器(空気管式)	──	① 小屋裏及び天井裏へ張る場合は，─ ─ ─ ─ とする。 ② 貫通個所は，─○─○─ とする。
差動式分布型感知器(熱電対式)		小屋裏及び天井裏へ張る場合は，─□─ とする。
差動式分布型感知器の検出部	X	必要に応じ，種別を傍記する。
P型発信機	P	① 屋外用は，Ⓟ とする。 ② 防爆型は，EX を傍記する。
回路試験器	◉	
表　示　灯	◖	

警報ベル（地区音響装置）	Ⓑ	① 屋外用は，Ⓑとする。 ② 防爆型は，EX を傍記する。
機器収容箱	▭	
受　信　機	▨	
終端器（終端抵抗）	Ω	例 ⬭Ω Ⓟ Ω
配　線（2 本）	—//—	
同　上（3 本）	—///—	
同　上（4 本）	—////—	
警戒区域境界線	━ ー ー	
警戒区域番号	◯	① ◯の中に警戒区域番号を記入する。 ② 必要に応じ⊖とし，上部に警戒場所，下部に警戒区域番号を記入する。 　例 階段◯

表(b)　その他の図記号

名　称	図記号	名　称	図記号
中　継　器	⊟	差動式分布型感知器（熱半導体式）	⊙⊙
移　報　器	Ⓡ	副受信機	▤
差動スポット試験器	Ⓣ		

表(c)　ガス漏れ火災警報設備のみに用いられる図記号

名　称	図記号	摘　要
検知器	Ⓖ	⇒検知区域警報装置付きの検知器はⒼ B とする（P.431 の④参照）。
検知区域警報装置	ⒷⓏ	
音声警報装置	◁	
受信機	▽	
警報区域番号	△	△の中に警戒区域番号を記入する。

平面図の作成

　まず，平面図は，おおむね次のような手順で作成していきます。

　　＜製図の手順＞

1．警戒区域を設定する。

2．各室に設ける感知器の種別，および個数の割り出し。

3．回路の末端の位置を決めて配線ルートを決め，配線をする。

その他，機器収容箱が明示されていないならその位置を決め，また，感知器を設置しなくてもよい場所も確認しておきます。(巻末資料4の感知器の種別のまとめの表の下参照)

　この場合，特に2が重要で，感知器の種別と個数を割り出し，その他の機器を設置していきます。ここでは具体的に図面を用いて一般的な製図の流れについて説明していきます。

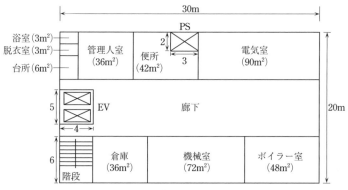

地階の場合

（条件）1．図は，政令別表第一⒂項に該当する地下1階地上5階建ての事務
　　　　　所ビルの地階部分である。

　　　　2．主要構造部は耐火構造である。

　　　　3．天井高は2.8mとする。

　　　　4．地区音響装置は一斉鳴動とする。

　　　　5．各室の天井面には，はり等はないものとする。

　　　　6．パイプシャフト，階段室は別の階で警戒しているものとする。

　　　　7．受信機から機器収容箱への配線は省略するものとする。

　　　　　（注：この図の単位はmですが，まれにmm単位で出題される場

合があります。その際は，0（ゼロ）を3つ取ってm単位にすればよいだけです。たとえば，1000 mmであれば0を3つ取って1 mと換算する，という具合です）

(1)　警戒区域の設定　(P.354 の図参照)

設計に際しては，まずこの警戒区域を設定する必要があります。詳しくはP.210(1)の警戒区域で説明してあるとおりですが，具体的に前頁の図で説明すると次のようになります。

① 階全体の床面積を求める。

$30 \times 20 = 600 \text{ m}^2$

② たて穴区画（階段，エレベーター，パイプシャフトなど）は別の警戒区域となるので①の面積から除く（ただし，P.211 の2例外の①より，各々50 m以内なので同一警戒区域とします。また，同②より地階の階数が1なので，地階部分の階段も同一警戒区域に入ります）。

また，その周囲には P.354 の図のように警戒区域線を引いておきます。

③ 「たて穴区画」以外の面積を求める。

「たて穴区画」の合計は，

PS（パイプシャフト）：$3 \times 2 = 6 \text{ m}^2$
EV（エレベーター）　：$4 \times 5 = 20 \text{ m}^2$
階段　　　　　　　　：$4 \times 6 = 24 \text{ m}^2$

より，$6 + 20 + 24 = 50 \text{ m}^2$ ですから，地階の「たて穴区画」以外の面積は，$600 - 50 = 550 \text{ m}^2$ となります。

一つの警戒区域は原則として 600 m^2 以下ですから，よって「たて穴区画」を除いた地階の全てを一つの警戒区域と設定することができます。

(2)　機器の設置　(P.354 の図参照)

1.　受信機の設置

受信機は第4編の設置基準より，「防災センターなど常時人がいる場所に設けること」となっているので，図の管理人室に設けます。

なお，既に説明しましたように警戒区域が6以上であればP型1級受信機しか用いることができませんので，注意が必要です。

2. 感知器の設置

① 感知器の種類

　感知器の設置に関しては，P.214，(1)感知器の設置上の原則，その次のページの，(2)感知器を設置しなくてもよい場合，P.218 の(3)煙感知器を設置しなければならない場合，などから判断して設置していきますが，それらをまとめたのが巻末資料4の表になります。

　まず，一般的には**差動式スポット型感知器（2種）**を設置します。

　また，煙感知器を設置しなければならない場所には**煙感知器（2種）**を設置します。

　また，高温になるような場所には**定温式スポット型感知器（1種）**，煙や水蒸気が滞留するおそれがある場所には**定温式スポット型感知器（1種防水型）**，腐食性ガスが滞留するおそれがある場所には**定温式スポット型感知器（耐酸型）**，爆発のおそれがある場所には**定温式スポット型感知器（1種防爆型）**，そして，壁，天井が不燃材料以外（木製など）の押入れには**定温式スポット型感知器（特種）**を設置します。

　以上より，P.350 の図の場合の感知器の種類を考えていきます。

　図の場合，**地階で政令別表第一(15)項に該当する事務所ビル**ですから，**煙感知器を設置しなければならない場合**に該当し（P.218(3)の③より），原則として煙感知器を設置します。

　ただし，P.216 の表より，ボイラー室，脱衣室，台所は煙感知器を設置してはならない場所なので**定温式の1種**を設置します（脱衣室と台所は防水型を設置）。また，便所，浴室は，P.215 の1．共通部分の⑥より感知器を設置しなくてもよい場合に該当しますので，省略します。なお，壁，天井が木製の押入れがある場合は，（地上階であっても）**定温式スポット型の特種**を設置しておきます。

② 感知器の個数

　P.219 の感知面積より，それぞれの感知器の設置個数を求めます。

1. 管理人室

　管理人室は，**煙感知器（2種）**であり，また天井高が 2.8 m ですから，感知面積は 150 m² となります。つまり感知器1個で 150 m² までカバーできることになります。

　管理人室の面積は 36 m² なので，よって設置個数は1個で十分というこ

とになります。(⇒P.219 の表参照)

2．電気室，機械室，倉庫

　これらの部屋も各々煙感知器 1 個の感知面積（150 m²）で十分カバーできる面積なので，設置個数は各 1 個ということになります。

3．廊下

　廊下の場合は，1，2 のような感知面積ではなく歩行距離で設置個数を求めることになります（P.230 煙感知器の⑦）。

　その基準によると，歩行距離 30 m につき 1 個以上設けることとなっているので，図の場合，中央付近に 1 個設けておきます。

4．ボイラー室，脱衣室，台所

　定温式スポット型 1 種の感知面積は天井高 2.8 m では，60 m² となるので，各々設置個数は 1 個で十分ということになります。

5．階段

　階段などのたて穴区画については，その階の警戒区域とは別の警戒区域を形成しているので，その階に煙感知器を設置する場合もあれば，設置しない場合もあります。

　P.350 の図の場合，条件 6 に，階段室は別の階で警戒しているものとする（＝別の階に設置している，ということ）とあるので，地階の階段については省略します。

　なお，その他のエレベーターやパイプシャフトなどのたて穴区画については，原則としてその頂部に設置しておきます。

以上まとめると次のようになります。

> 管理人室，電気室，機械室，倉庫，廊下 ⇨　煙感知器各 1 個
> ボイラー室，脱衣室，台所 ⇨　定温式スポット型 1 種各 1 個

となります。

③　地区音響装置，発信機及び表示灯の設置

　この地区音響装置，発信機及び表示灯，すなわち，Ⓑ Ⓟ ◯ は，機器収容箱に収められているのが一般的です。

　従って，機器収容箱は，地区音響装置の設置基準（その階の各部分から水平距離が 25 m 以下となるように設けること ⇒ P.239 の②）と発信機の設置基準（その階の各部分から歩行距離が 50 m 以下となるように設けること ⇒ P.237 の②）に適合している場所に設置する必要があります。

　一般的には，より距離が短い地区音響装置の基準を満たすよう，階の適

切な場所に設置します (表示灯は発信機の直近に設けることになっています)。

4．機器収容箱の設置

　機器収容箱を図面に記す際には，凡例の備考欄に「発信機，地区音響装置，表示灯を収容」などと記し，平面図や系統図には**機器収容箱のみを記す方法**と，凡例にはそれらを収容している旨を記さず，図面の機器収容箱内に**それら3つの記号を表示する方法**があります (本試験の平面図では後者が多いので，表示漏れに注意)。

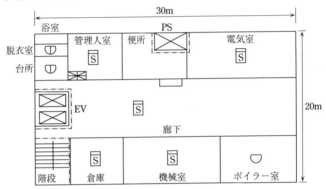

機器の配置例

凡例

記号	名　称	記号	名　称
✕	受信機	S	煙感知器
▢	機器収容箱	◡	定温式スポット型感知器 (1種)
━ ━ ━	警戒区域境界線	◡	定温式スポット型感知器 (1種防水型)

　(注)　機器収容箱には Ⓑ (地区音響装置)，Ⓟ (発信機)，◗ (表示灯) が収容されている。

(3) 配線方法

【予備知識】

　配線の方法は，第4編の8 (P.244) の基準によって，機器収容箱から順次感知器を一筆 (ひとふで) 書きの要領で結んでゆきますが，その前に，その機器収容箱までの配線を知っておく必要があります。

1．P型2級受信機の場合

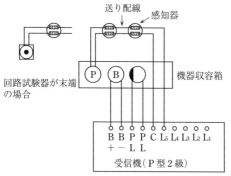

送り配線　　感知器

回路試験器が末端
の場合

P　B

機器収容箱

B B P P C L₅ L₄ L₃ L₂ L₁
＋－L L

受信機（P型2級）

（注）B ：ベル線（地区音響装置線）

PL：表示灯線（発信機の位置を
　　　表示するために，発信機上
　　　部に設けてある赤色灯への
　　　配線）

C ：共通線（表示線のうち警戒
　　　区域が7以下ごとに共通に
　　　用いる1本の線）

L ：表示線（感知器からの火災
　　　信号を受信機に送る線）

図1　配線方法（P型2級受信機の場合）

① 地区音響装置（Ⓑ）と表示灯（◖）への配線

　受信機のB端子，PL端子から2本ずつ，それぞれ配線します。

② 感知器（⊠）への配線

　感知器にも2本（C端子，L端子），受信機から配線されていますが，感知器の場合，図のように送り配線とし，その回路の末端にはP型2級の場合，**発信機か回路試験器（押しボタン）を設置する**ことになっているので，図の場合，機器収容箱内の発信機に接続して末端とします。

2．P型1級受信機の場合

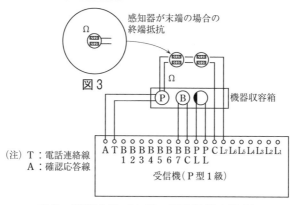

感知器が末端の場合の
終端抵抗

Ω

図3

Ω

P　B

機器収容箱

（注）T：電話連絡線
　　　A：確認応答線

A T B B B B B B B P P C L₇ L₆ L₅ L₄ L₃ L₂ L₁
　　1 2 3 4 5 6 7 C L L

受信機（P型1級）

図2　配線方法（P型1級受信機の場合）

　P型1級受信機の場合も，基本的には2級の場合と同じですが，図2に示すように，地区ベル（地区音響装置）と発信機と感知器が少し異なります。

① 地区音響装置 (⒝) への配線

　地区ベルが区分鳴動の場合, 地区ベル共通線 (BC) に各鳴動区域ごとの区分線 (B1, B2など) がそれぞれ必要になってきます (部分的に鳴動させるため)。

② 発信機 (⒫) への配線

　発信機の場合, 1級には電話連絡と確認応答の機能が必要となるので, **電話連絡線(T)と確認応答線(A)**をそれぞれ接続します (全発信機へ並列接続する)。

③ 感知器 (⊟) への配線

　感知器回路も1級の場合, その末端には**終端器 (終端抵抗)** が必要となるので, 図のように発信機が末端の場合にはその発信機に終端抵抗を, また前頁の図3のように感知器が末端の場合には, その感知器に終端抵抗を接続し, その記号 Ω を付記しておきます。

【配線方法】

　以上を頭に入れて, P.354の図の配線を順次行っていきます。

1. 地階の場合

　配線のパターンとしては, いろいろなケースが考えられますが, ここではまず, 機器収容箱からいったん左の管理人室, 脱衣室, 台所へと行って往復し, 次に電気室から廊下をわたってボイラー室へと行き, 機械室から倉庫を経て廊下の煙感知器と行って, そして機器収容箱内の発信機へと戻るパターンを考えます。図にすると, 下図のようになります (機器収容箱の♂印は配線が1階に立ち上がっていることを表しています。なお, 引き下げは♀印です)。

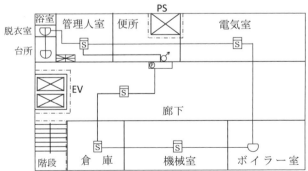

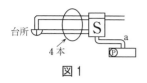

図1

このパターンどおりに配線していくには，ちょうどその上に列車のレールを敷いて，列車を走らせる感覚で線を布設していけばよいのです。つまり機器収容箱から管理人室の煙感知器まで2本の線を引き，次に台所まで行って再び管理人室の煙感知器まで戻ります。従って，管理人室の煙感知器から左の配線本数は4本となります（図1）。

次に，管理人室の煙感知器から電気室，ボイラー室とぐるっとまわり，倉

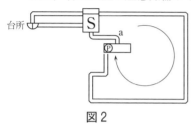

図2

庫を経て機器収容箱まで2本の線を引き，そして発信機を終着点とします。
　こうすることによって配線は送り配線となり，2級の場合，末端の発信機を押すことによって回路の導通を確かめることができるのです（図2）。

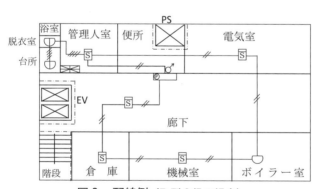

図3　配線例（P型2級の場合）

　図面上では，図3のように，その本数に応じた2本，または4本の斜線を入れておき，そして最後に機器収容箱から受信機に配線をして終了です（この部分の配線は省略します）。

　学習のためにP型2級の場合を考えましたが，P型1級の場合は冒頭に説明しましたように，末端の発信機に終端抵抗を接続するか（次頁図1の(a)）または廊下の煙感知器を末端にするならそれに終端抵抗Ωを接続しておきます（同(b)）。

(a) 発信機が末端の場合　　(b) 煙感知器が末端の場合

図1 （P型1級の場合）

2. 地上階の場合

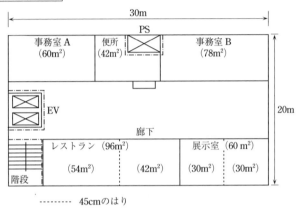

-------- 45cmのはり

(注) 1フロアの高さを3.5mとする。

図2 （3階の場合）

今度は同じビルの地上階の場合を考えてみたいと思います。

① 3階の場合

図2は3階の場合の平面図です。

図の場合，警戒区域は地階と同じく，たて穴区画以外を一つの警戒区域とします。また，機器の配置も受信機は不要なので（地階にあるので），あとは感知器のみの設置を考えます。

1. 感知器の種別

まず，感知器は，一般的には**差動式スポット型の2種**を設けますが，P.435の4の(1)にある色が付いてない特殊な部屋にはそれに対応する感知器を設けます。なお，P.218の(3)の①と③より，階段と廊下には煙感知器を設置しなければならないことになっているので，それに従います。

ちなみに，階段の方は**垂直距離15mにつき1個**（P.231の⑧）設けることとなっているので，1フロアの高さが3.5mで，地下1階から3階の

3F	3.5
2F	3.5
1F	3.5
地下 B1	3.5

14

単位：m

図3

天井までのフロア数が4なので，地下1階の床から3階の天井までが14mとなり（図3），よって3階の天井に設けます。

（注：レストランは，飲食店や喫茶店，回転すし店などと同じく3項ロの防火対象物であり，一般的な室に対応する感知器を設置します（厨房などは除く））

2．感知器の個数

耐火で天井高が4m未満の場合における差動式スポット型2種の感知面積は，P.219の表より70㎡となるので，各事務室の面積を70で割ります。ただし，レストランと展示室には感知区域の基準が適用される0.4m以上のはりがあるので，それぞれの区域に分けて計算をします。

それで計算すると，図の場合，事務室B（78㎡）以外の部屋または区域は全て70㎡未満なので，よって，それぞれに1個ずつ設置します。

一方，事務室Bは70㎡以上なので，2個を設置します。

以上をまとめたのが，図2です。

なお，地区音響装置や発信機，表示灯など機器収容箱内に収まる機器は地階と同じです。

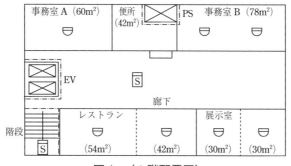

図1　（3階配置図）

3．配線

この場合もいろいろな配線パターンが考えられますが，地階と同じ配線パターンで配線すると次頁の図1のようになります（受信機はP型2級とし，機器収容箱内の発信機を末端とした例です）。

（P型1級の場合の末端は，前頁の図1のようになります。）

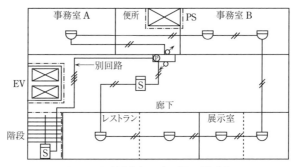

図1 配線例 (P 型 2 級の場合)

　なお，階段はたて穴区画だけの別警戒区域となるので，これらの配線
とは別に機器収容箱からは単独で往復します（たて穴区画だけを結んだ一
つの信号回路を形成しているので）。従って，配線本数は4本となります。
② 最上階の場合
　図のビルの最上階（5階）の場合の配線を考えます（P. 350 の図より，地
階の警戒区域1を加えると警戒区域数が5を超えるので，受信機はP型
1級が必要となります）。なお，感知器は説明上，差動式分布型感知器の空
気管式と熱電対式の両方を設置したと仮定した場合で，はりも 65 cm と想
定した場合を考えてみたいと思います。

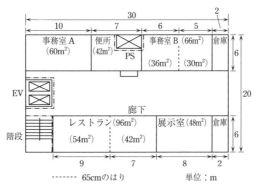

図2 最上階の場合

1．感知器の種別

　廊下より上半分を空気管式，下半分を熱電対式とします。なお，階段
部分は更に上の塔屋に通じる階段があるものとし，その部分に煙感知器
を設けます（よって，図の階段には設けません）。
　ただし，パイプシャフトの方はこの階が最頂部になるものとし，設置

基準どおり煙感知器を設けておきます。

2．検出部の個数

　　差動式分布型の場合，空気管や熱電対の変化を検出する検出部が必要となります。空気管の場合，一つの検出部に接続できる長さは100 m以内であり，かつ，1感知区域につき20 m以上必要ですが，熱電対式の場合は個数で決まり，20個以下かつ1感知区域につき4個以上必要となっています。よって，それらに従って検出部の個数を求めていきます。

3．配線

　　以上を考慮して空気管及び熱電対を設置すると，下図のようになります（○は壁を貫通している箇所を表す）。

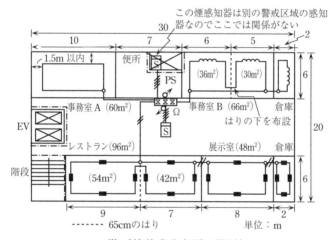

5階（差動式分布型で設計）

＜空気管について＞

○　壁などからは1.5 m以内に設けます（事務室 A 参照）。

○　事務室Bには0.6 mのはりがあるので感知区域はそこで区画され，図のように配置します（図は，はりの下を布設している）。

　　また，それぞれの感知区域には20 m以上の空気管の露出部分が必要なので，事務室Bの場合，図のようにコイル巻きをしておきます（下線部⇒コイル巻きの理由（出題例あり））。

○　倉庫も，1感知区域につき20 m以上必要という条件をクリアするために，図のように一部コイル巻きをしておきます。

○　空気管の相互間隔については，耐火の場合，9 m以内ですが，図はその条件をクリアしているので問題ありません。

　以上，事務室A，事務室B，倉庫と空気管を布設しましたが，その全長は100m前後となりそうなので，安全策をとって検出部を2つにし，機器収容箱内か，その付近に検出部のマーク▽を2つ表示しておきます。

＜熱電対について＞（出題はきわめてまれなので，参考程度に）

○　レストランには0.6m以上のはりがあるので同じく感知区域はそこで区画され，図のように配置します。

○　熱電対の場合，1感知区域につき4個以上必要なので，倉庫も含めて図のように布設します。（注：感知区域の床面積が88m²を超える場合は22m²ごとに1個追加します⇒P.222参照）

○　また，熱電対の総数も20個以下に収まりますので，よって空気管に同じく検出部は一つでよい，ということになります。

○　なお，熱電対部への配線は図のように2本必要となります（廊下部分）。

　以上で空気管と熱電対の布設は完了ですが，差動式分布型の配線の場合，空気管や熱電対があるだけに少々難しく考えがちですが，要は検出部を他の感知器同様一つの感知器と考えればよいだけです。

　つまり，空気管や熱電対を単なる感知器の付属品と考えるわけです。

　よって，受信機からの配線を空気管式の検出部，熱電対式の検出部と送り配線で接続し，最後に廊下の煙感知器を往復して（よって，4本必要）機器収容箱内の発信機に接続すればよいのです（終端抵抗はその発信機に接続しておきます→図1）。

　なお，煙感知器を終端にする場合は図2のようになります（終端抵抗は煙感知器に接続します）。

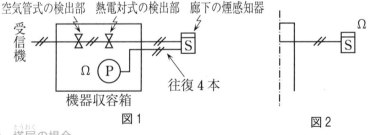

空気管式の検出部　熱電対式の検出部　廊下の煙感知器

受信機　Ω（P）機器収容箱　往復4本　図1

Ω　図2

③　塔屋の場合

　　階段部分の煙感知器は3階部分と，この塔屋に設けます。また，エレベーター昇降路の最頂部に設ける煙感知器も，この部分の機械室に設けます

（P. 231，煙感知器の設置基準⑨より）。

　なお，図ではたて穴区画の回路の末端を機械室に設けた煙感知器に設定
してありますので，図のように終端抵抗をそれに設けておきます。

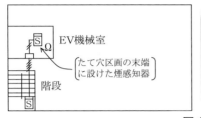

* 塔屋：ペントハウス（PH）ともいい，屋上などにある
エレベーター室などの「建物」のことで，その部分の
水平投影面積の合計が建築面積（一般的には，一番広
い階の面積）の1／8以内であるなら，1つの階として
は扱わず，「塔屋」として扱います。なお，似たもの
に RF（屋上階）がありますが，こちらは建物ではなく
階そのものを指します。

図1　塔屋*

　以上で製図の基本的な配線方法は終わりますが，最後に1フロアで警戒
区域が二つある場合（たて穴区画は除く）の配線例を参考までに次に挙げて
おきます（出題例は少ない）。

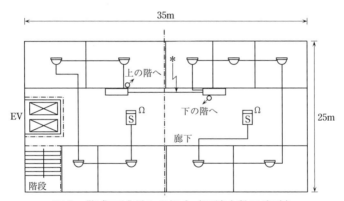

図2　警戒区域が2の場合（配線本数は省略）

* この線がポイント。P. 366 の RF から B1F へ接続している真ん中の線のように，
上の階から下の階へ接続している配線と考えればよいだけです。なお，この配線は，
図では1本ですが，実際は P. 355 の図1や図2のような B や PL などの配線が通っ
ているので，注意してください。

　この場合も，配線方法としては1フロアで1警戒区域の場合と同じ考え
で配線していきます。つまり，図の左半分を上の階，右半分を下の階と仮
定して配線していけばよいのです。

設備系統図の作成法

　系統図というのは，受信機と各階の機器収容箱，およびその先の感知器などへの配線を断面的に表したもので，試験においては，その配線本数を問う問題がよく出題されています。

(1)　各階の表し方

　まず，ビルの地階の平面図，P. 357 の図 3 を系統図にしたのが，図 b です。

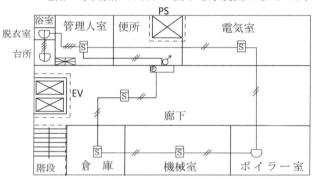

図 a（P. 357 の図 3）

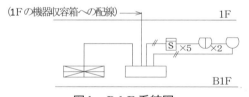

図 b　B 1 F 系統図

　この図 a を図 b の系統図にするには次のルールに従います。

①　同種の感知器をひとまとめにして，図のように×5や×3などと，その個数を表示します。

②　機器収容箱から近い感知器から順に並べ，メインとなる右回りのルートのみ記します。つまり，管理人室の煙感知器から台所へ行くルートは分岐していないものとして右回りのルートに組み入れます。

　この場合，次の図のように機器収容箱から出るルートが二つある場合は，それぞれ別のルートとして記しておきます（次頁の図参照）。

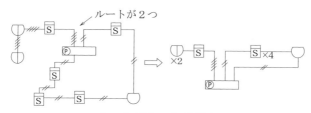

ルートが２つある場合

　この場合，配線が少し複雑なように思うかもしれませんが，基本はルートが一つの場合と同じです。

　つまり，受信機からの２本の配線は機器収容箱から台所へ行ったあと，いったん機器収容箱に戻り，そのまま再び機器収容箱から右まわりで発信機に至るという配線になるだけです。

③　配線本数の表示（２本または４本の斜線）は，一般に図のように機器収容箱と接続する部分のみに記し，感知器間は不要です。

④　終端抵抗の表示は原則として不要です（注：本試験では一般的に表示されています）。

⑤　同じ階に受信機がある場合は，前頁図 b のように表示しておきます。

(2)　全階の表し方と配線本数

［ 1．受信機が P 型 2 級の場合 ］

　例えば，地下１階地上３階建てのビルを想定し，地上１階から３階までの配線が全て同じだとした場合（ただし，たて穴区画は除く），警戒区域は５となり（よって受信機は P 型 2 級），次頁の図 1 のようになります。

　この場合，マル数字（①や②など）は警戒区域の番号を表し，階段や PS（パイプシャフト），エレベーター昇降路などのたて穴区画は同一の警戒区域，⑤番となっています。

> ●マル数字　⇒警戒区域の番号
> ●たて穴区画⇒同一の警戒区域（この図では⑤番）

　なお，煙感知器の設置基準⑨（P.231）より，PS の場合はその頂部，エレベーター昇降路の場合はエレベーター機械室に感知器を設置します。

　よって，RF はすべて⑤番となります。

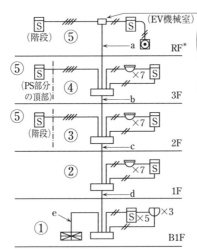

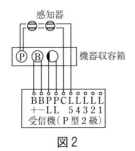

図1　P型2級の場合

① 各配線本数の計算

　その配線本数の計算ですが, まずは平面図の配線方法 の P. 355 の図 1（下図）を見て下さい。これより, P 型 2 級の場合, 受信機から機器収容箱までは 6 本の配線本数になっています。

その内訳は次の通りです。

図2

1. 地区音響装置への配線（B で表す）

　　受信機からは 2 本配線します。P 型 2 級受信機の場合, **全館一斉鳴動**が原則ですのでこの 2 本の線を各階**並列**に共有すればよいので, 受信機から最上階まで 2 本の線を敷き, 各階の機器収容箱内の端子から 2 本の線を並列に分岐して地区音響装置まで接続すればよいだけです。

　よって, 図 1 の a から e の部分は全て（地区音響に関しては）2 本の線でよいということになります。

2. 表示灯への配線（PL で表す）

　発信機上部にある赤色表示灯への配線で, これも各階**並列**に配線すればよく, よって地区音響装置同様, 各階 2 本の配線となります。

　なお, **発信機と表示灯を屋内消火栓設備と兼用する場合**, 発信機を押すことによって消火栓ポンプが連動して起動し, 表示灯が点滅するので

すが, その際, 表示灯線には HIV 線 (耐熱電線) を用いる必要があります。

 「表示灯への配線」と「表示線 (感知器への配線)」は何かとまぎ
らわしいので要注意！

3．感知器への配線 (C, L で表す)

　感知器への配線は地区ベルや表示灯への配線と違い各警戒区域ごと, すなわちこのビルの場合, 各階ごとに 2 本の線を受信機から配線する必要があります (そうでないと, どこの警戒区域の感知器が作動しているか受信機側で分からないからです)。

　しかし, 2 本の線のうち 1 本は 7 警戒区域まで共有できる**共通線**を使うことができるので (従って, 2 級では共通線は 1 本でよい), よって各階への配線は, その共通線 1 本と各警戒区域専用の**表示線**とよばれる電線 1 本でよい, ということになります。

② 　電線の種類

　電線は, 原則として IV 線 (600 V ビニル絶縁電線) を用いますが, 地区音響装置へは耐熱電線の HIV 線 (600 V 2 種ビニル絶縁電線) を用います。

 ●原則　　　　　　⇒　　IV 線
●地区音響装置のみ⇒　　HIV 線

　なお,「「IV」及び「HIV」の記号で示す電線の種類の名称を答えなさい。」という出題例もあるので, 上記, ( ) 内の名称にも注意してください。

③ 　各階の配線本数 (図の a から e の部分)

　以上より, 各階の配線本数を計算してみたいと思います。

　なお,(本書では) 各階の配線本数を計算する場合は, 受信機から最も離れた警戒区域から順に計算をしてゆきます。

(注：警戒区域番号は, 下の階から順に①, ②…と付してきます)

1．a の部分 (前頁の図 1 と P. 369 の図参照)

　a の部分は, RF にある警戒区域⑤の感知器と回路試験器への配線です。

　その配線本数ですが, RF には感知器, 回路試験器だけしかありませんから (表示灯, 地区ベル, 発信機はない), P. 369 の図 からも分かるように, 警戒区域⑤への表示線 (L 5) 1 本と共通線 (C) 1 本の 2 本の IV 線でよいことになります (表示灯線, ベル線は不要です)。

　☆　なお, この警戒区域⑤の感知器は 2 F の階段や 3 F (PS の頂部) にもあり, 表示線の本数の計算上複雑に思われるかもしれませんが, 図の

ようなa～d部分の配線本数を考える場合はそれらを無視して計算した方が分かりやすくなります。

つまり，警戒区域⑤への配線はRFにのみ配線している，と仮定すればよいのです。そうすれば普通の警戒区域と同じ扱いで計算でき，2Fや3Fの感知器に煩わされるということもありません。

実際，警戒区域⑤の表示線は，受信機から出てB1F，1Fと上り，2Fの機器収容箱からは単に階段までを往復しているだけで，b点やc点などの配線本数には影響を与えていません。

また，3Fの機器収容箱からも同様に往復しており，そしてRFまで至っているので，a点からe点まで常に1本のまま通過しているのが分かると思います。よって，RFにのみ"ある"と仮定しても差しつかえないのです。

 たて穴区画の表示線 ⇒ その警戒区域の最上階の感知器のみ"ある"と仮定して計算する

2．bの部分

全体の配線を分かりやすく示したのが次頁の図です。この図からも分かるように，bの部分の配線は，警戒区域④（3F）への配線にRFへの配線を加えたものです。

まず，その警戒区域④への配線についてですが，次のようになります。

警戒区域④への配線

＜IV線＞	
○感知器への表示線（L4）	1本
○感知器の共通線（C）	1本
○表示灯への配線（PL）	2本
	計4本
＜HIV線＞	
○ベル線（B）	計2本

よって，IV線が4本，HIV線が2本となります。

bの部分の配線は，これにRFへの配線（L5）を加えたものだから，警戒区域⑤の感知器への表示線1本（IV線）を加えればよいのです。

従って，この部分の感知器への表示線は2本となります（L4とL5）。

一方，共通線（C）の方は全警戒区域で同じ線を用いるので1本のまま

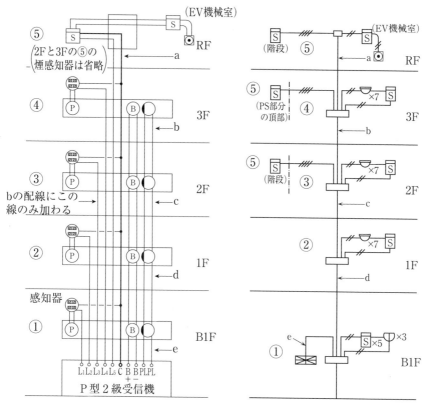

配線の詳細（P型2級）

で変化はありません。

よって，配線本数は警戒区域④への配線にIV線を1本加えるだけでよく，IV線が**5本**，HIV線が**2本**となります。

3．cの部分

上の図からも分かるように，bの部分と違うところは警戒区域③への表示線L3が1本加わるのみです。従って，表示線は3本となります。その他はbと同じです。

よって，配線本数はIV線が**6本**，HIV線が**2本**（ベル線は全階2本の並列配線なので）となります。

4．dの部分

cの部分と違うところは警戒区域②への表示線（L2）が1本加わるのみで，あとは同じです。従って，表示線は4本となります。

よって，配線本数は IV 線が7本，HIV 線が2本となります。

5．eの部分

　　B1Fの機器収容箱から受信機へ行く配線です。同じ階にあるので少し
カンがくるうかもしれませんが，考え方は今までと全く同じ考え方です。
ただ，機器収容箱から下の階へ行く線が横に行ったと考えればよいので
す。

　　従って，dの部分と違うところは警戒区域①（B1F）への表示線（L1）
が1本加わるのみで，表示線は5本となります。

　　よって，配線本数は IV 線が8本，HIV 線が2本となります。

以上をまとめたのが次表です。

電線		場所	RF～3F	3F～2F	2F～1F	1F～B1F	B1F～受信機
			a	b	c	d	e
IV	表示線	L	1	2	3	4	5
	共通線	C	1	1	1	1	1
	表示灯線	PL	－	2	2	2	2
	計		2	5	6	7	8
HIV	ベル線	B	－	2	2	2	2
	計		－	2	2	2	2

2．受信機がP型1級の場合

　　次ページの図のような7階建てのビルを想定し，P型1級の場合を考えてい
きたいと思います。なお，共通線（C1，C2）1本当たりに接続する警戒区域
数は同じとし，また，地区音響装置は**区分鳴動方式**として設計します。（注：
一斉鳴動の図はP.377にあります。）

① 各配線本数の計算

　　基本的には2級と同じですが，地区ベルの配線が異なるのと，**電話連絡
線（T）と確認応答線（A）**が必要になります。また，IVの共通線（C）が途
中で2本（C1，C2）必要になるので，こちらの方も注意が必要です。

1．地区音響装置への配線

　　地区ベルが区分鳴動の場合，地区ベル共通線（BC）に各鳴動区域ごとの
区分線（B1，B2など）がそれぞれ必要になってきます。

　　この場合，地区ベル共通線（BC）には，感知器の共通線のように警戒区

域による制限はなく，<u>BC は 1 本のままです。</u>

それに対して，区分線の方は階数ごとに 1 本ずつ増加していきます。

2．表示灯への配線（PL）

2 級と同じです（全表示灯へ 2 本ずつの並列接続です）。

3．感知器への配線（C，L）

警戒区域が 7 を超えているので，共通線が一部 2 本必要になってきます。その場合，1 本当たりの警戒区域数が同じなので，①～④を C_1，⑤～⑧を C_2 とします。

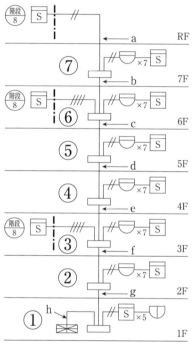

P 型 1 級の場合

このケースの場合，警戒区域が 8 なので 1 本あたりに接続する警戒区域の数を同数と設定した場合，警戒区域⑧から⑤までは 1 本のままでよいのですが，④から①へは 2 本必要になります。

（「④から①の 1 本」＋「⑧から⑤の 1 本」）

4．発信機への配線

P.355 の図 2 のように，電話連絡線（T）と確認応答線（A）が必要になります（全発信機へ 1 本ずつの並列接続です）。

② 電線の種類

　基本的には2級と同じですが，発信機を押すことにより屋内消火栓設備も起動するタイプのもの（つまり，消火栓設備が連動するもの）は，表示灯への配線（PL）がIV線ではなく，HIV線になるので注意が必要です。

　●原則⇒　IV 線
　●屋内消火栓設備と連動する場合の表示灯への配線
　　　⇒　HIV 線

③ 各階の配線本数（図の a から h の部分）

　1．a の部分（P. 374 の図参照…以下同）

　　2級と同じく表示線（L8）1本と共通線（C2）1本の2本のIV線だけです。

　2．b の部分

　　b の部分の配線は，警戒区域⑦（7F）への配線にRFへの配線を加えたものです。

　　まず警戒区域⑦への配線についてですが，次頁の表のようになります。

　　その内訳ですが，まずIV線は感知器への表示線（L7）1本と共通線（C2）1本，そして表示灯への配線（PL）2本と，ここまでは2級と同じです。1級の場合，これにさらに電話連絡線（T）と確認応答線（A）が必要になるので，従ってIV線は6本となります。

　　一方，HIV線については地区ベル共通線（BC）1本に区分線（B7）が1本の2本のみです。

　　よって，IV線は6本，HIV線は2本となります。

　　b の配線本数は，これにRFへの表示線（L8）1本加えたものだから，よってIV線が7本，HIV線が2本となります。

警戒区域⑦への配線

＜IV 線＞	
○感知器への表示線 (L 7)	1 本
○感知器の共通線 (C 2)	1 本
○表示灯への配線 (PL)	2 本
○電話連絡線 (T)	1 本
○確認応答線 (A)	1 本
	計 6 本
＜HIV 線＞	
○地区ベル共通線 (BC)	1 本
○地区ベル区分線 (B 7)	1 本
	計 2 本

3．c の部分

　　b の部分と違うところは警戒区域⑥への表示線 (L 6) が 1 本加わること
と，同じく警戒区域⑥への地区ベル区分線 (B 6) が 1 本加わることです。

　　従って，配線本数は IV 線が 8 本，HIV 線が 3 本となります。

4．d の部分

　　d の部分も前の部分 (c の部分) に表示線 (L 5) が 1 本，地区ベル区分線
(B 5) が 1 本，それぞれ加わります。

　　よって配線本数は IV 線が 9 本，HIV 線が 4 本となります。

5．e の部分

　　e の部分も d の部分にさらに表示線 (L 4) が 1 本，地区ベル区分線 (B 4)
が 1 本加わりますが，これにさらに警戒区域④から①への共通線 (C 1) が 1
本加わります。従って，d の部分にくらべて IV 線が 2 本，HIV 線が 1
本増えることになります。

　　よって，配線本数は IV 線が 11 本，HIV 線が 5 本となります。

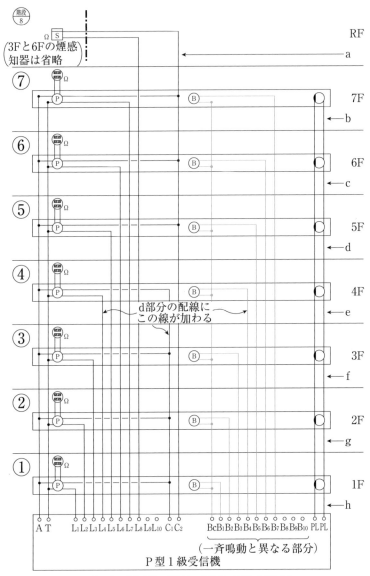

P型1級受信機の配線（区分鳴動の場合）

6．fの部分

　　eの部分に警戒区域③への表示線 (L3) が1本，地区ベル区分線 (B3) が1本加わるのみです。

　　従って，配線本数はIV線が12本，HIV線が6本となります。

7．gの部分

　　fの部分に警戒区域②への表示線 (L2) が1本，地区ベル区分線 (B2) が1本加わります。

　　よって，配線本数はIV線が13本，HIV線が7本となります。

8．hの部分

　　gの部分に警戒区域①への表示線 (L1) が1本，地区ベル区分線 (B1) が1本加わります。

　　よって，配線本数はIV線が14本，HIV線が8本となります。

以上をまとめたのが次表です。

電線 ＼ 場所		a	b	c	d	e	f	g	h
IV線	表示線　L	1	2	3	4	5	6	7	8
	共通線　C	1	1	1	1	2	2	2	2
	応答線　A	－	1	1	1	1	1	1	1
	電話線　T	－	1	1	1	1	1	1	1
	表示灯線　PL	－	2	2	2	2	2	2	2
	計	2	7	8	9	11	12	13	14
HIV線	ベル共通線　BC	－	1	1	1	1	1	1	1
	ベル区分線　BF	－	1	2	3	4	5	6	7
	計	－	2	3	4	5	6	7	8

【IV線の覚え方】

CAT（キャット＝猫）＋Lの付いた線（LとPL）

⇨C，A，T，L，PL

　なお，1級でも地区音響が一斉鳴動の場合は，2級同様，地区ベル線は2本のままです。従って，上の表のBFの欄はすべて1になります。

（参考資料）

　P.363の図2のように，1フロアで警戒区域が2ある場合，機器収容箱が1つの場合と，2つの場合があります。

　次の条件を満たしている場合，1フロアで警戒区域が2ある場合でも，**発信機**や**地区音響装置**を2つの警戒区域で共有することができ，従って機器収容箱が1つで済みます。

・**発信機**の場合は，**歩行距離が50 m 以下**

・**地区音響装置**の場合は，**水平距離が25 m 以下**（通常は，この2つの警戒区域で機器収容箱を共有するケースで考えます）

　警戒区域が2で機器収容箱が1つの場合の系統図での表記例を次に示しておきます。

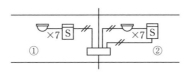

図1　警戒区域が2つで機器収容箱が1つの場合

（通常は，このケースで考える）

　ちなみに，機器収容箱が2つの場合の系統図は下の例のような図になりますが，本数計算は，各縦の系統ごとにすれば良いだけです。

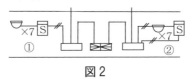

図2

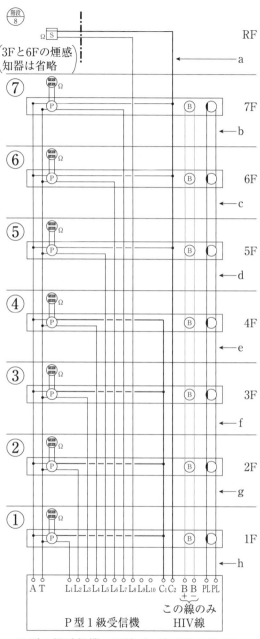

P型1級受信機の配線（一斉鳴動の場合）

問題にチャレンジ！
（第6編　製図）

1．警戒区域の設定

【問題1】　図に示す防火対象物に自動火災報知設備を設置する場合，階段部分の最少警戒区域の数はいくらになるかを答えなさい。

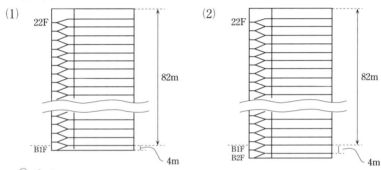

(1) 22F ... B1F 82m 4m

(2) 22F ... B1F B2F 82m 4m

防火対象物が高層で階数が多い場合は，垂直距離**45m以下**ごとに1警戒区域とします。

　ただし，地階の階数が1のみの場合は地上部分と同一警戒区域とし，地階の階数が2以上の場合は地階部分と地上部分は別の警戒区域とします。従って，(1)のB1Fは地上部分と同一警戒区域とし，(2)のB1F，B2Fは別警戒区域とします。そこで，まず，(1)はB1Fの4mと地上部分の82mを足すと86mとなり，2警戒区域の範囲内となるので警戒区域を2とします。

　一方，(2)の地上部分も2警戒区域となるので，地階部分の1警戒区域と合わせて3警戒区域となります。

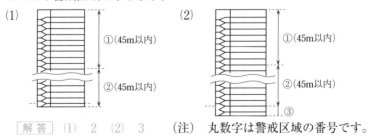

(1) ①(45m以内) ②(45m以内)

(2) ①(45m以内) ②(45m以内) ③

解答　(1)　2　(2)　3　　(注)　丸数字は警戒区域の番号です。

２．製図（設計）

【問題２】　次の図について次の条件に基づき，凡例に示す感知器を用いて平面図を作成しなさい。なお，図は１階部分で，無窓階には該当しない。

＜条件＞

1．主要構造部は耐火構造で，天井高は3.8ｍとする。

2．押入れは，側壁・天井とも木製である。

3．階段はこの階で警戒しているものとする。

4．受信機はＰ型２級を使用し，別の階に設置されている。

（※）個数：特に注意書きがない場合でも個数は必要最小限の個数とします。

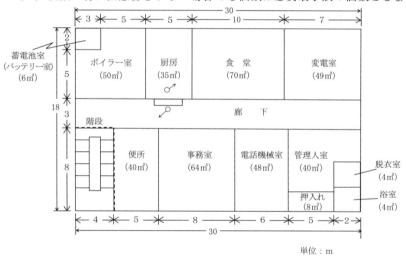

単位：ｍ

凡例

	名　　　　称	備　　　　考
▽	差動式スポット型感知器	２種
Ｓ	光電式スポット型感知器	２種　非蓄積型
▽₀	定温式スポット型感知器	特種
▽	定温式スポット型感知器	１種
▽	定温式スポット型感知器	１種防水型
▽	定温式スポット型感知器	１種耐酸型
▭	機器収容箱	発信機，表示灯，地区音響装置を収容

　まず，巻末資料4の表を見てください。この表は，過去の第4類消防設備士試験の製図試験で出題された問題のデータより作成したもので，平面図を作成する際は，まず，この表で感知器の種別を判断して設置個数を計算していきます。

　さて，製図の解答手順は，おおむね次のような順で解答していきます。

　1．警戒区域の設定

　2．感知器の種別，および個数の割り出し

　3．配線：送り配線にする（⇒配線本数に注意する）。

　4．その他：機器収容箱や終端器の位置，感知器が不要な場所のほか，空気管がある場合はその配管状況などに着眼して解答していきます。

こうして覚えよう！　＜製図の解答手順＞

警　　官の趣　向 はハイセンス
警戒区域 感知器種別 個数　　配線

(1)　警戒区域の設定

　　図のフロア面積は $30 \times 18 = 540 \ \mathrm{m}^2$ ですが，階段は別警戒区域なので，階段部分（$32 \ \mathrm{m}^2$）を引くと $508 \ \mathrm{m}^2$ となります。従って，1警戒区域で十分ということになります。

(2)　感知器の種別，および設置個数

　(ア)　感知器の種別（図の左上から順に確認していきます。）。

　　①　蓄電池室：定温式スポット型感知器（1種耐酸型）を設置します。

　　②　ボイラー室：定温式スポット型感知器（1種）を設置します。

　　③　厨房，脱衣室：定温式スポット型感知器（1種防水型）を設置します。

　　④　食堂，変電室，事務室，管理人室：一般的な室に該当するので，差動式スポット型感知器（2種）を設置します。

⑤　便所，浴室：感知器の設置は不要です。

⑥　電話機械室：**煙感知器（2種）**を設置します。

⑦　押入れ：側壁・天井とも木製なので設置義務が生じ，**定温式スポット型感知器（特種）**を設置します。

⑧　階段，廊下：煙感知器（2種）を設置します。

(イ)　設置個数

　感知器の設置個数を計算する際には，それぞれの感知器の感知面積をP.219の表より確認しておく必要があります。

　今回は，主要構造部が**耐火構造**で天井高は**4 m 未満**なので，それぞれ次のようになります。

A　定温式スポット型感知器（特種）：70 m²

B　定温式スポット型感知器（1種）：60 m²

C　差動式スポット型感知器（2種）：70 m²

D　煙感知器（2種）：150 m²

　以上より，各室の床面積をそれぞれの感知面積で割って設置個数を計算していきます。

＜A 定温式スポット型（特種）＞

・押入れ（⑦）：感知面積は，A より 70 m² となるので，1 個設置します。

＜B 定温式スポット型（1種）＞

・ボイラー室（②）：床面積が 50 m² で感知面積が B より 60 m² なので，$50 \div 60 = 0.8333\cdots\cdots$ より，繰り上げて 1 個設置となります。

・蓄電池室（①）：ボイラー室と同じく，感知面積が 60 m² なので，1 個設置で十分です。

・厨房，脱衣室（③）：感知面積が 60 m² なので，床面積 35 m²，4 m² いずれも十分にカバーでき，1 個設置します。

＜C 差動式スポット型（2種）＞

・食堂，変電室，事務室，管理人室（④）

　感知面積は，C より 70 m² であり，上記の各室の床面積はいずれも 70 m² 以下なので，各室 1 個ずつ設置します。

＜D 煙感知器（2種）＞

・電話機械室（⑥）：煙感知器（2種）の感知面積は 150 m² もあるので，1 個設置で十分となります。

・廊下（⑧）：**歩行距離 30 m（3種は 20 m）につき 1 個以上設置**しますが，図の場合，廊下の中心の歩行距離はぎりぎりではありますが，30 m

以下となるので，1個を設置します。

(3)　配線

　　受信機がP型2級なので，発信機（または回路試験器）を終端にする必要があります（今回は機器収容箱内に発信機が収容されています。）

　　配線本数を示す斜線については，ほとんど2本線ですが，ボイラー室の蓄電池室へ往復する線，管理人室の脱衣室，押入れへと往復する線，および別警戒区域となる階段への往復線は4本となるので，注意してください。

　　なお，次に示す解答例は，あくまでも一例であり，他にも正解となる配線ルートなどはあります。

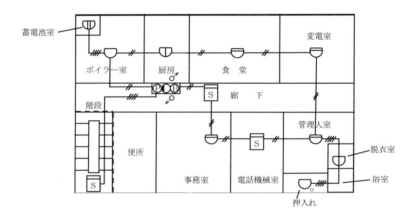

【問題3】　次の図は，事務所ビルの5階部分である。次の条件に基づき，凡例に示す感知器を用いて平面図を作成しなさい。

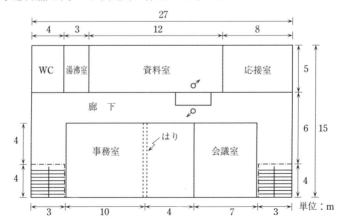

凡例

記号	名　称	摘　要
⌴	差動式スポット型感知器	2種
S	光電式スポット型感知器	2種　非蓄積型
⍁	定温式スポット型感知器	1種防水型 80℃
☐	機器収容箱	発信機，表示灯，地区音響装置を収容
Ω	終端器	

条件

1．主要構造部は耐火構造である。

2．天井の高さは4m未満である。ただし，資料室の高さは4.1mである。

3．事務室のはりは天井面から45cm突き出している。

4．無窓階ではない。

5．階段部分の煙感知器は他の階に設置されているものとする。

6．終端器（Ω）は会議室に設けるものとする。

① 警戒区域の設定

　　図の場合，フロア面積は $27 \times 15 = 405\,m^2$ ですが，階段は別警戒区域なので，階段部分 $\{(3 \times 4) \times 2 = 24\,m^2\}$ を引くと $381\,m^2$ となります。従って，1警戒区域で十分ということになります。

② 感知器の種別，および設置個数

　㋐ 感知器の種別

　　前問同様，基本的には差動式スポット型感知器の2種を設置し，湯沸室には定温式スポット型感知器の1種防水型を設置し（火気を用い，水蒸気が発生するので），また廊下には煙感知器の2種を設置します。

（本試験では結婚式場も出題されていますが，同じく下線部の感知器が原則）

＜条件の「無窓階ではない」について＞

　　無窓階の場合，原則として煙感知器を設置する必要がありますが，「無窓階ではない」，つまり，「普通階である」のでその必要はない，という意味です。

(イ) 感知器の設置個数 (注：種別は，1が定温式，2～5が差動式スポット型，6が煙感知器です。)

1. 湯沸室：床面積は 15 m² だから，P. 219 の表より定温式1種の感知面積は 60 m² なので1個を設置します。

2. 資料室：床面積は 60 m² ですが，天井高が 4.1 m なので表の4 m以上8 m 未満の方になり，感知面積は 35 m² となります。従って，2個設置する必要があります。

   (60÷35＝1.71……より，繰り上げて2となる)

3. 応接室：床面積は 40 m² で感知面積は 70 m² だから1個を設置します。

   (40÷70＝0.571……より，繰り上げて1となる)

4. 会議室：床面積は 56 m² で感知面積は 70 m² だから，同じく1個を設置します。

   (56÷70＝0.8 より，繰り上げて1となる)

5. 事務室：感知区域の定義は『壁，または取り付け面から 0.4 m 以上 (差動式分布型と煙感知器は 0.6 m 以上) 突き出したはりなどによって区画された部分』となっているので，図の場合，はりは 45 cm なのでその部分で感知区域を区切る必要があります。

   　　従って，床面積は 32 m² と 80 m² となり，感知面積は 70 m² だから設置個数は 32 m² の方が1個 (32÷70＝0.45……⇒ 1個)，80 m² の方が2個となります (80÷70＝1.14……⇒ 2個)。

6. 廊　下：廊下の中心の歩行距離は 34 m となるので，煙感知器の2種を2個設置します (歩行距離 30 m につき1個以上設置するので)。

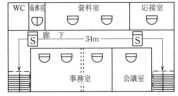

以上より，感知器の配置については右図のようになります。

③ これらを結んで配線していきます。

　まず，機器収容箱の位置の確認ですが，収納する地区音響装置に「階の各部分から水平距離で 25 m 以下となるように設けること」という制限があるので，図の位置に設けてあることを確認しておきます。

　また，機器収容箱からの配線は，解答例 a，または b のようにしてルートをとっていき (注：他の配線ルートも考えられますので，下図以外にも正解

はあります），最後に会議室に終端器（Ω）を設置します。

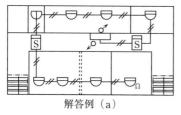

解答例（a）

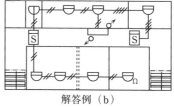

解答例（b）

なお，配線本数は基本的には2本で足りますが，bの場合，右の煙感知器の方に行く配線は送り配線で往復する必要があるので，右図のように4本必要となってきます。

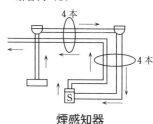

煙感知器

【問題4】　図はある事務所ビルの3階部分である。次の条件に基づき，凡例に示す感知器を用いて平面図を作成しなさい。

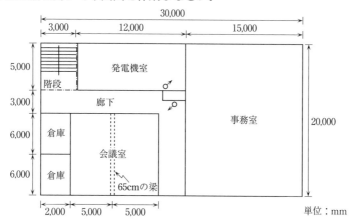

単位：mm

条件

1．主要構造部は耐火構造である。

2．天井の高さは3.2mである。

3．会議室のはりは天井面から65cm突出しており，また，倉庫は会議室に付属のものとする。

4．無窓階ではない。

5．階段部分の煙感知器は他の階に設置されているものとする。

6．終端器（Ω）は機器収容箱に設けるものとする。

7．会議室と事務室には差動式分布型感知器（空気管式）を設置するものとする。

凡例

記号	名　　称	摘　　要
⏝	差動式スポット型感知器	2種
S	光電式スポット型感知器	2種　非蓄積型
✕	差動式分布型感知器の検出部	2種
──	空気管	貫通箇所は ─○─○─ とする
▭	機器収容箱	発信機,表示灯,地区音響装置を収容

解説

　まず，単位の mm を m に換算するため，各数値を 1,000 で割ります（0を3つ取る）。

① 警戒区域を設定します。図の場合，フロア面積は $20 \times 30 = 600 \ \mathrm{m^2}$ で，別警戒区域の階段部分 $15 \ \mathrm{m^2}$（3×5）を除くと $585 \ \mathrm{m^2}$ となります。従って，1警戒区域で十分ということになります。

② 感知器の種別，および設置個数を割り出します。

　(ア) 感知器の種別

　　条件の7以外の室となる発電機室（電気室，変電室であっても同じ）には差動式スポット型感知器（2種）を設置します。

　(イ) 感知器の設置個数

　　1．発電機室（差動式スポット型2種）

　　　床面積は $60 \ \mathrm{m^2}$ で天井高は $4 \ \mathrm{m}$ 未満，主要構造部は耐火構造より，感知面積は $70 \ \mathrm{m^2}$ となり，1個で十分となります。

　　2．廊下

　　　廊下の中心の歩行距離は $30 \ \mathrm{m}$ 以下となるので，煙感知器の2種を1個設置します。

　　3．差動式分布型感知器（空気管式）

　　　1つの検出部に接続する空気管の長さは $100 \ \mathrm{m}$ 以内にする必要があ

りますが，図の場合，総延長は 100 m を超えるので検出部は 2 個必要
となります。

（事務室で 1 個，会議室で 1 個とします）

③　**機器収容箱の位置**

　　発電機室と事務室の角の辺りに設置してあると，地区音響装置の位置が
「階の各部分から水平距離で 25 m 以下」となることを確認しておきます。
以上を図に描きいれ，配線を行うと下図のようになります。

（注：他の配線ルート等も考えられるので，下図以外にも正解はあります）

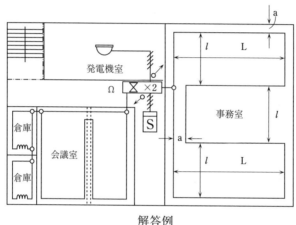

解答例

<図の説明>

①　発電機室と廊下の感知器へは機器収容箱から往復する必要があるので，
　4 本の配線が必要となります。

②　空気管について

　(ア)　事務室の場合

　　　空気管は耐火の場合，相互間隔を 9 m 以下（その他の構造の場合 6 m
　以下）にする必要がありますが，図の事務室のように l を 6 m 以下にする
　と L を 9 m 以上にできます。従って，図のようにして配管します。
　　（注：a の部分は 1.5 m 以下にする必要があります）

　(イ)　会議室の場合

　　　感知区域の定義は，『壁または取り付け面から 0.4 m 以上（差動式分布
　型と煙感知器は 0.6 m 以上）突き出したはりなどによって区画された部分』
　となっているので，本問の場合，差動式分布型であり，はりが 0.6 m
　以上あるので，その部分で感知区域が区切られます。よって，図のよう

に設置します。

　また，この際，注意する必要があるのは，空気管の場合，感知区域ごとに露出部分が20 m以上になるように設ける必要がある，ということです。

　従って，倉庫はそれぞれ20 m以上になるよう，図のようにコイル巻きか，または二重巻きにして設置します。

　　会議室と倉庫の空気管は，それぞれ互いにつながっており，
全て1個の検出部から出ている空気管なので間違わないように！

　なお，図の○印は貫通箇所を表し，P.313のEにある貫通キャップでふさぎます。実際の配管状況は，下図のようになっています。

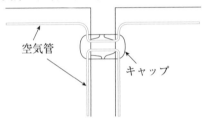

空気管

キャップ

③　図の配線を分かりやすく書くと，次ページの図のようになりますが，この配線を考える場合は，空気管の存在は考えず，検出部のみを1つの感知器とみなして考えると分かりやすいと思います（これは熱電対式の場合も同じです）。

　なお，図の3Fの警戒区域の表示線をL₃とし4Fの警戒区域L₄まである建物とします。

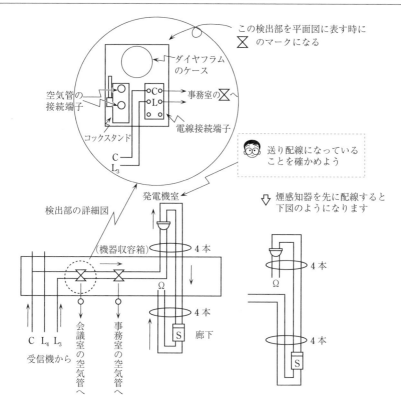

この検出部を平面図に表す時に ⊠ のマークになる

ダイヤフラム
のケース

空気管の
接続端子

事務室の ⊠ へ

電線接続端子

コックスタンド

送り配線になっている
ことを確かめよう

煙感知器を先に配線すると
下図のようになります

検出部の詳細図

発電機室

（機器収容箱） 4本

会議室の空気管へ

事務室の空気管へ

廊下

C L₄ L₃
受信機から

4本

4本

4本

4本

第4類消防設備士 Q&A

　P.387の図についてですが，機器収容箱の差動式分布型感知器の検出部から事務室へ向かう空気管までの配線の本数が記入されていません。なぜでしょうか？

解説

　空気管には配線本数は表示しません。配線本数を表示するのは，あくまでも電気の配線だけです。従って，同じ差動式分布型感知器でも熱電対式は電気が流れるので，P.361の図のように，機器収容箱からの配線に本数の斜線が表示してあるわけです。

【問題5】　図は,令別表第1 (12) 項イに該当する平屋建で耐火構造の工場の平面図である。次の条件に基づき,示された凡例記号を用いて以下の各設問に答えなさい。なお,工場部分は主要な出入り口から内部を見通すことができるものとし,また,この建物は無窓階には該当しない。

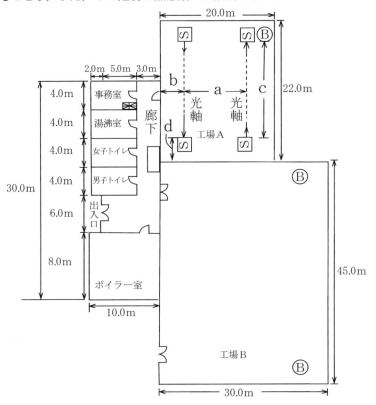

<条件>

1. 工場部分は,光電式分離型感知器により警戒され,この感知器の公称監視距離は5m以上35m以下である。

2. 天井の高さは,工場はA, Bとも14m,工場以外の部分については3.7mとする。

3. 設置する感知器は,法令基準により必要最小個数とし,また,工場以外の部分に煙感知器を設ける場合は,法令基準により必要となる場所以外には設置しないこと。

4. 受信機から機器収容箱までの配線は省略すること。

凡例

記号	名　　　称	備　考	記号	名　　　称	備　考
⏝	差動式スポット型感知器	2種	Ⓟ	Ｐ型発信機	1級
⏝₀	定温式スポット型感知器	特種	◐	表示灯	
⏝	定温式スポット型感知器	1種 ⬚は防水型	Ⓑ	地区音響装置	
Ⓢ	煙感知器	光電式2種	▭	機器収容箱	
Ⓢ→	光電式分離型感知器	送光部2種	Ω	終端抵抗	
→Ⓢ	光電式分離型感知器	受光部2種	─//─	配　　　線	2本
✖	受信機	Ｐ型1級	─///─	同　　　上	3本
─ ─ ─	警戒区域境界線		─////─	同　　　上	4本
◯	警戒区域番号	①～◯	‥‥‥‥	光　　　軸	

設問1．最小限必要な警戒区域数を答え，警戒区域番号も記入しなさい。

設問2．工場Ａのａからｄの数値として法令に適合する数値を答えなさい。

設問3．工場Ｂの部分にも感知器を設置しなさい。ただし，配線は省略するものとする。

設問4．工場以外の部分を，法令基準に従い適応する感知器を用いて警戒し，設備図を完成させなさい。ただし，配線は機器収容箱からの感知器回路のみでよいものとし，終端抵抗，Ｐ型発信機，表示灯，地区音響装置を機器収容箱に設けること。

設問1　まず，工場以外の部分と工場Ａはいずれも 600 m² 以下なので，それぞれで1警戒区域。また，主要な出入り口から内部を見通すことができるので，1警戒区域を 1000 m² 以下までに設定することができ，工場Ｂは2警戒区域となるので，計4警戒区域となり，その警戒区域番号を解答例

のように記入しておきます。

　なお，光電式分離型感知器の場合，1辺の長さを100m以下とすること
ができるので，いずれもその条件を満たしていることを確認しておきます。

> **4 警戒区域**

設問2　光電式分離型感知器の送光部及び受光部は，警戒区域ごとに1組以
　　上設ける必要がありますが，送光部と受光部を結ぶ光軸等の設置基準は，
　　次のようになっています。
　①　光軸が並行する壁から光軸までの距離は0.6m以上7.0m以下
　②　光軸間の距離は14m以下
　③　送光部（または受光部）とその背部の壁の距離は1.0m以下
　　　これと，この光電式分離型感知器の公称監視距離が5m以上35m以下
　　という条件も併せて，どのように設ければ基準を満たすかを考えます。
　　　まず，図のaとbを用いて式を作成すると，a+2b=20，となります。
　　当然，aは14m以下，bは0.6m以上7.0m以下の値しか取れません。
　　　従って，本問では，aを12mとし，12+2b=20より，bを4mとすれ
　　ば，基準に適合した値となるので，この値を採用することにします。
　　　次に，dの送光部（または受光部）と壁の距離ですが，③より，1.0m
　　以下なので，ここでは1.0mの値を採用することにします。
　　　そして，cについては，dは1.0mで両サイドで2.0mとなるので，22
　　−2=20.0mとなり，感知器の公称監視距離（5〜35m）内であることを
　　確認しておきます。

> a：12m
>
> b：4m
>
> c：20.0m
>
> d：1.0m

　　（注：法令に適合している数値であれば他の数値でも正解になります。）
設問3　まず，警戒区域ですが，1警戒区域を1000m²以下に設定することが
　　できるので，工場Bの床面積=30×45=1350m²より，2警戒区域とします。
　　その場合，公称監視距離の最大値35mを考慮して縦方向に設置した場合，
　　送光部と受光部の距離をその35mに設定しても，受光部から壁（下部）の
　　距離が最大値の1.0mを大きくオーバーして5.0mになってしまいます。
　　　従って，P.394の解答例のように，横に2分することにします。

感知器の設置については，各警戒区域に1組ずつだと，光軸間は明らかに14 m をオーバーするので，解答例のように2組ずつ設置すると基準を満足するため，数値を調整して2組ずつ設置します（各警戒区域ごとに設問2のようにして計算する。本問では送光部と受光部の距離を28 m としています）。

（注：設計の際には警戒区域線上に光軸が来ないようにして設計をする必要があります。）

設問4　まず，**男子トイレと女子トイレには感知器の設置義務がないので，**省略します。

　　次に，P. 380 の製図の解答手順の2より，感知器の種別と個数を確認します。

① 感知器の種別

　　＜煙感知器でなければならない部分の確認＞

　　　　この建物は無窓階ではないので，基本的に煙感知器の設置義務はありませんが，廊下は防火対象物によっては設置義務が生じます。本問の工場は第12項の防火対象物なので，廊下に煙感知器の設置義務が生じます。

　　＜熱感知器を設置する部分の確認＞

　　　・ボイラー室：定温式スポット型感知器（1種）を設置します。

　　　・湯沸室：定温式スポット型感知器（1種防水型）を設置しておきます。

　　　・事務室：差動式スポット型感知器（2種）を設置しておきます。

② 感知器の個数

　　＜煙感知器（2種）の場合＞

　　　　「歩行距離30 m につき1個以上設けること。」より，廊下の突き当たりから出入り口までの中心線による歩行距離は25.5 m となるので，1個を設置しておきます。

　　＜熱感知器の場合＞

　　　・湯沸室：定温式スポット型感知器で1種の場合，耐火で天井高が3.7 m なので，感知面積は60 m² となります。

　　　　床面積は，28 m² なので1個を設置しておきます。

　　　・事務室：差動式スポット型感知器（2種）の場合，感知面積は70 m² となり，床面積は28 m² なので，1個を設置しておきます。

　　　・ボイラー室：感知面積は60 m² であり，床面積が80 m² なので，2個を設置しておきます。

③　回路の末端の位置を決めて配線ルートを決め，配線をする。

　　条件より，機器収容箱に終端抵抗があり，配線は機器収容箱からの配線となるので，図のように，機器収容箱から事務室⇒湯沸室⇒ボイラー室⇒機器収容箱と配線し，機器収容箱の横に終端抵抗のマークを記入し，最後に，配線本数に応じた斜線を感知器間などに記入して終了です（別のルートでも正解はあります。）。

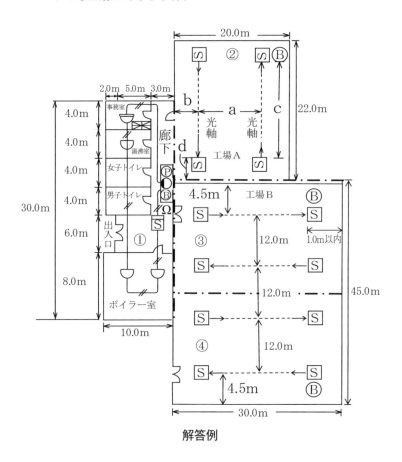

解答例

3．製図（図面訂正）

【問題6】　図は令別表第一⒂項に該当する地下１階，地上４階建ての事務所ビルの２階部分の平面図である。これについて，次の条件に基づき次の設問に答えなさい。

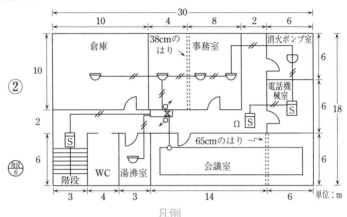

凡例

記号	名　　　称	摘　　　要
⌒	差動式スポット型感知器	２種
S	光電式スポット型感知器	２種　非蓄積型
⌒	定温式スポット型感知器	１種防水型 80℃
✕	差動式分布型の検出部	２種
——	空気管	貫通箇所は —○—○— とする
▭	機器収容箱	発信機，表示灯，地区音響装置を収容
(No)	警戒区域番号	
————	警戒区域境界線	

条件

１．主要構造部は耐火構造で，天井の高さは3.2ｍである。

２．事務室のはりは天井面から38cm，会議室のはりは天井面から65cm突出している。

３．無窓階ではない。

４．感知器は必要最少個数を設置するものとする。

設問1 不適当な箇所が9箇所ある。それらを指摘して訂正しなさい。ただし，設置する機器は凡例に示すものとする。

設問2 図の設備系統図を作成しなさい（電線の種類と本数は省略）。

(1) 不適当な箇所

設計の「解答の手順の概要」（P.380）を図面訂正的に書き替えると，

1．警戒区域の確認
2．感知器の種別，および個数の確認
3．配線の確認：送り配線になっているか，また配線本数の確認
4．その他：終端器の位置や，空気管がある場合はその配管状況の確認

となります（⇒【こうして覚えよう！】警官の趣向はハイセンス）。

① 警戒区域の確認

図の場合，階段部分を除く床面積は $(30 \times 18) - (3 \times 6) = 522\,\mathrm{m}^2$ となり，1警戒区域で十分です。階段部分は別警戒区域となるので警戒区域境界線を表示する必要があります。

| 階段部分に警戒区域境界線がない。 ×1 |

② 感知器の種別の確認

この場合も原則として**差動式スポット型**の2種を用いますが，階段や廊下，および**電話機械室**（注：**通信機室**も同様です）には**煙感知器**，消火ポンプ室と湯沸室（注：**給湯室**も同様です）には**定温式スポット型感知器の1種防水型**を設置する必要があります。

湯沸室の差動式スポット型感知器を定温式スポット型感知器の1種防水型に変更する。 ×2

③ 感知器の個数の確認

まず，感知面積は天井高が4m未満の耐火構造なので，差動式スポット型感知器の2種が $70\,\mathrm{m}^2$，定温式スポット型感知器の1種が $60\,\mathrm{m}^2$，煙感知器が $150\,\mathrm{m}^2$ となります（P.219の表参照）。

（注：差 ⇒ 差動式スポット型2種，定 ⇒ 定温式スポット型1種防水型，煙 ⇒ 煙感知器2種）

1．倉　庫（差）：床面積は 100 m² なので 2 個必要になります。

> 倉庫の感知器を 2 個にする。　　　　　　　　　　　　× 3

2．事務室（差）：天井部分に 38 cm のはりがありますが，差動式スポット
型感知器の場合，感知区域が別になるのは，はりが 0.4 m 以上の場合な
ので，感知区域は事務室全体で 1 つとなります。よって，床面積は 120
m² なので，感知器は 2 個で十分となります。

> 事務室の感知器を 2 個にする。　　　　　　　　　　　× 4

3．電話機械室（煙）：床面積は 36 m² なので 1 個でよく，図の通りで正しい。

4．会議室：空気管の接続長は 100 m 以下なので，検出部は図の通り 1
個で十分です。

5．消火ポンプ室，湯沸室（定）：感知面積は 60 m² なので，36 m² と 18 m²
では 1 個で十分です。

6．廊　下（煙）：廊下の中心の歩行距離が 30 m を超えるので，煙感知器は
2 個必要となります（注：階段の所にある煙感知器は階段用です。）。

> 廊下の煙感知器を 2 個にする。　　　　　　　　　　　× 5

④　配線の確認

まず，配線の終端がどこにあるかを確認します。

そのためには 1 級の場合，終端器のマーク（Ω）がどこにあるかを確認す
る必要があります。

図の場合，廊下の煙感知器に終端器があるのでそこが終端です。

従って，機器収容箱から終端器に至る右回りのルートがメインルートに
なり，それ以外のルート（倉庫や湯沸室などへの配線）は往復にして送り配
線にする必要があります。

よって，倉庫への配線は次ページの図のように往復の 4 本必要となり，
また湯沸室への配線は，廊下に追加した煙感知器を経由して往復の 4 本に
する必要があります。さらに，別警戒区域の階段の煙感知器への配線も，
往復 4 本にする必要があります。

なお，会議室の狭い方の感知区域に設ける空気管は，露出部分が 20 m
以上となるように，図のようにコイル巻きにしておきます。

○倉庫への配線を4本にする　　　　　　　　　　×6
○湯沸室への配線を4本にする（追加の煙感知器を経由）×7
○階段の煙感知器への配線を4本にする　　　　　×8

⑤　その他

1.　会議室の空気管ですが，はりが65cmあるので，その部分で感知区域
が別になります。従って，図の空気管は誤りです。

会議室の空気管を，はりで区切って配管する。　　　×9

2.　機器収容箱の位置：図の位置で，「階の各部分から**水平距離で25m以
下**」という地区音響装置の基準を満たしているので，問題はありません。

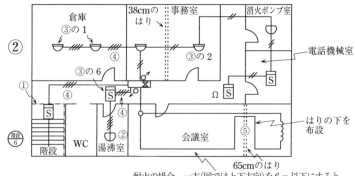

設問1の解答例

耐火の場合，一方（図では上下方向）を6m以下にすると
他方（図では左右方向）は9mを超えることができます
（P228，図2参照）

↓　配線詳細図（あくまで一例です）

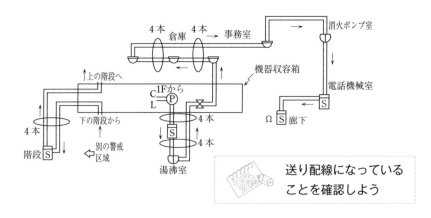

送り配線になっている
ことを確認しよう

⑵ 設備系統図

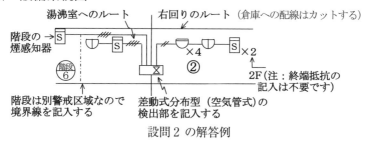

階段の→ 湯沸室へのルート　　右回りのルート（倉庫への配線はカットする）
煙感知器

×4　②　×2

2F（注：終端抵抗の
　　記入は不要です）

階段
6

階段は別警戒区域なので　　差動式分布型（空気管式）の
境界線を記入する　　　　　検出部を記入する

設問 2 の解答例

【問題 7 】　図は令別表第一⒂項に該当する事務所ビルの 1 階部分の平面図である。これについて，次の条件に基づき，次の設問に答えなさい。

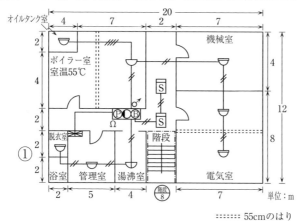

オイルタンク室
20
4　　7　　2　　7

機械室

ボイラー室
室温55℃
4
12
8

脱衣室
①
浴室　管理室　湯沸室

階段

電気室

階段
8

2　　5　　4　　7　　単位：m

······· 55cmのはり

条件

1．主要構造部は耐火構造であり，この階は無窓階である。

2．天井の高さは 3.2 m である。

3．電気室とボイラー室のはりは天井面から 55 cm 突き出している。

4．階段部分の煙感知器は別の階に設置されているものとする。

5．ボイラー室の温度は正常時における最高周囲温度である。

6．受信機から機器収容箱までの配線本数は省略してある。

設問 1　ボイラー室に設置する感知器の公称作動温度で，最も適当なものは次のうちどれか。

　⑴　60 ℃　　　⑵　65 ℃　　　⑶　70 ℃　　　⑷　75 ℃

設問 2　不適当な箇所を訂正しなさい（11 箇所）。ただし，設置する機器は凡例に示すものとする。

凡例

記号	名 称	摘 要
▷◁	受信機	P型1級
◡	差動式スポット型感知器	2種
S	光電式スポット型感知器	2種 非蓄積型
◡	定温式スポット型感知器	1種
◡	定温式スポット型感知器	1種防水型
◡EX	定温式スポット型感知器	1種防爆型
▭	機器収容箱	
Ω	終端器	
————	警戒区域境界線	
(No)	警戒区域番号	

(1) 定温式スポット型感知器の公称作動温度は，正常時における最高周囲温度より 20 ℃ 以上高いものである必要があります。

　　従って，55＋20＝75 より，75 ℃ 以上の公称作動温度が必要なので，(4) の 75 ℃ が正解となります。

```
(4)
```

(2) 不適当な箇所

　① 警戒区域の確認

　　　図の場合，階段部分を除く床面積は $(20 \times 12) - (2 \times 4) = 232 \, \mathrm{m^2}$ で，1警戒区域で十分です。また，階段部分には警戒区域線が引かれているので，こちらも問題ありません。

　② 感知器の種別の確認

　　　無窓階の場合，原則として煙感知器を設置する必要がありますが，ボイラー室には定温式スポット型（1種），湯沸室，脱衣室には定温式スポット型感知器（1種防水型）を設置する必要があり，また，オイルタンク室は可燃性のガスが発生する場所なので定温式スポット型を設置する場

合，**防爆型**のものを設置する必要があります。

　従って，機械室，電気室，管理室と脱衣室，およびオイルタンク室の感知器が誤りです。

　なお，浴室や便所など，常に水を用いる室は感知器の設置を省略できることになっているので，浴室に感知器が設置されていなくても誤りではありません。

> 　差動式スポット型感知器を次の感知器に訂正する。管理室，機械室，電気室は煙感知器に，脱衣室は定温式スポット型感知器の1種防水型に，オイルタンク室は定温式スポット型の防爆型に訂正する。（誤りは5箇所）

③　**感知器の個数の確認**（次頁の図中③参照）

　まず，感知面積は天井高が4m未満の耐火構造なので，煙感知器の2種が150m²，定温式スポット型感知器の1種が60m²となります。

1．ボイラー室：床面積は58m²なので本来なら1個で十分なのですが，0.4m以上のはり（差動式分布型と煙感知器の場合は0.6m以上）があるので感知区域がそこで別になり，各1個ずつ設置する必要があります。

> 　ボイラー室の感知器を感知区域ごとに1個ずつ設置する。

2．機械室：床面積は28m²なので，煙感知器の場合，1個で十分です。

3．電気室：煙感知器の場合，0.6m以上のはりがある場合に感知区域が別になるので，55cmではその必要はなく，よって感知区域は1つのままです。

　　　従って，感知器は1個で十分となります。

> 　電気室の感知器を1個にする。

4．湯沸室：床面積は16m²なので，図の通り1個で十分です。

5．管理室：床面積は20m²で，煙感知器の場合，1個で十分です。

6．脱衣室：床面積は4m²なので，定温式スポット型感知器の1種の場合，1個で十分です。

7．廊　下：まず，階段から左への歩行距離が10mを超えているので，P.230，⑦の（イ）2の廊下（歩行距離10m以下なら省略可）には該

当せず，煙感知器の設置義務があります。従って，廊下の中心の歩行距離は30m以内なので2個を設置する必要はなく，1個を設置します。

> 廊下の煙感知器を1個にする。

④　**配線の確認**（下図中④参照）

まず，配線の終端がどこにあるかを確認します。

図の場合，機器収容箱に終端器（Ω）があるので，そこに戻ってくる必要があります。

従って，上側のルート（オイルタンク室から電気室へと経るルート），下側のルート（脱衣室へ行くルート）とも，機器収容箱から出て機器収容箱に戻る往復のルートを取る必要があります（でないと終端器に至る送り配線にならない）。

よって，上側のルート，下側のルート，および廊下の煙感知器への配線を往復4本にします。

> ○電気室，オイルタンク室を経る配線をすべて4本にする。
> ○廊下の煙感知器への配線を4本にする。
> ○脱衣室へ至る配線を4本にする。

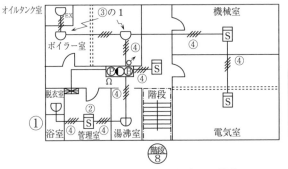

訂正した図（例）

⑤　**その他**

機器収容箱の位置：図の位置で，「階の各部分から水平距離で25m以下」という地区音響装置の基準を満たすので，問題はありません。

なお，参考までに配線詳細図を次に示しておきます。

図の場合，機器収容箱から①上側のルート（ボイラー室から電気室へ行くルート），②廊下の煙感知器に行くルート，③下側のルート（脱衣室へ

行くルート），④発信機～終端器，という順で配線していますが，①から
③はどのような順で配線しても構いません。

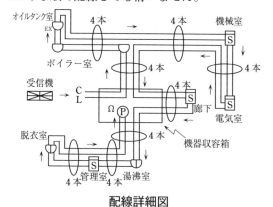

配線詳細図

【問題8】　図の防火対象物について，次の条件に基づき，次の設問に答えなさい。

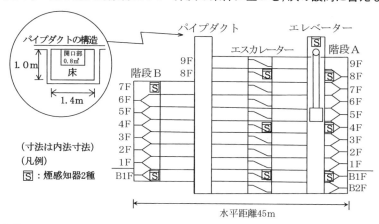

条件

1. 主要構造部は耐火構造で，各階の高さは4mである。

2. エレベーター昇降路の上部には床面に開口部のある機械室がある。

設問1　縦系統の警戒区域数はいくつになるかを答えなさい。

設問2　煙感知器の設置について不適当な箇所があれば訂正しなさい。

解説

設問1　警戒区域数

　まず，縦系統，すなわち，たて穴区画の場合は原則として地上部分と地階部分に分けないで,水平距離50 m以内のものはすべて同一警戒区域とします。従って，図の防火対象物の場合，全体を1つの警戒区域……としたいところですが,階段（エスカレーター含）だけは地階の階数が1のみの場合しか同一警戒区域とできません。よって，階段Aやエスカレーターのように地階の階数が2以上ある場合は，地上部分と地階部分に分けて警戒区域を設定します。

　以上より，「階段Aの**地階部分**＋エスカレーターの**地階部分**」で1つの警戒区域，「その他のたて穴区画（階段B全体，パイプダクト，エレベーター，および階段Aとエスカレーターの地上部分）」で1つの警戒区域とします。

　従って，警戒区域数は2となります。

> 2

設問2　不適当な箇所

　感知器の種別については，階段（エスカレーター含），エレベーター，パイプダクト（ただし,水平断面積が1 m² 以上の場合）には煙感知器を設置する必要がありますが，図の場合それにすべて適合しているので，ここでは個数や設置位置について検証していきます。

① **階段A, 階段B, エスカレーター**

　煙感知器を階段（エスカレーター含）や傾斜路（スロープ）に設置する場合は,垂直距離15 m（3種は10 m）につき1個以上設置する必要があります。従って，図では各階が4 mなので3階につき1個の割合で設置する必要があり，階段Aとエスカレーターについては，3F，6F,9Fに設置し，階段Bについては，地階は地上階と同じ警戒区域なので，なるべく均等になるように，2F，5F，7Fに設置しておきます。

> 階段Aとエスカレーターの地上階の感知器を, 3F, 6F,
> 9Fに設置し,階段Bは, 2F, 5F, 7Fに感知器を設置する。

② **エレベーター, パイプダクト**

　エレベーターの昇降路（シャフト）やパイプダクト及び階段などの「たて穴区画」に煙感知器を設置する場合，その**最頂部**に設置する必要があります。

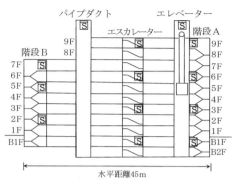

階段に煙感知器を記入させる出題例もあるので，その設置間隔については注意して下さい。

水平距離45m

解答例

　従って，エレベーター昇降路の頂部に感知器が設置されておらず，また，パイプダクトの最頂部にも設置しておきます。

　なお，エレベーターの場合，その昇降路の最頂部と機械室の間に開口部があれば機械室の方に設置することができるので，機械室に設置しておきます。

○エレベーター昇降路の機械室に感知器を設置する。
○パイプダクトの最頂部に感知器を設置する。

　ちなみに，パイプダクトについては図のように開口部が水平断面積 $0.8\,m^2$ と，$1\,m^2$ 未満である場合でも全体が $1\,m^2$ 以上の場合には感知器を設置する必要があります。

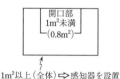

開口部
$1m^2$未満
$(0.8m^2)$

$1m^2$以上（全体）⇨感知器を設置

<類題>

　百貨店等のパイプシャフト(PS)，エレベーターシャフトの最頂部に設置しなければならない感知器の名称を2つ答えなさい。

解説

　前ページ②より，パイプシャフト等の最頂部には煙感知器を設置しなければならないので，その名称を解答例のように，2つ挙げておきます。

（答）　イオン化式スポット型感知器
　　　　光電式スポット型感知器

【問題9】 次の設備系統図の (a) ～ (f) に当てはまる配線本数を求めなさい。

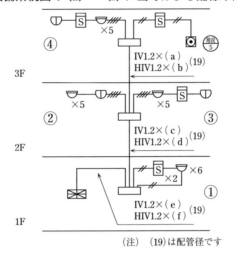

(注) (19)は配管径です

凡例

記号	名 称	摘 要
▽	受信機	P型2級
▽	差動式スポット型感知器	2種
S	光電式スポット型感知器	2種 非蓄積型
▽	定温式スポット型感知器	1種防水型
▭	機器収容箱	発信機, 表示灯, 地区音響装置を収容
◉	回路試験器	
(No)	警戒区域番号	

① 電線の種類と配線本数

2級の場合の電線の種類と配線本数は, 1警戒区域について次の表のようになっており, その内訳は下記のようになっています。

２級の配線

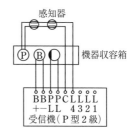

＜IV 線（600 V ビニル絶縁電線）＞	本数
○表示線　（L）	1 本
○共通線　（C）	1 本
○表示灯線（PL）	2 本
	計 4 本
＜HIV 線（耐熱電線）＞	
○ベル線　（B）	2 本

＜IV 線（600 V ビニル絶縁電線）＞

○　感知器への表示線（L）

　　感知器へは 2 本の配線が接続されますが，そのうちの 1 本がこの表示
線で，1 警戒区域ごとに 1 本です。

○　感知器の共通線（C）

　　感知器への 2 本の配線のうちのもう 1 本の線で，7 警戒区域まで 1 本
の線を共通に用いることができます。

　　2 級の場合，警戒区域は 5 以下ですから，共通線（C）は 1 本のままで
よい，ということになります。

○　表示灯への配線（PL）

　　発信機上部の赤色表示灯への 2 本の配線で，各階並列に接続します（図
では機器収容箱内に表示灯があります）。

＜HIV 線（耐熱電線）＞

○　ベル線（B）

　　地区音響装置への 2 本の配線で，P 型 2 級受信機の場合，全館一斉鳴動
が原則なのでこの 2 本の線を各階並列に接続します。

② **配線本数の計算**

　　配線本数を計算する場合は，受信機から最も離れた警戒区域から順に計
算をしてゆきます。

　a．a の部分を通る IV 線は，警戒区域④と階段⑤の表示線（L）が各 1 本の
　　計 2 本，共通線（C）が 1 本，表示灯への配線が 2 本の計 5 本です。

　b．HIV 線は各階共通の 2 本です。

　c．a の部分と本数が異なるのは，警戒区域②と③への表示線（L）2 本が加
　　わるのみです（共通線 C と表示灯への配線は変化ありません）。

　　　従って，表示線（L）が 4 本，共通線（C）が 1 本，表示灯への配線が
　　2 本の計 7 本です。

d．bと同じく2本です。

e．cの本数に警戒区域①の表示線 (L) 1本が加わるのみです。

　　従って，表示線 (L) が5本，共通線 (C) が1本，表示灯への配線が2本の計8本です。

f．bと同じく2本です。

　　以上を表にすると次のようになります。

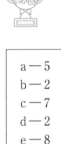

a─5
b─2
c─7
d─2
e─8
f─2

電線	場所 配線	3F～2F a	2F～1F c	1F～受信機 e
IV	表 示 線 　(L)	2	4	5
IV	共 通 線 　(C)	1	1	1
IV	表示灯線 (PL)	2	2	2
IV	計	5	7	8

電線	配線	b	d	f
HIV	ベ ル 線 　(B)	2	2	2
HIV	計	2	2	2

(参考)

　なお，本問は機器収容箱が各階に1つの場合でしたが，各階に2つ，つまり，各警戒区域にそれぞれ1つの場合でも，考え方は基本的に同じです。

　たとえば下の図1の場合，aの部分の本数は警戒区域④への配線を考え，bの部分の本数は警戒区域②への配線を考えればよいのです。

　ただ図2の場合は，aの部分は図1と同じですが，bの部分はその先に警戒区域④のほか警戒区域②もあるので，aの部分の本数に警戒区域②への表示線を足す必要があります（cとdも同様です）。

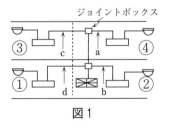

図1

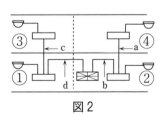

図2

【問題10】　図の系統図において，次の設問に答えなさい。

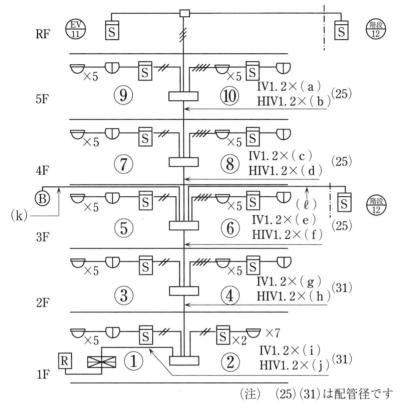

（注）　(25)(31)は配管径です

条件

　共通線2本のうち，1本の接続する警戒区域数を同数とすること。

設問1　地区音響装置を一斉鳴動方式として, a から j の必要最低本数を求めなさい。

　　　　なお，発信機及び表示灯は屋内消火栓設備と兼用しないものとする。

設問2　地区音響装置を区分鳴動方式として a から j の必要最低本数を求めなさい。

　　　　なお，発信機及び表示灯は屋内消火栓設備と兼用のものとする。

設問3　図の (k) と (ℓ) の部分に示す配線本数を答えなさい。

凡例

記号	名　　称	摘　　要
⊠	受信機	Ｐ型１級
⌒	差動式スポット型感知器	２種
S	光電式スポット型感知器	２種　非蓄積型
⊔	定温式スポット型感知器	１種防水型
▭	機器収容箱	発信機，表示灯，地区音響装置を収容
R	移報器	屋内消火栓起動用
(No)	警戒区域番号	

(注)「発信機及び表示灯は屋内消火栓設備と兼用のもの」とは，発信機を押すことにより，音響装置と共に屋内消火栓設備が連動して起動する（ポンプを起動するだけで放水までは行わない），という意味です。

まずＰ型１級の場合，Ｐ型２級と異なるのは次の部分です。

(ア)	応答線（Ａ）１本と電話線（Ｔ）１本が必要になる。
(イ)	７警戒区域ごとに共通線を１本増加する。
(ウ)	地区音響装置が区分鳴動の場合，階数が増加するごとに地区ベル線を１本ずつ増加する必要がある。

　これらから２級の場合と同様に，１警戒区域について１級の場合の電線の種類と配線本数の内訳を表にすると，次のようになります。

1級の配線（●部分は2級と異なる部分です）

<IV線(600 V ビニル絶縁電線)>		本　　　数
○表示線	(L)	1本
○表示灯線	(PL)	2本（● 屋内消火栓設備と連動する場合はHIV 線とする必要がある）
●共通線	(C)	7警戒区域以下ごとに1本を共有
●応答線	(A)	1本
●電話線	(T)	1本
		計6本

<HIV線>

●ベル線（ただし一斉鳴動の場合は2級と同じく2本のままでよい）		
共通線	(BC)	1本
区分線	(BF)	1本（階数ごとに1本ずつ増加）

　これらを念頭に置いて設問を解いていくと………

設問1　設問1の場合，地区音響装置が一斉鳴動だから，前頁の表の(ウ)以外の(ア)と(イ)を考えればよいだけです。

　その(ア)は，各階並列に共有するので1本ずつ加えればよいだけですが，(イ)の場合，条件から，共通線1本の接続する警戒区域数を同数とする必要があるので，図の場合，警戒区域数が12なので，1つの共通線に接続する警戒区域数をそれぞれ6とします（NO.1の共通線 C_1 が①～⑥，NO.2の共通線 C_2 が⑦～⑫）。

　従って，4Fのcから上の階では，共通線は C_2 だけを考えればよいだけですが，3Fのeから下の階では C_2 と C_1 の2本を考える必要があります。

　あとは，前頁の表を念頭に置いて，2級の場合と同じように本数を計算していきます。

　（下線部注：本試験では，「共通線は上階を優先して1回線を使い切る」という条件の場合もあります。その場合は，共通線 C_2 が⑥～⑫，共通線 C_1 が①～⑤となります。）。

a．aの部分を通る IV 線は，

次頁の表を参照しなが
ら本数を確かめよう

　・EV⑪と階段⑫および

　　⑨と⑩の表示線　　　　（L）：各1本の計4本

　・共通線　　　　　　　　（C₂）：1本

> ・表示灯への配線（PL）：2本
> ・応答線（A）　　　　：1本
> ・電話線（T）　　　　：1本

⇒ この部分の本数は変わらな
い（同じ）

　　　　　　　　　　　　　　の計9本です。

b．地区音響装置が一斉鳴動なので，HIV 線は各階共有の2本です。

c．aの部分と本数が異なるのは，警戒区域⑦と⑧への表示線（L）2本が加わるのみです。

　　従って，表示線（L）が6本となるほかはaと同じなので，本数の合計は計11本となります。

d．bと同じく2本。

e．cの部分と異なるのは，警戒区域⑤と⑥の表示線（L）各1本が加わるのと，共通線（C₁）が1本加わるのみです。

　　従って，表示線（L）が8本，共通線（C₂とC₁）が2本となるほかはcと同じなので，本数の合計は計14本となります。

f．bと同じく2本。

g．eの部分と異なるのは，警戒区域③と④の表示線（L）各1本が加わるのみです。

　　従って，表示線（L）が10本となるほかはeと同じなので，本数の合計は計16本となります。

h．bと同じく2本。

i．gの部分と異なるのは，警戒区域①と②の表示線（L）各1本が加わるのみです。

　　従って，表示線（L）が12本となるほかはgと同じなので，本数の合計は計18本となります。

j．bと同じく2本。

| a—9　　b—2　　c—11　　d—2　　e—14　　f—2　　g—16 |
| h—2　　i—18　　j—2 |

電線	場所 配線	5F～4F a	4F～3F c	3F～2F e	2F～1F g	1F～受信機 i
IV	表示線　　（L）	4	6	8	10	12
	表示灯線（PL）	2	2	2	2	2
	共通線　　（C）	1	1	2	2	2
	応答線　　（A）	1	1	1	1	1
	電話線　　（T）	1	1	1	1	1
	計	9	11	14	16	18

		b	d	f	h	j
HIV	ベル線　　（B）	2	2	2	2	2
	計	2	2	2	2	2

設問2　地区音響装置が区分鳴動の場合は，地区ベルの区分線（BF）を階数ごとに1本ずつ増加する必要があります。

また，屋内消火栓設備が連動の場合は，表示灯線（PL）をHIV線にする必要があります。その他は設問1と同じです。

a．aの部分を通るIV線は，

　・EV⑪と階段⑫および

　　⑨と⑩の表示線　　　　（L）：各1本の計4本

　・共通線　　　　　　　　（C_2）：1本

　　・応答線　　　　　　（A）：1本

　　・電話線　　　　　　（T）：1本　　⇒　この部分の本数は変わらない（同じ）

　　　　　　　　の計7本です。

b．・地区ベル共通線　　（BC）：1本
　　・地区ベル区分線　　（BF）：1本

・表示灯への配線（PL）：2本　⇒ この部分の本数は変わら
　　　　　　　　　　　　　　　　　　　　　　　　　　　ない（同じ）
　　　　　　　　の計4本です。

c．aの部分に⑦と⑧への表示線（L）2本が加わるので，表示線（L）が6本になり，本数の合計は9本となります。

d．bの部分に4Fへの地区ベル区分線（BF）が1本加わるので，合計5本となります。

e．cの部分に⑤と⑥の表示線（L）各1本が加わるのと，共通線（C_1）が1本加わります。

　　従って，表示線（L）が8本，共通線（C_2とC_1）が2本となり，本数の合計は12本となります。

f．dの部分に3Fへの地区ベル区分線（BF）が1本加わるので，合計6本となります。

　　警戒区域⑤に，もう一つの地区ベルが接続されていますが，これは単にこのフロアに地区ベルが2つ設置されていることを表しているに過ぎず，区分線の本数には影響を与えません。

g．eの部分に③と④の表示線（L）各1本が加わるので，表示線（L）が10本になり，本数の合計は14本となります。

h．fに2Fへの地区ベル区分線（BF）が1本加わるので，合計7本となります。

i．gの部分に①と②の表示線（L）各1本が加わるので，表示線（L）が12本になり，合計16本となります。

j．hに1Fへの地区ベル区分線（BF）が1本加わるので，合計8本となります。

　| a—7　b—4　c—9　d—5　e—12　f—6 |
| g—14　h—7　i—16　j—8 |

電線	配線 \ 場所		5F～4F	4F～3F	3F～2F	2F～1F	1F～受信機
			a	c	e	g	i
IV	表示線	（L）	4	6	8	10	12
	共通線	（C）	1	1	2	2	2
	応答線	（A）	1	1	1	1	1
	電話線	（T）	1	1	1	1	1
	計		7	9	12	14	16
			b	d	f	h	j
HIV	共通線	（BC）	1	1	1	1	1
	区分線	（BF）	1	2	3	4	5
	表示灯線	（PL）	2	2	2	2	2
	計		4	5	6	7	8

設問3　(k) の地区音響装置は, 機器収容箱内の地区音響装置の他に別個に設けられたものであり, 機器収容箱内の地区音響装置とは並列接続となるので, 2本の配線となります（作図の際は, 2本の斜線を入れる）。

　なお, この地区音響装置への配線は, 機器収容箱からフロアを往復しているだけに過ぎず, a～jの区分線の本数には影響を与えません。

　また, (ℓ) は機器収容箱から階段へ2本線（共通線と表示線）が往復しているだけなので4本となります。

> (k) 2本　　(ℓ) 4本

　なお, 本問のような系統図を示して, 「この建物に対応する発信機を答えよ。」のような出題例がありますが, その際は, 警戒区域数からP型1級受信機設置の建物である, ということを確認し, あとは, 発信機の設置基準より, P型1級受信機は, P型1級発信機, と思いだし解答すればよいだけです。

<1ポイント情報>
P. 409 の問題図に，表示灯線に HIV 線（600 V 2 種ビニル絶縁電線）を使用している旨の表示があり，「①この自火報と屋内消火栓設備は連動しているか否か。②その根拠は？」という出題例があります。表示灯線に HIV 線を使用していれば①は○。②は「表示灯線に HIV 線を使用しているから」となります。

鑑別用写真資料集

1. 感知器

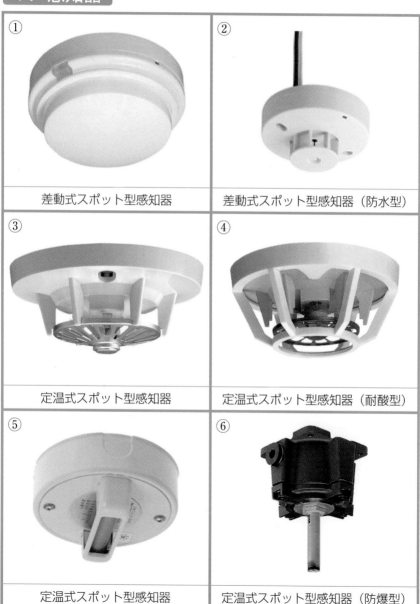

① 差動式スポット型感知器	② 差動式スポット型感知器（防水型）
③ 定温式スポット型感知器	④ 定温式スポット型感知器（耐酸型）
⑤ 定温式スポット型感知器	⑥ 定温式スポット型感知器（防爆型）

⑦

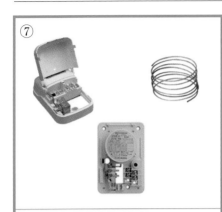

差動式分布型感知器（空気管式）
の検出部と空気管

⑧

差動式分布型感知器（熱電対式）
の検出部と熱電対

⑨

光電式スポット型感知器

⑩

光電式スポット型感知器

⑪

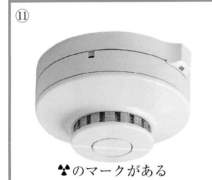

☢のマークがある

イオン化式スポット型感知器

⑫

☢のマークがある

イオン化式スポット型感知器

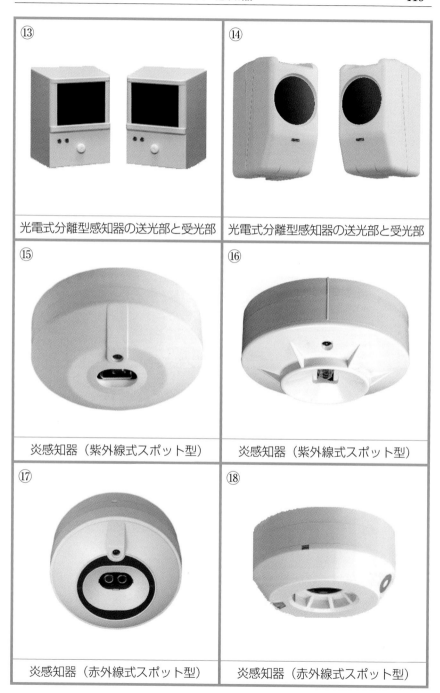

⑬ 光電式分離型感知器の送光部と受光部

⑭ 光電式分離型感知器の送光部と受光部

⑮ 炎感知器（紫外線式スポット型）

⑯ 炎感知器（紫外線式スポット型）

⑰ 炎感知器（赤外線式スポット型）

⑱ 炎感知器（赤外線式スポット型）

２．受信機関係

①

Ｐ型１級受信機

②

Ｐ型１級受信機

③

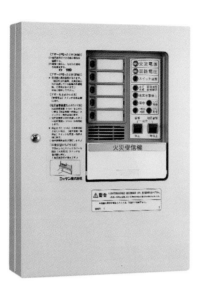

Ｐ型２級受信機

④

Ｒ型受信機

⑤

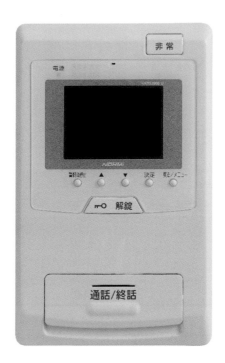

GP型3級受信機

⑥

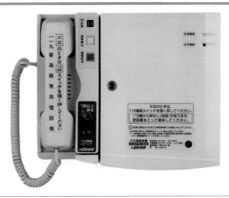

火災通報装置

Ｒ型受信機の構成例

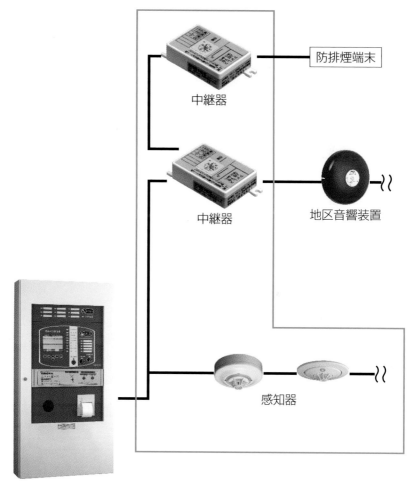

防排煙端末

中継器

中継器　　　　　　　　　　　　地区音響装置

感知器

Ｒ型受信機
（Ｒ型受信機はプリンターがポイント）

（鑑別で，Ｒ型受信機とその構成機器についての出題例がある）

3．その他（感知器，受信機以外のもの）

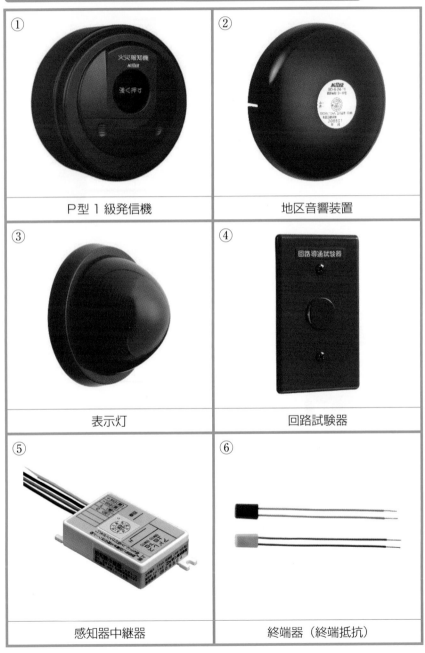

①
P型1級発信機

②
地区音響装置

③
表示灯

④
回路試験器

⑤
感知器中継器

⑥
終端器（終端抵抗）

⑦	⑧
貫通キャップ	クリップ
⑨	⑩
接続管（スリーブ）	銅管端子
⑪	⑫
ステップル	ステッカー

4．測定器関係

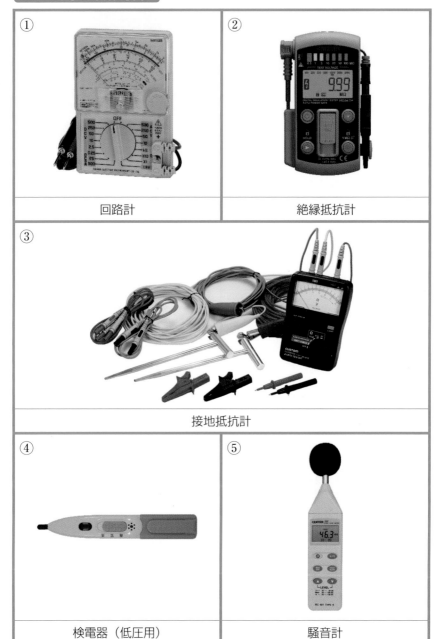

① 回路計	② 絶縁抵抗計

③ 接地抵抗計

④ 検電器（低圧用）	⑤ 騒音計

5．工具関係

① ペンチ（下は絶縁ペンチ）	② ラジオペンチ
③ ニッパー	④ ドライバー
⑤ ワイヤーストリッパー	⑥ 圧着ペンチ
⑦ ボルトカッター	⑧ サドル

●配管工事に用いる工具

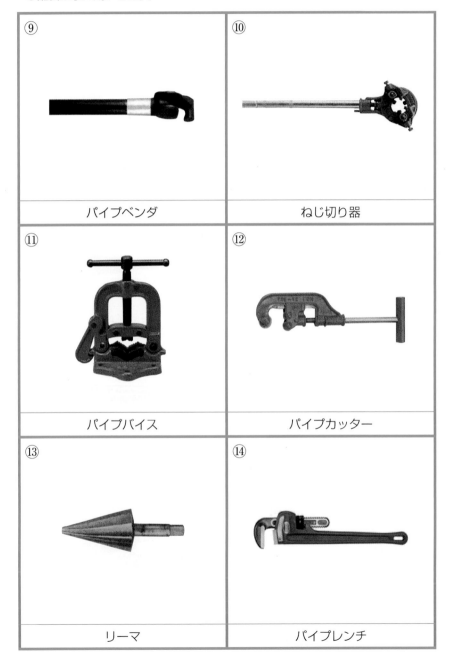

⑨ パイプベンダ	⑩ ねじ切り器
⑪ パイプバイス	⑫ パイプカッター
⑬ リーマ	⑭ パイプレンチ

6．試験関連の機器

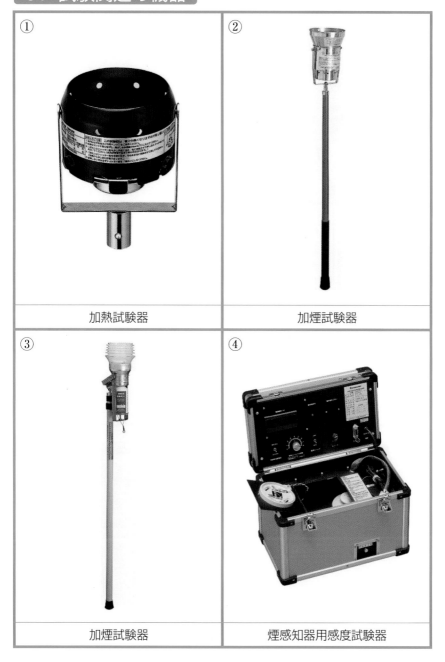

①	②
加熱試験器	加煙試験器
③	④
加煙試験器	煙感知器用感度試験器

⑤ 炎感知器用作動試験器（赤外線紫外線共用）

⑥ 炎感知器用作動試験器（赤外線式用）

⑦ マノメーターと試験ポンプ(テストポンプ)

⑧ メーターリレー試験器

⑨ 減光フィルター

⑩ 差動スポット試験器

7．ガス漏れ火災警報設備に用いるもの

① 	②
ガス漏れ検知器（壁掛型）	ガス漏れ検知器（壁掛型）
③  （記号 ⇒ $\boxed{\text{G}}_\text{B}$ ）	④  （記号 ⇒ $\boxed{\text{G}}_\text{B}$ ）
ガス漏れ検知器（天井型）	ガス漏れ検知器

⑤ ガス漏れ表示灯（室外）

⑥ ガス漏れ表示灯

ガスもれ表示灯

NOHMI

⑦ ガス漏れ中継器

⑧ 加ガス試験器

⑨ G型受信機

資料1　自動火災報知設備の設置義務がある防火対象物

令別表第1（ただし、※18項、19項、20項を除く）				令第21条							
※ {18項：50m以上のアーケード / 19項：市町村長指定の山林 / 20項：舟車（総務省令で定めたもの）} 種類　●のあるものは特防以外で S の廊下・通路への設置義務がある場所（P.218）　防火対象物の区分			a 一般	b 地階または無窓階	c 地階・無窓階・3階以上の階	d 地階または2階以上	e 11階以上の階	f 通信機器室	g 道路の用に供する部分	h 指定可燃物
(1)	イ	劇場，映画館，演芸場，観覧場	㊳	延面積300m²以上		床面積300m²以上	駐車場の用に供する部分の床面積200m²以上（但し駐車する全ての車両が同時に屋外に出ることができる構造の階を除く）	11階以上の階全部	床面積500m²以上	床面積が屋上部分600m²以上、それ以外の部分400m²以上	危政令別表第4で定める数量の500倍以上を貯蔵し又は取り扱うもの
	ロ	公会堂，集会場									
(2)	イ	キャバレー，カフェ，ナイトクラブ等	㊳	300	床面積100m²以上						
	ロ	遊技場，ダンスホール									
	ハ	性風俗関連特殊営業店舗等									
	ニ	カラオケボックス，インターネットカフェ，マンガ喫茶等		全部							
(3)	イ	待合，料理店等	㊳	300	100						
	ロ	飲食店									
(4)		百貨店，マーケット，店舗，展示場等	㊳	300							
(5)	イ	旅館，ホテル，宿泊所等	㊳	全部							
●(5)	ロ	寄宿舎，下宿，共同住宅		500							
(6)	イ	病院，診療所，助産所	㊳	全部※1							
	ロ	老人短期入所施設，有料老人ホーム（要介護）等									
	ハ	有料老人ホーム（要介護を除く），保育所等									
	ニ	幼稚園，特別支援学校		300							
(7)		小，中，高，大学，専修学校等		500							
(8)		図書館，博物館，美術館等		500							
(9)	イ	蒸気・熱気浴場等	㊳	200							
●(9)	ロ	イ以外の公衆浴場		500							
(10)		車両の停車場，船舶，航空機の発着場		500							
(11)		神社，寺院，教会等		1000							
●(12)	イ	工場，作業場		500							
	ロ	映画スタジオ，テレビスタジオ									
(13)	イ	自動車車庫，駐車場		500							
	ロ	飛行機等の格納庫		全部							
(14)		倉庫		500							
●(15)		前各項に該当しない事業場		1000							
(16)	イ	特定用途部分を有する複合用途防火対象物	㊳	300	※5						
	ロ	イ以外の複合用途防火対象物		※2							
(16の2)		地下街	㊳	300※3							
(16の3)		準地下街	㊳	※4							
(17)		重要文化財等		全部							

※1〜※5は P.117 参照

資料

資料2 煙感知器の設置義務がある場所

	設置場所	感知器の種別		
		煙	熱煙	炎
①	たて穴区画（階段，傾斜路，エレベーターの昇降路，リネンシュート，パイプダクトなど）	○		
②	地階，無窓階および11階以上の階（ただし，**特定防火対象物**および**事務所**などの15項の防火対象物に限る）	○	○	○
③	廊下および通路（下記＊に限る）	○	○	
④	カラオケボックス等（（2項ニ）⇒16項イ，（準）地下街に存するものを含む）	○	○	
⑤	感知器の取り付け面の高さが15m以上20m未満の場所	○		○

↑ ↑
（煙感知器の代わりに設置できる）

＊1．特定防火対象物
 2．寄宿舎，下宿，共同住宅（(5)項ロ）
 3．公衆浴場（(9)項ロ）
 4．工場，作業場，映画スタジオなど（(12)項）
 5．事務所など（(15)項）
（注：(7)項の学校や(8)項の図書館などの廊下等には設置義務はないので，注意！）

資料3 耐火・耐熱保護工事に用いる電線

①	・600V2種ビニル絶縁電線（HIV）　・EPゴム絶縁電線 ・CDケーブル　・クロロプレン外装ケーブル ・架橋ポリエチレン絶縁ビニルシースケーブル　・ポリエチレン絶縁電線 ・架橋ポリエチレン絶縁電線　・鉛被ケーブル ・アルミ被ケーブル　…など
②	・MIケーブル ・耐火電線（消防庁告示適合品であること） ・耐熱電線（消防庁告示適合品であること）：耐熱保護工事のみに使用可能

(1) 耐火保護工事
 ・原則：①の電線を金属管や合成樹脂管等に収め耐火構造の壁や床等に埋設。
 ・例外：②の電線を用いれば露出配線とすることができる。
(2) 耐熱保護工事
 ・原則：(1)と同じであるが**埋設不要**
 ・例外：(1)と同じであるが**耐熱電線も使用可能**

資料4 （1）　感知器の種別のまとめ

設置場所	感知器の種類	図記号
煙感知器の設置義務がある場所（階段などのたて穴区画, 廊下, 特防の地階, 無窓階, 11階以上の階）, ホール*, ロビー	煙感知器（2種）	S（□内）
通信機室, 電話機械室, 電算機室, 中央制御室	（*廊下等に準じる扱いを受けるもの）	
一般的な室および駐車場, 機械室, 電気室, 変電室, 配電室	差動式スポット型感知器（2種）	⌓
ボイラー室, 配膳室, 乾燥室, 厨房前室	定温式スポット型感知器（1種）	⌓
厨房, 調理室, 湯沸室, 脱衣室, 受水槽室, 消火ポンプ室	定温式スポット型感知器（1種防水型）	⌓
押入れ（木製などの不燃材料以外）, ゴミ集積所	定温式スポット型感知器（特種）	⌓$_0$
バッテリー室（蓄電池室）	定温式スポット型感知器の耐酸型	⌓
オイルタンク室	定温式スポット型感知器（1種防爆型）	⌓$_{EX}$

・便所, 浴室
・押入れ（天井, 壁が不燃材料の場合）　⇒感知器を設置しなくてもよい
（注：一般的に用いられるものを示してあります。）

資料4 （2）　感知器の種別の具体例

左側：有窓階,　右側：地階, 無窓階, 11階以上

	事務室会議室	売場	客室	病室手術室	機械室	電気室(変電室)	ボイラー室	押入	駐車場	廊下	階段	厨房・台所乾燥室脱衣室	食堂居室
デパート		S				S		0	0		S	S S	S
オフィスビル		S				S		0	0		S		
病院		S		S				0	0		S		
ホテル		S		S				0	0		S		
学校								0		※ S	S		
特殊な場所	オイルタンク室 ⌓$_{EX1}$（防爆）　蓄電池室 ⌓（耐酸型）												

注：(1)感知器の種別はそれぞれに適応するものを選ぶこと（⌓は2種, S も2種が一般的に使用されている）。
　　(2)押入の*⌓$_0$は, 市町村により S を設ける場合がある。
　　(3)廊下の*は, 熱感知器, 煙感知器又は炎感知器のいずれかを設置。
　　(4)駐車場の*は, 令第32条の特例を適用した場合に設置できる。

資料5　試験器の校正期間

校正期間	試験器の区分
10年	加熱試験器，加煙試験器，炎感知器用作動試験器
5年	メーターリレー試験器，減光フィルター，外部試験器※
3年	煙感知器用感度試験器，加ガス試験器

※外部試験器（右写真）：室内に入ることなく，室外から遠隔試験機
　　　　　　　　　　　　能対応の感知器を試験するもの。

資料6　非火災報（誤報）の原因

(a)感知器が原因の非火災報	① 感知器種別の選定の誤り ② 感知器内の短絡（結露や接点不良など）など。 ③ 熱感知器 ・差動式感知器を急激な温度上昇のある部屋に設置した。 ・差動式感知器のリーク抵抗が大きい。 ④ 煙感知器 ・砂ぼこり，粉塵，水蒸気（⇒以上，光をさえぎるもの）の発生 ・狭い部屋でタバコを吸った。 ・網の中に虫が侵入した。 などにより接点が閉じた。
(b)感知器以外の非火災報	① 発信機が押された。 ② 感知器回路の短絡　（配線の腐食や終端器の汚れ等による短絡など） ③ 感知器回路の絶縁不良（大雨やネズミに齧られた，など） ④ 受信機の故障（音響装置のトラブルなど） 　（②と③の対処方法については，回路の導通試験や絶縁抵抗試験などを行う）
(c)非火災報の原因にならないもの	① 終端器を接続した（終端器は高抵抗なので，感知器などに接続しても，当然，受信機が発報と判断するまでの大きな電流は流れない） ② 終端器の断線（⇒導通試験電流が流れないので断線検出不可にはなる） ③ 差動式感知器の「リーク抵抗が小さい」（⇒不作動の原因にはなる） ④ 差動式分布型感知器の「空気管のひびわれや切断など」（⇒不作動の原因にはなる）

　火災灯が点灯した原因を問われたら，(a)(b)が答えになる（「感知器以外」という
条件が付いたら (b) が答えになる）。
　また，発報した感知器を特定するには，任意の場所(おおむね中間地点)の感知器を外し，
① 依然，火災表示が消えないなら⇒それより受信機側に発報感知器がある。
② 火災表示が消え，「断線」の表示に変われば⇒その感知器より末端側（受信機とは
反対側）に発報感知器がある，
と推定できます。

索 引

　　協力（写真提供等）
＜自動火災報知設備関係＞
ニッタン株式会社
ニッタン株式会社関西支社商品販売課
能美防災株式会社
能美防災株式会社システム技術部
パナソニック株式会社　エコソリューションズ社
沖電気防災株式会社

＜工具，測定器関係＞
タスコジャパン株式会社
テンパール工業株式会社
新コスモス電機株式会社
ホーチキ株式会社
三和電気計器株式会社

御協力ありがとうございました。

読者の皆様方へご協力のお願い

小社では，常に本シリーズを新鮮で，価値あるものにするために不断の努力を続けております。つきましては，今後受験される方々のためにも，皆さんが受験された「試験問題」の内容をお送り願えませんか。（1問単位でしか覚えておられなくても構いません。なお，鑑別製図情報（手書き可）も大歓迎です。）

試験の種類，試験の内容について，また受験に関する感想を書いてお送りください。

お寄せいただいた情報に応じて薄謝を進呈いたします。

何卒ご協力お願い申し上げます。

〒546-0012
大阪市東住吉区中野 2-1-27
（株）弘文社　編集部宛

henshu2@kobunsha.org
FAX：06(6702)4732

著者略歴　工藤　政孝

　学生時代より，専門知識を得る手段として資格の取得に努め，その後，ビルトータルメンテの㈱大和にて電気主任技術者としての業務に就き，その後，土地家屋調査士事務所にて登記業務に就いた後，平成15年に資格教育研究所「大望」を設立（その後「KAZUNO」に名称を変更）。わかりやすい教材の開発，資格指導に取り組んでいる。

【主な取得資格】

　甲種第4類消防設備士，乙種第6類消防設備士，乙種第7類消防設備士，甲種危険物取扱者，第二種電気主任技術者，第一種電気工事士，一級電気工事施工管理技士，一級ボイラー技士，ボイラー整備士，第一種冷凍機械責任者，建築物環境衛生管理技術者，二級管工事施工管理技士，下水道管理技術認定，宅地建物取引主任者，土地家屋調査士，測量士，調理師，第1種衛生管理者など多数。

―わかりやすい！―
第 4 類　消防設備士試験

| 著　　者 | 工　藤　政　孝 |
| 印刷・製本 | ㈱　太　洋　社 |

発 行 所　株式会社　弘 文 社　　〒546-0012 大阪市東住吉区
　　　　　　　　　　　　　　　　　中野 2 丁目 1 番27号
　　　　　　　　　　　　　　☎　　（06）6797―7 4 4 1
　　　　　　　　　　　　　　FAX　（06）6702―4 7 3 2
　　　　　　　　　　　　　　振替口座 00940―2―43630
代 表 者　岡　﨑　　靖　　　東住吉郵便局私書箱1号

● 落丁・乱丁本はお取り替えいたします。